REAL BONES

骨格と機能美

湯沢英治 写真　東野晃典 構成・文
Eiji Yuzawa / Akinori Azumano

早川書房

序文

私たちになじみの深い動物群である魚類、両生類、爬虫類、鳥類、哺乳類は、体の中軸に脊椎をもつことから、脊椎動物に分類される。これらの脊椎動物は独自の器官として、体の内部に骨を構成要素とする骨格をもつ。骨格は体の基礎であり、生命維持にかかわる主要な臓器を外部の衝撃から守ると同時に、筋肉が付着するための土台となり、体を動かすための支持装置として重要な役割を果たしている。

このような特性から、骨の形態や骨格の構成には、動物の特徴が忠実に反映されており、そこからはさまざまな情報を読みとることができる。そのひとつとして挙げられるのが、進化的な類縁関係を示す特徴である。それぞれの動物群の骨格には、ある程度の共通性が認められ、とくに四肢動物では骨格の各パーツに相同性を認めることができる。これは脊椎動物がひとつの系統の動物群であることをあらわしている。個々の動物に目を向けてみても、その動物を生み出した系統に共通する形質を、かたくなに受け継いでいることがある。そのような形質が脊椎動物を分類する際の目安となっている。

また、骨格からは、その持ち主がどのようなライフスタイルをもっていたのかを読みとることもできる。動物は生息環境や生態に適応した能力をもつ。その能力は走行、飛翔、跳躍、遊泳、掘削などさまざまであるが、動物はそれぞれがもつ能力に見合った形態を進化させている。これらの形態はすべて、骨格の設計に変更を加えることで獲得される。

脊椎動物が、さまざまな環境に適応した結果として手に入れた形態の多様性には、目を見張るものがある。そして自然のなかで生きていくための無駄のない、洗練された形は、それらが語る生物学的な情報を抜きにしても、私たちの興味を引いてやまない。動物の骨格は、生きていくための能力を形として凝縮させたものであり、自然淘汰が生み出した精巧なしくみと、機能美をかねそなえた究極の装置であるといえるのだ。

Introduction

The types of animals with which we are familiar–fish, amphibians, reptiles, birds, and mammals–are classified as vertebrates because they have backbones at the core of their bodies. Vertebrates are unique in having within them skeletons made of bone.Such skeletons form the foundation of the body, playing an important role protecting vital organs from exterior shocks while also serving as a base for the attachment of muscles and as a framework supporting movement.

The shape of the bones and the structure of the skeleton faithfully reflect the characteristics of the animal.A great deal can be read in these bones, including information pertaining to evolutionary relationships. Skeletons from animals in the same group exhibit certain similarities. Those of quadrupeds, in particular, have homologous parts. These similarities shows that vertebrates are a group of animals sharing a common lineage. Turning to individual animals, too, we can see they have stubbornly inherited traits common to the lineage from which they arose. Such traits serve as a guide when classifying the vertebrates.

Skeletons can also tell us how their owners lived. Animals have abilities that are adapted to their habitats and ecosystems. Such abilities include running, flying, jumping, swimming, and digging, and animals have evolved morphologies that are suited to their abilities. Such different forms are acquired through modification of their skeletons.

The astonishing diversity of vertebrate morphology suggests the result of adaptation to a wide variety of environments. But even setting aside the biological information that skeletons hold, their refined, streamlined forms, developed for survival in the wild, exert an irresistible pull.

Animal skeletons are a condensed expression of the capacity to survive, exquisite mechanisms generated by natural selection and the ultimate in functional beauty.

001　アカシュモクザメ　頭蓋　　Scalloped hammerhead　Skull

002　アオザメ　口蓋方形軟骨と下顎軟骨　　Shortfin mako shark　Palatoquadrate and mandibular cartilages

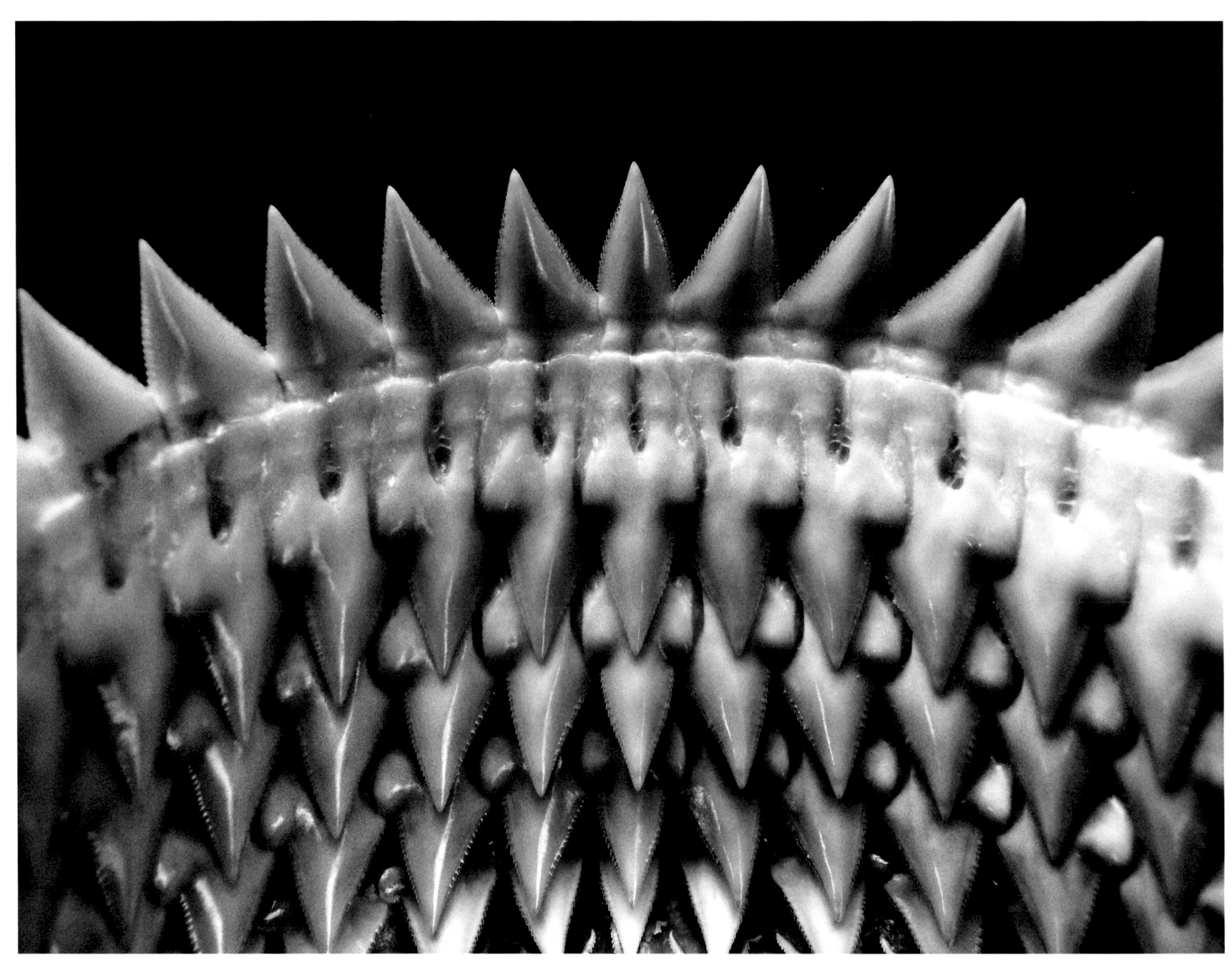

003 ヨロイザメ 歯　Kitefin shark　Teeth

004　ネコザメ　歯　　Japanese bullhead shark　Teeth

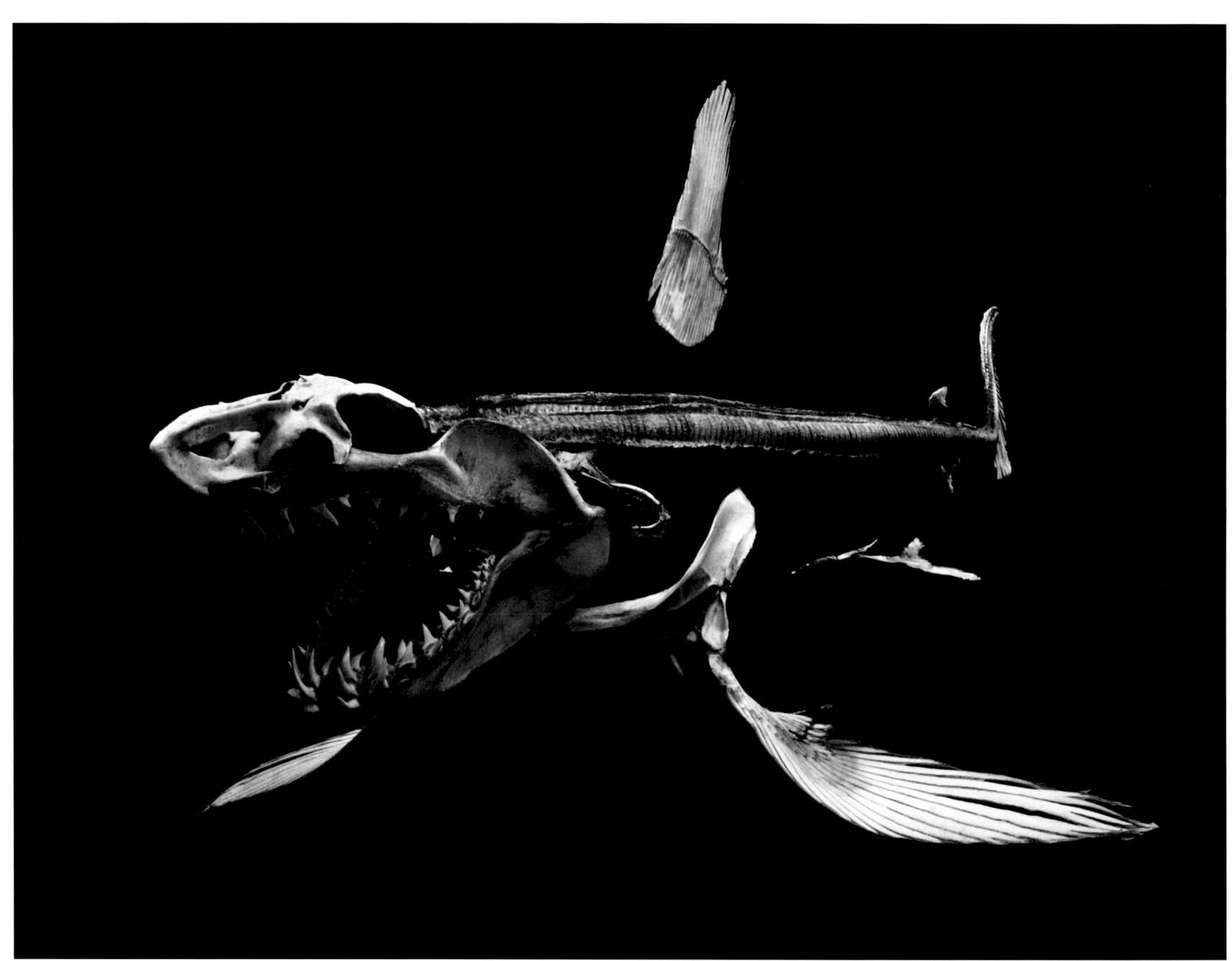

005　アオザメ　骨格　　Shortfin mako shark　Skeleton

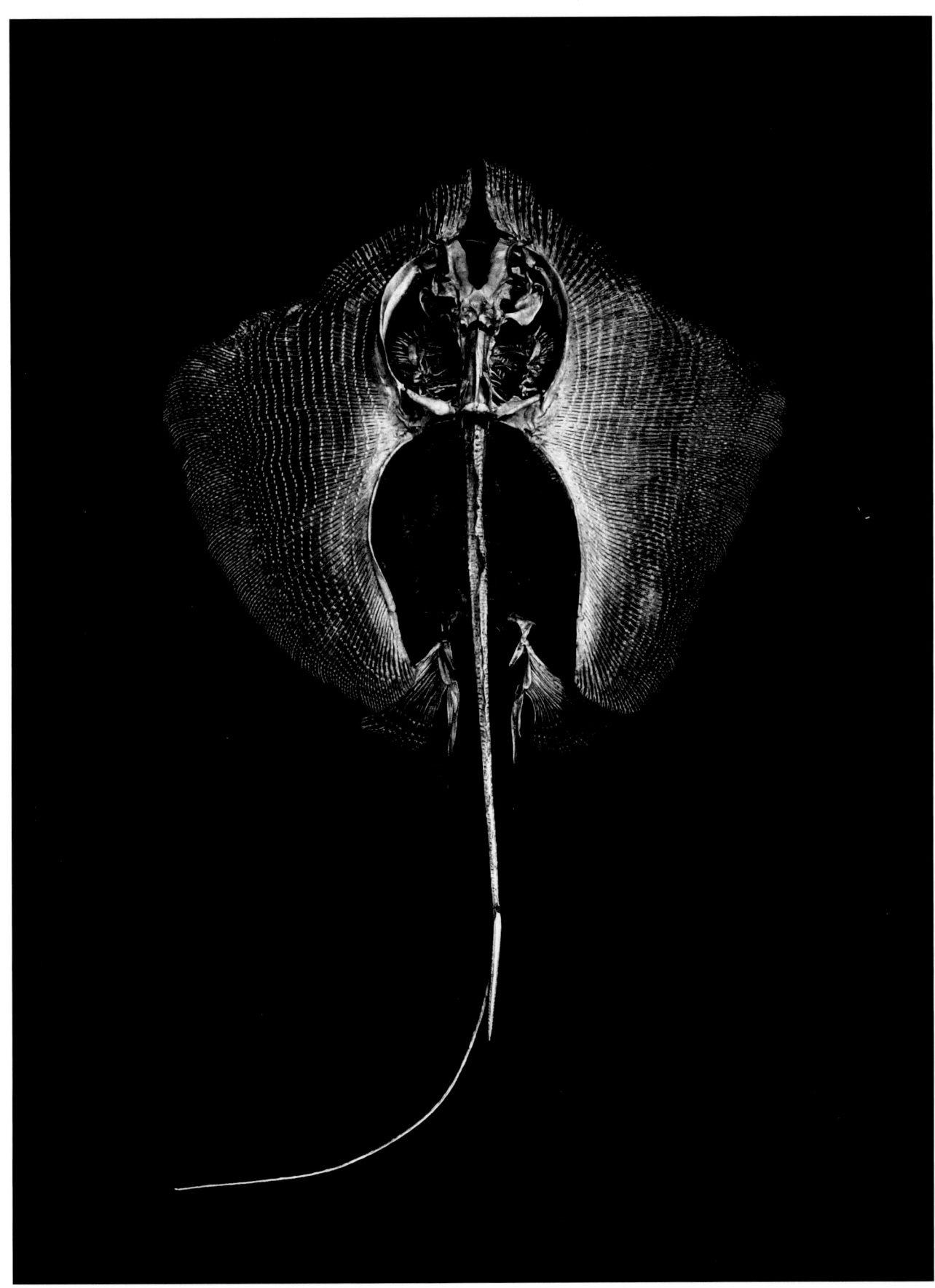

006 アカエイ 骨格   Red stingray Skeleton

007　チカメキントキ　骨格　　Longfinned bullseye　Skeleton

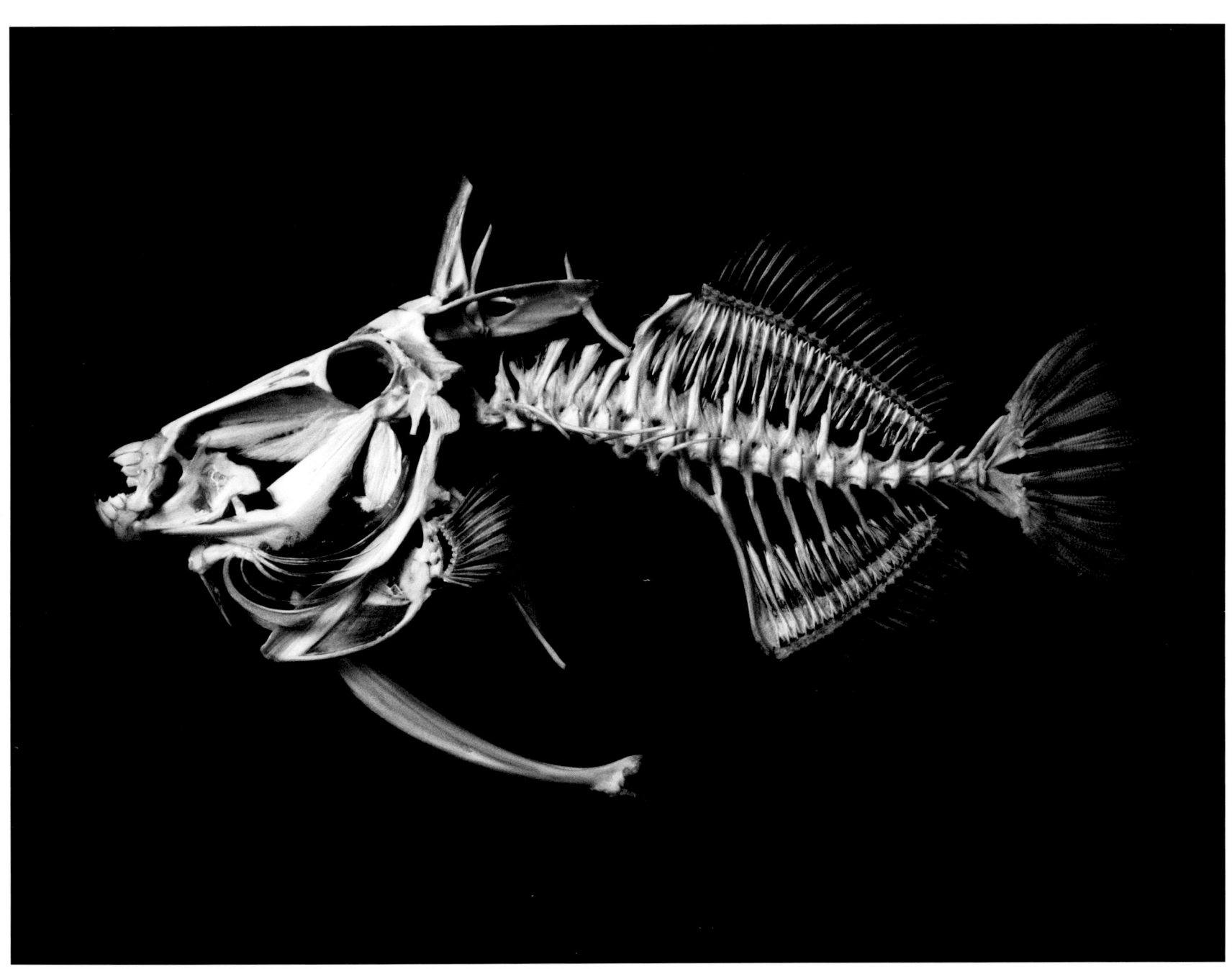

008　モンガラカワハギ　骨格　Clown triggerfish　Skeleton

009 キハダ 骨格　Yellowfin tuna　Skeleton

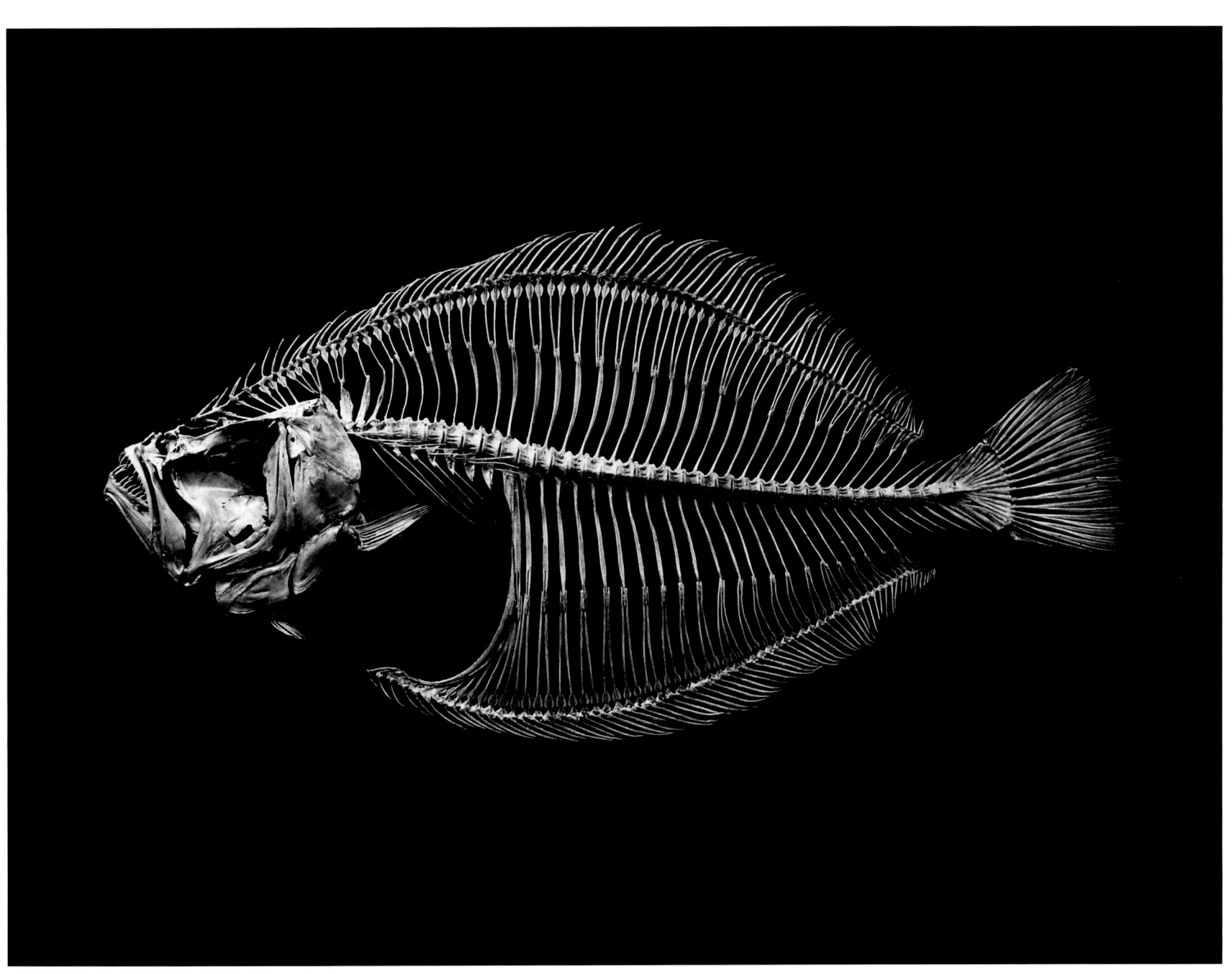

010　ヒラメ　骨格　　Olive flounder　Skeleton

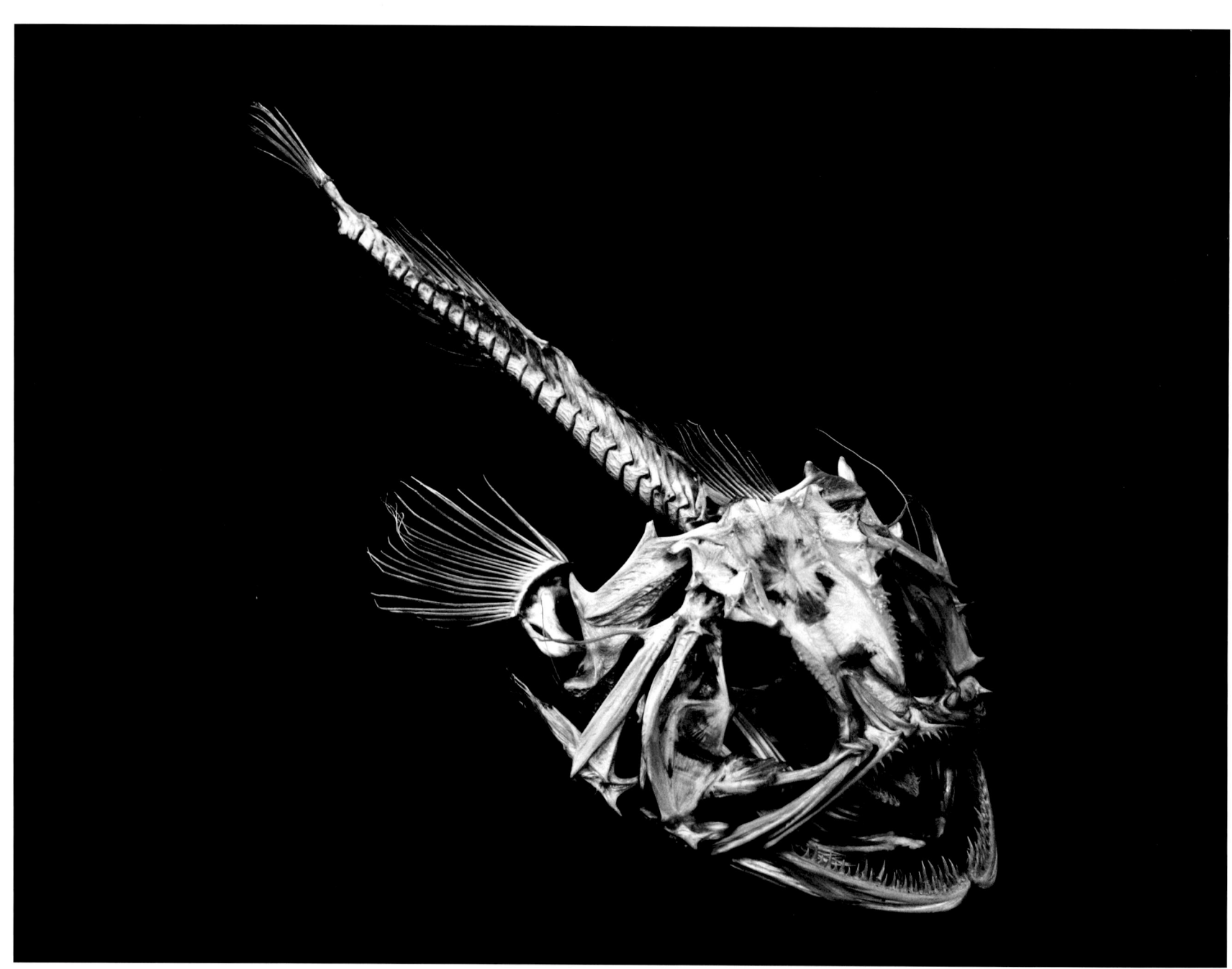

011　キアンコウ　骨格　　Yellow goosefish　Skeleton

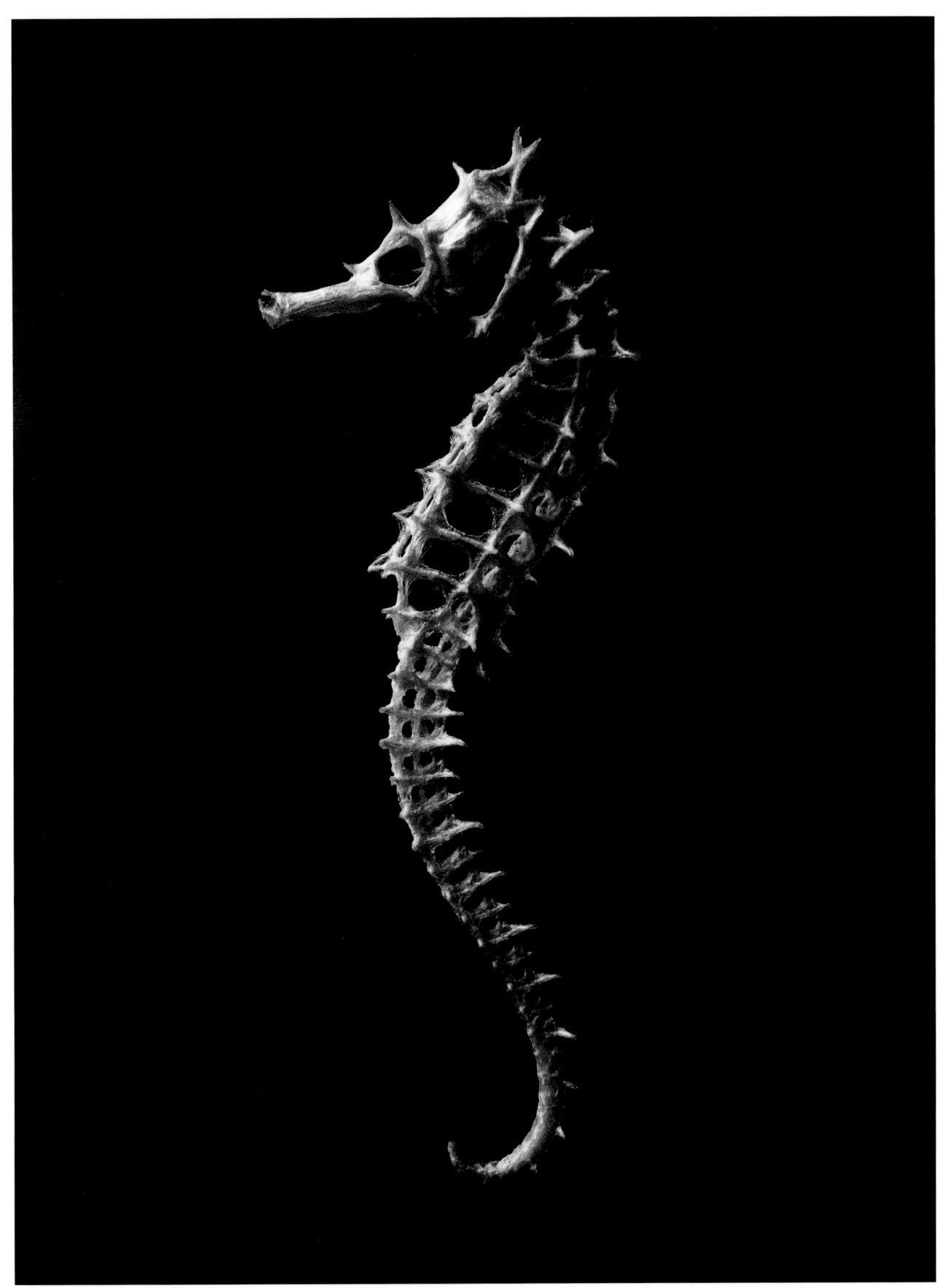

012　イバラタツ　骨格　　Thorny seahorse　Skeleton

013　ペーシュ・カショーロ　頭蓋　Payara Skull

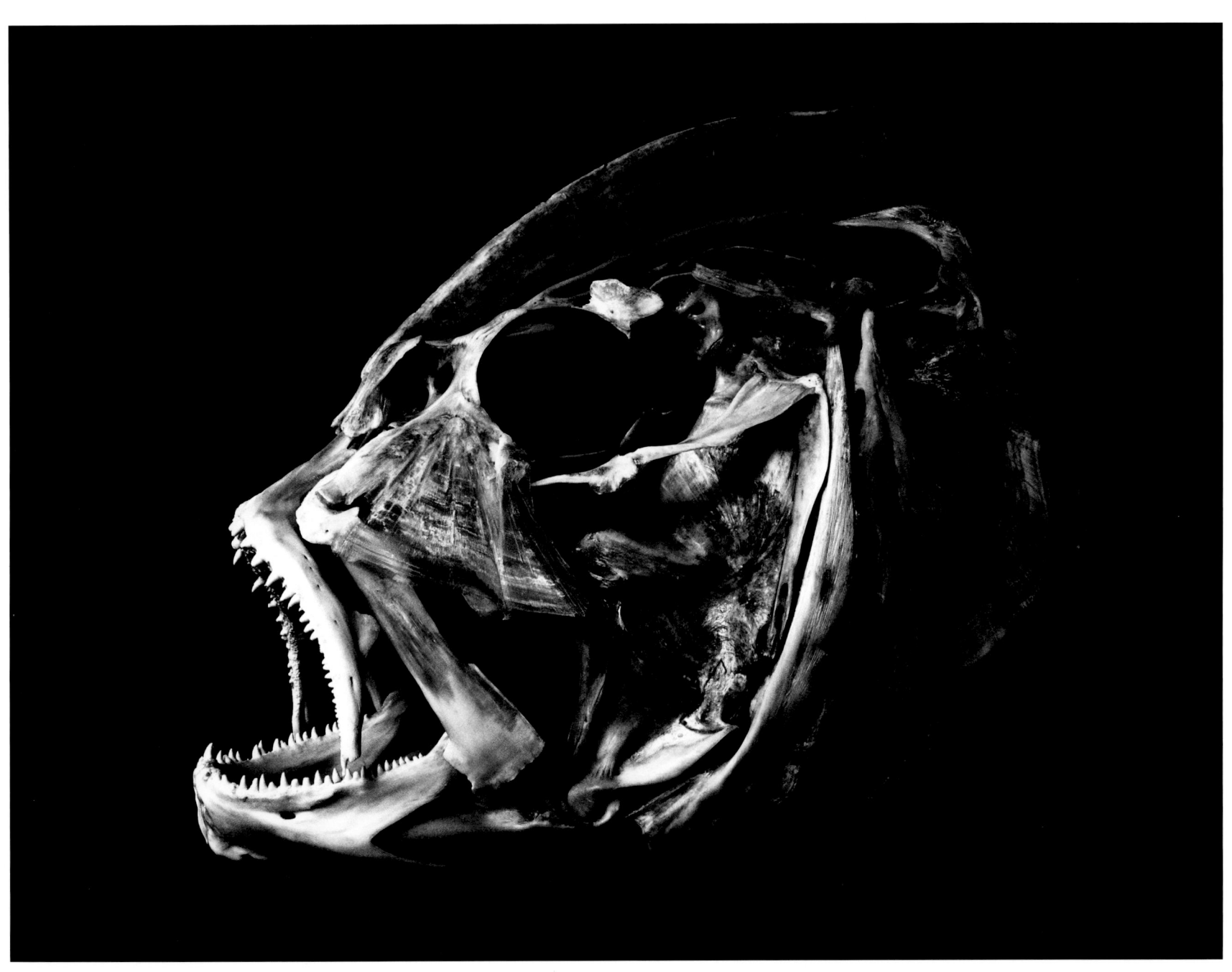

014　ロウニンアジ　頭蓋　　Giant trevally　Skull

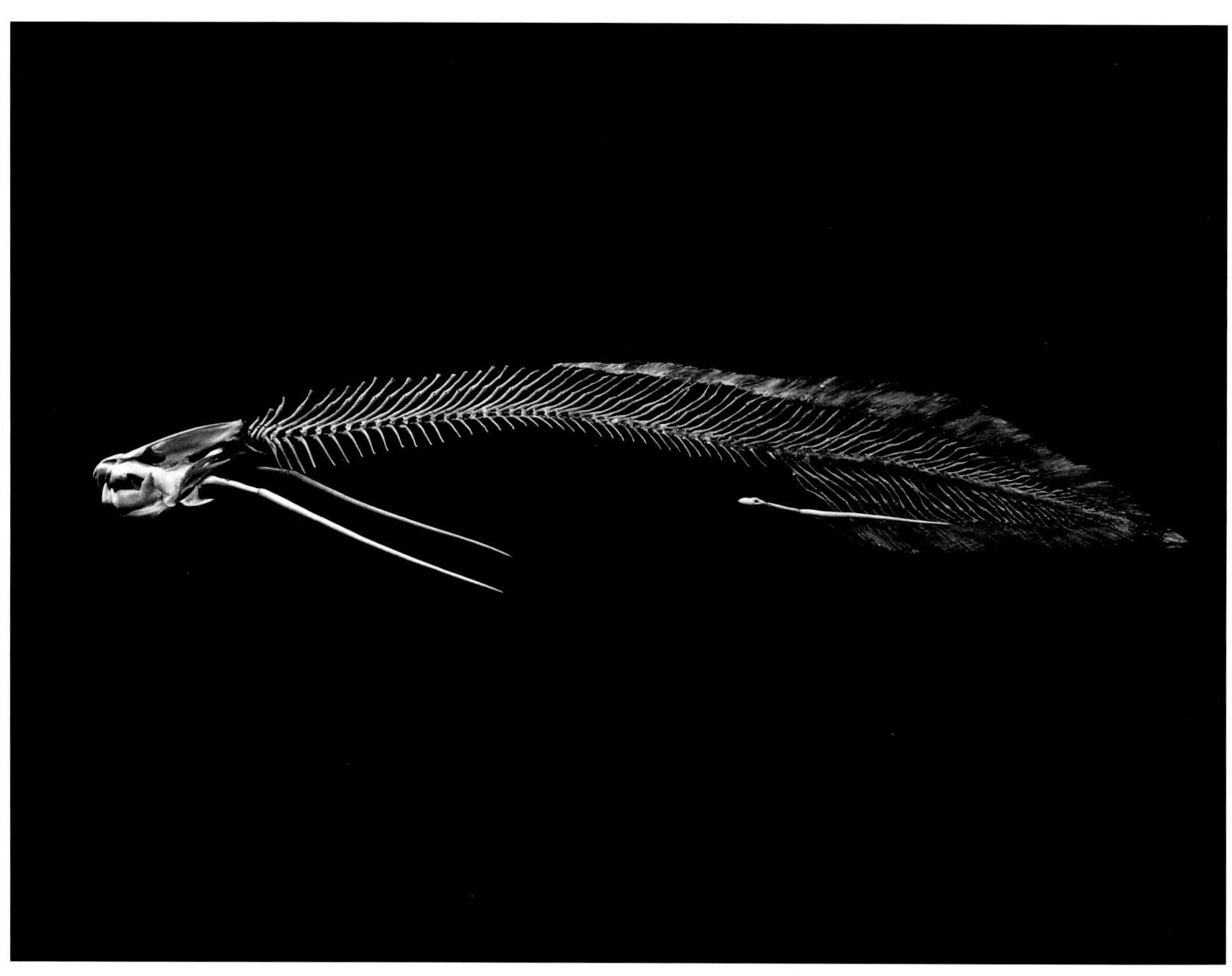

015　プロトプテルス属の一種　骨格　　*Protopterus* sp.　Skeleton

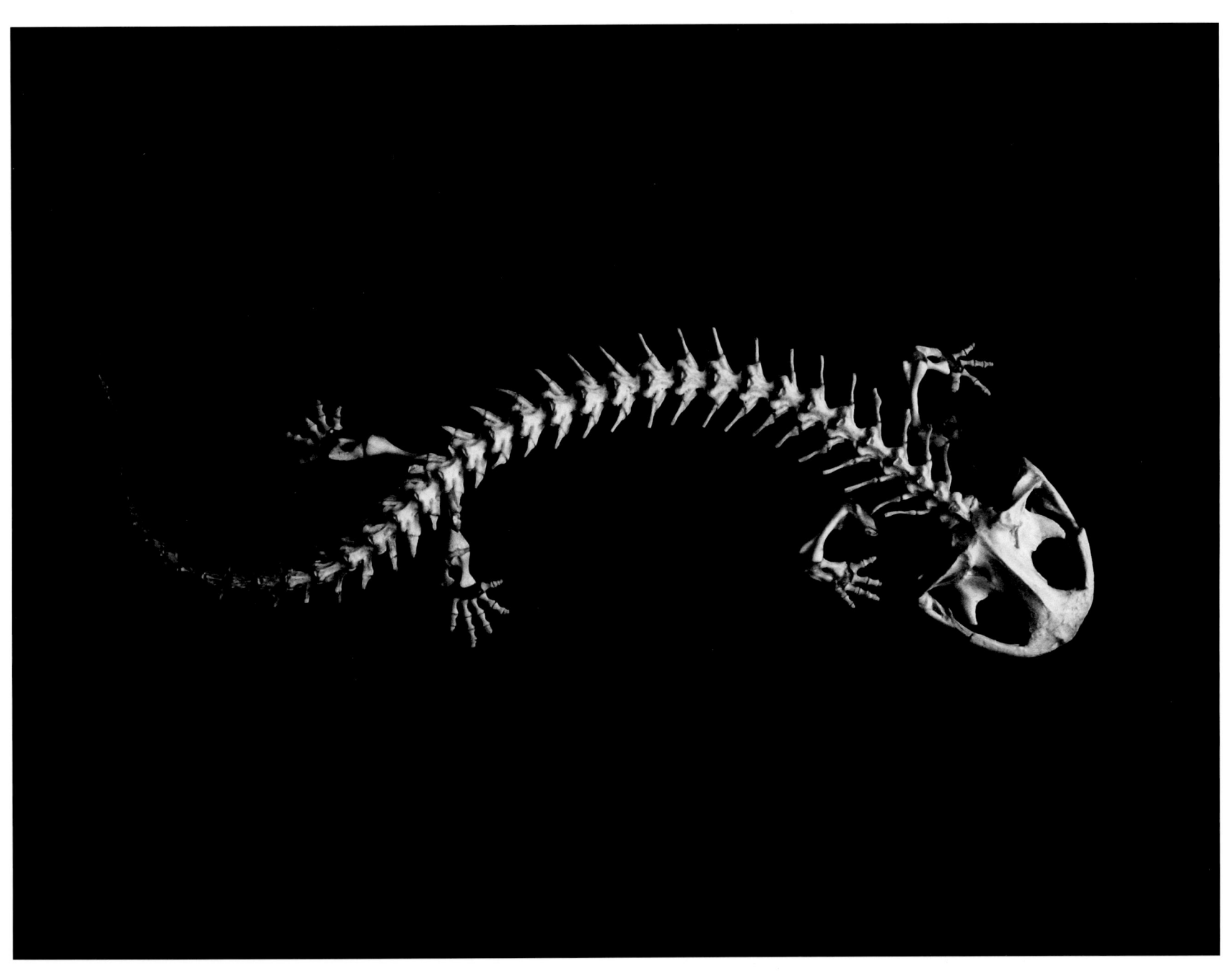

017　ウシガエル　骨格　　American bullfrog　Skeleton

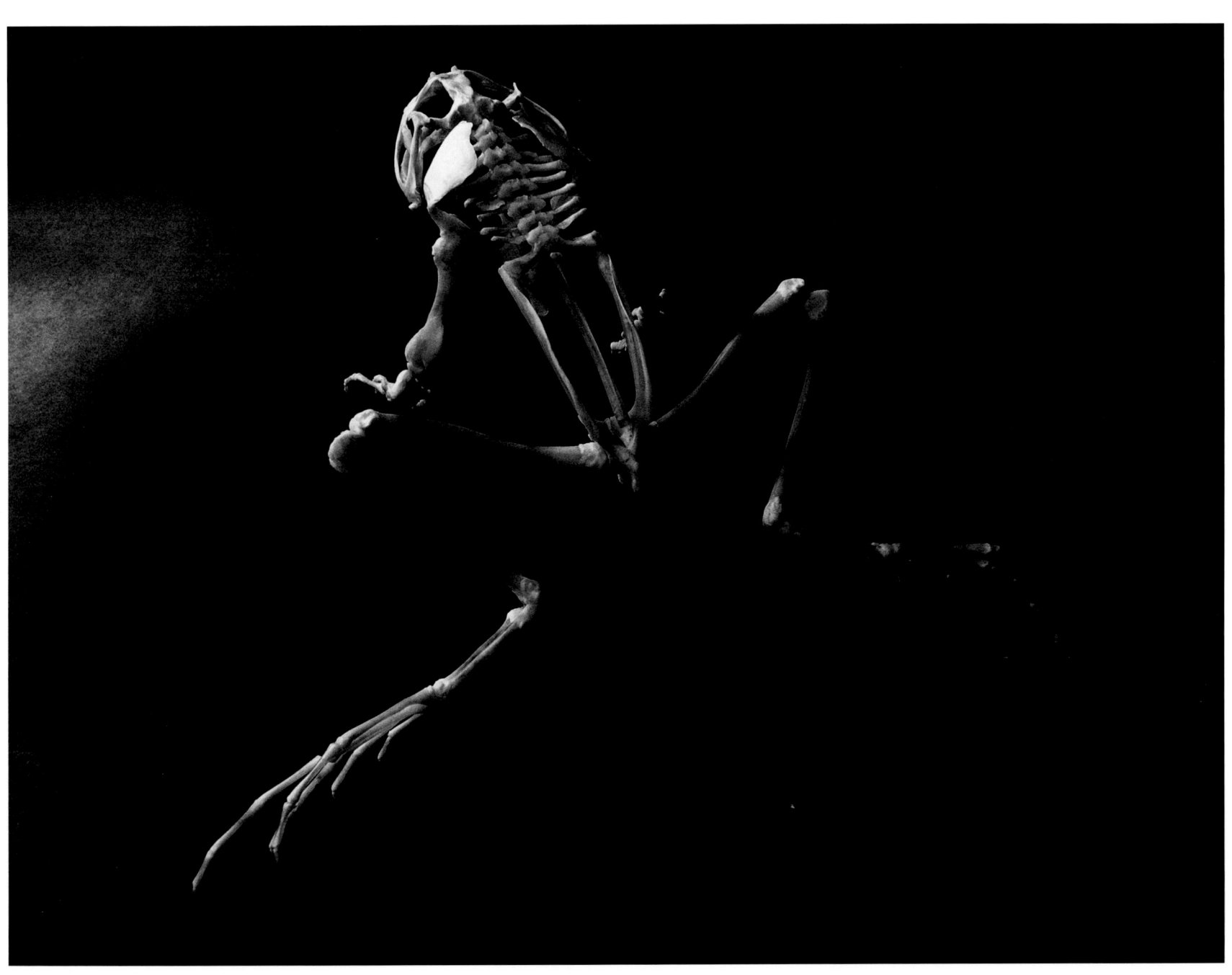

018　ウシガエル　骨格　American bullfrog　Skeleton

019 トッケイヤモリ 骨格　Tokay gecko　Skeleton

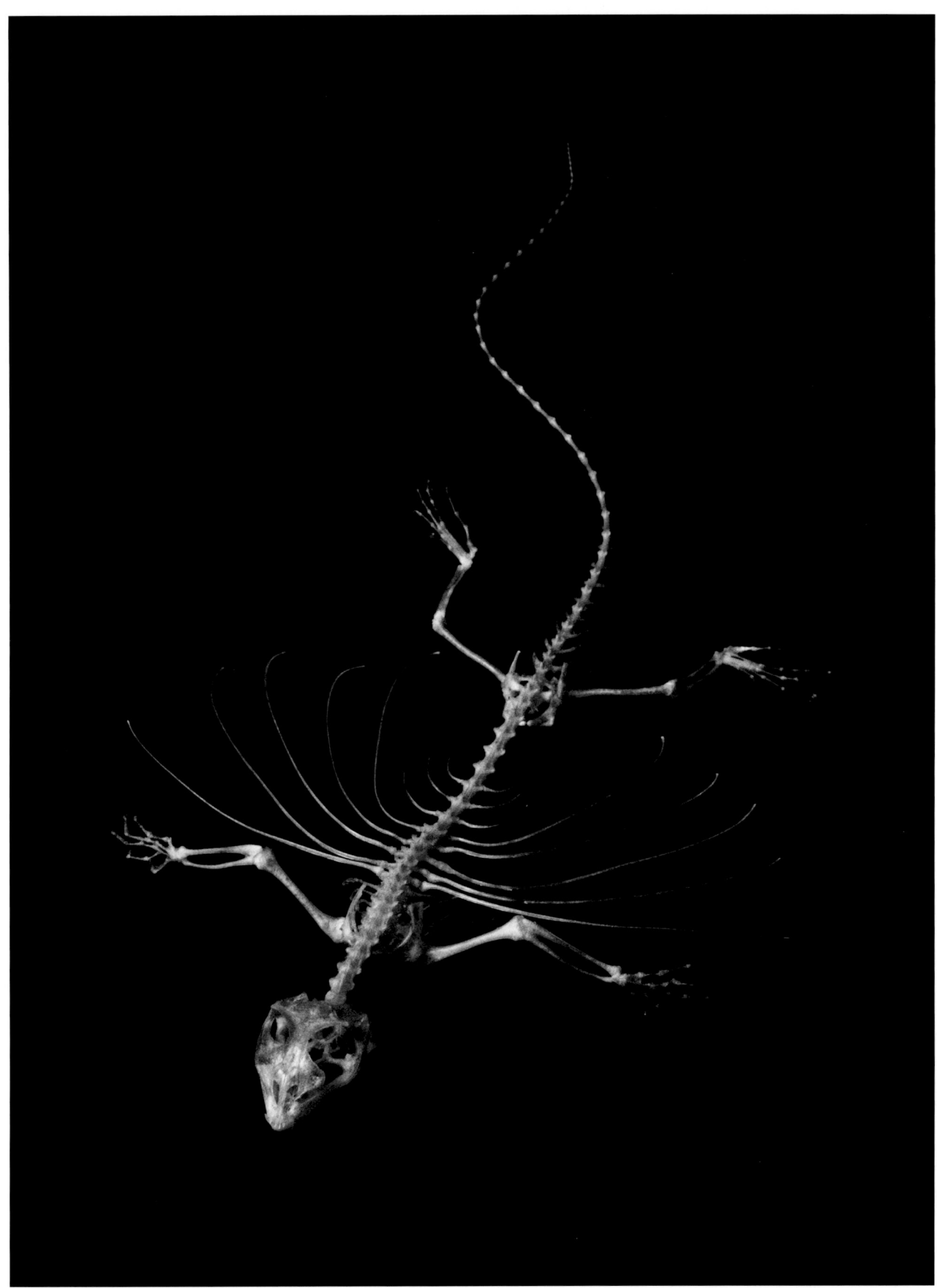

020　トビトカゲ属の一種　骨格　*Draco* sp.　Skeleton

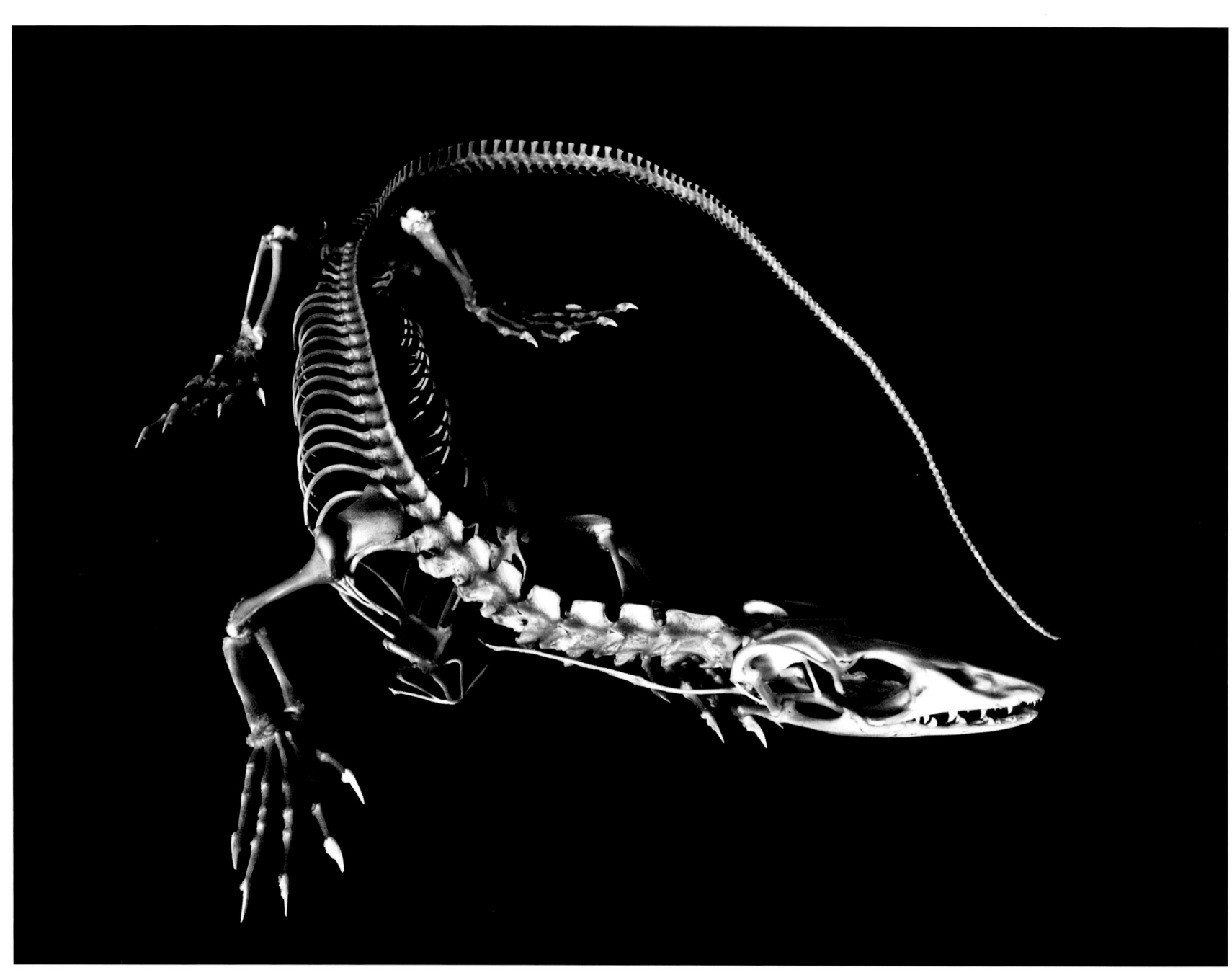

021　マングローブオオトカゲ　骨格　　Mangrove monitor　Skeleton

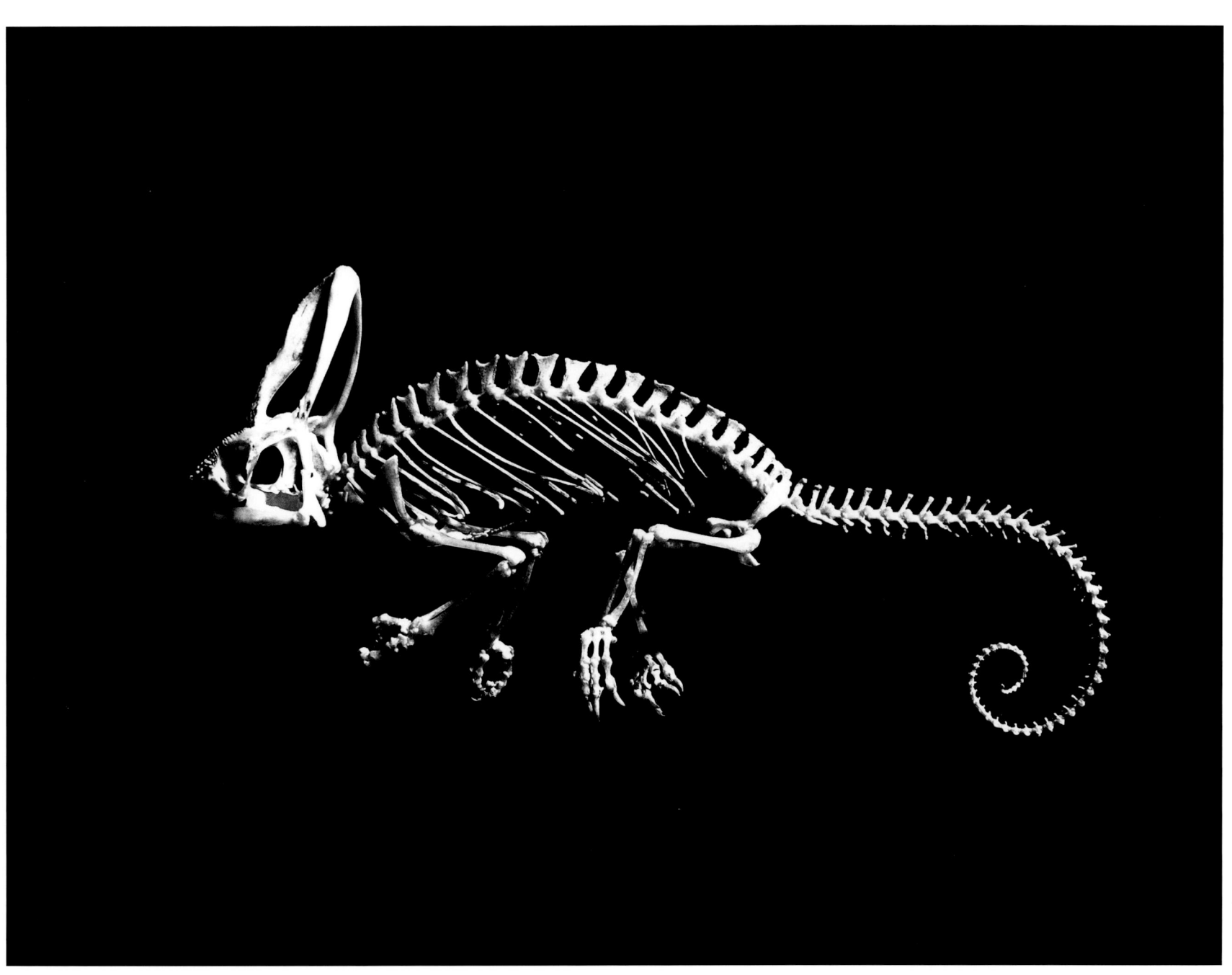

022　エボシカメレオン　骨格　　Veiled chameleon　Skeleton

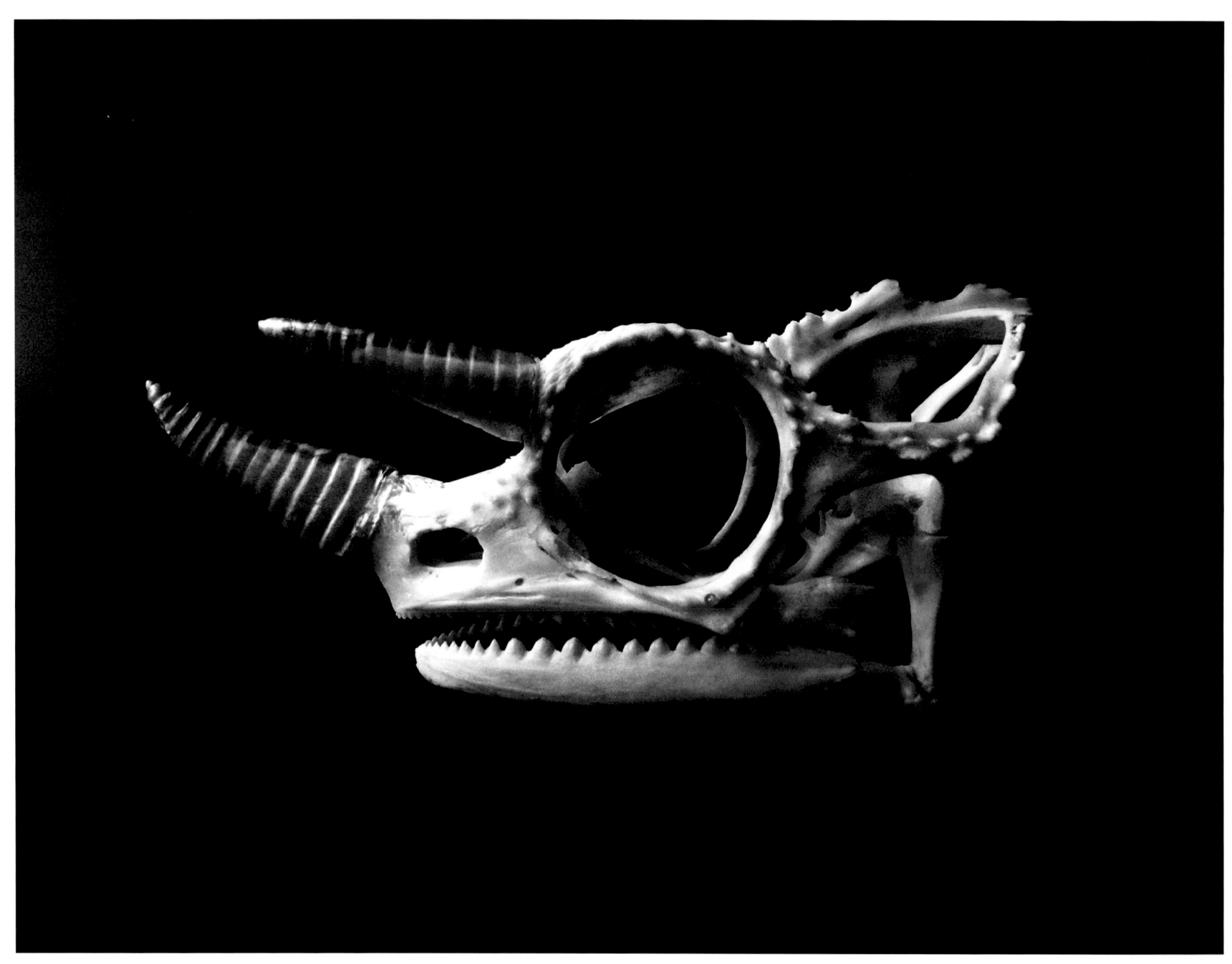

023　ジャクソンカメレオン　頭蓋　Jackson's chameleon　Skull

025　インドコブラ　骨格　　Indian cobra　Skeleton

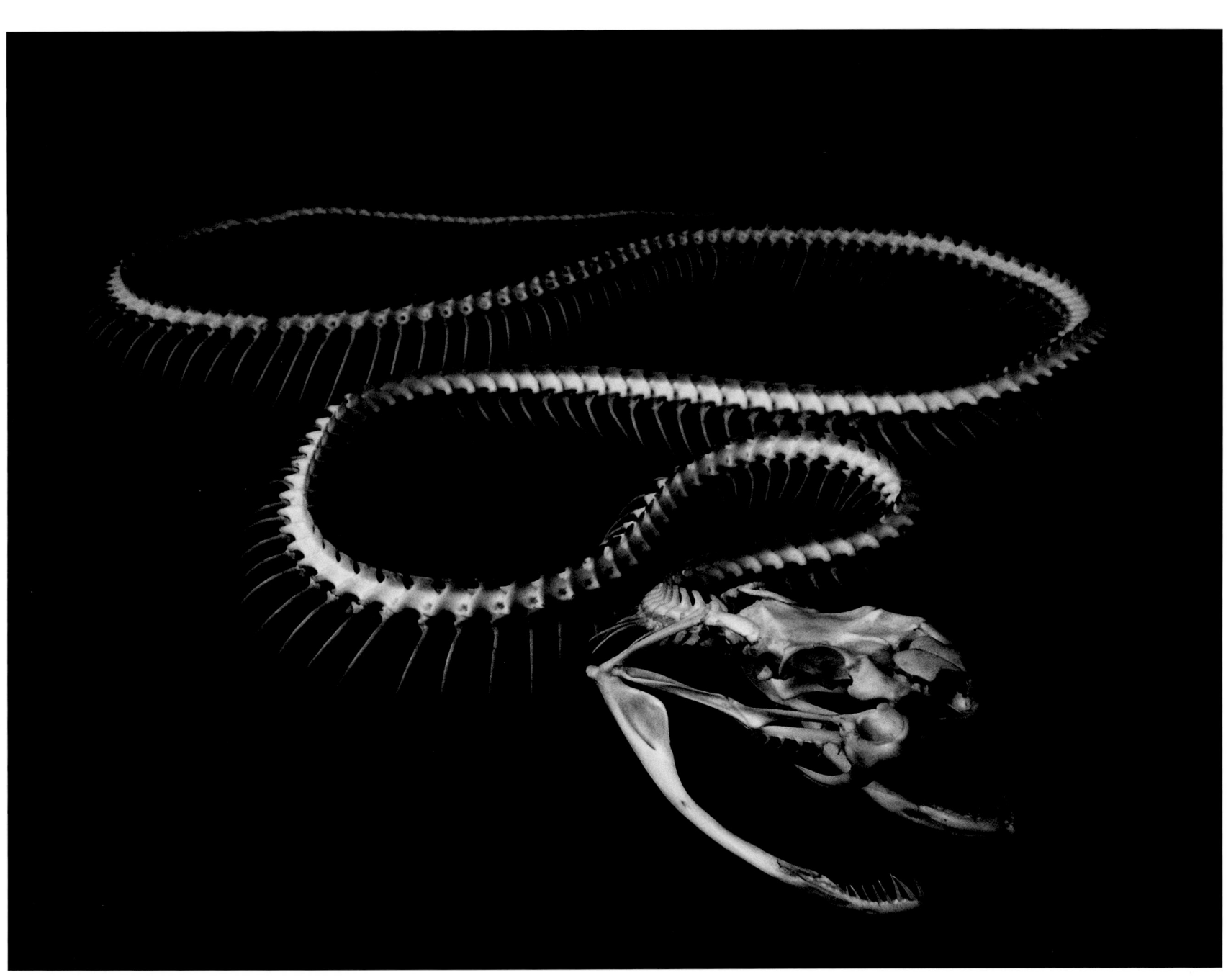

027　アミメニシキヘビ　頭蓋　Reticulated python　Skull

028　アミメニシキヘビ　頭蓋　Reticulated python　Skull

029　ワニガメ　骨格　　Alligator snapping turtle　Skeleton

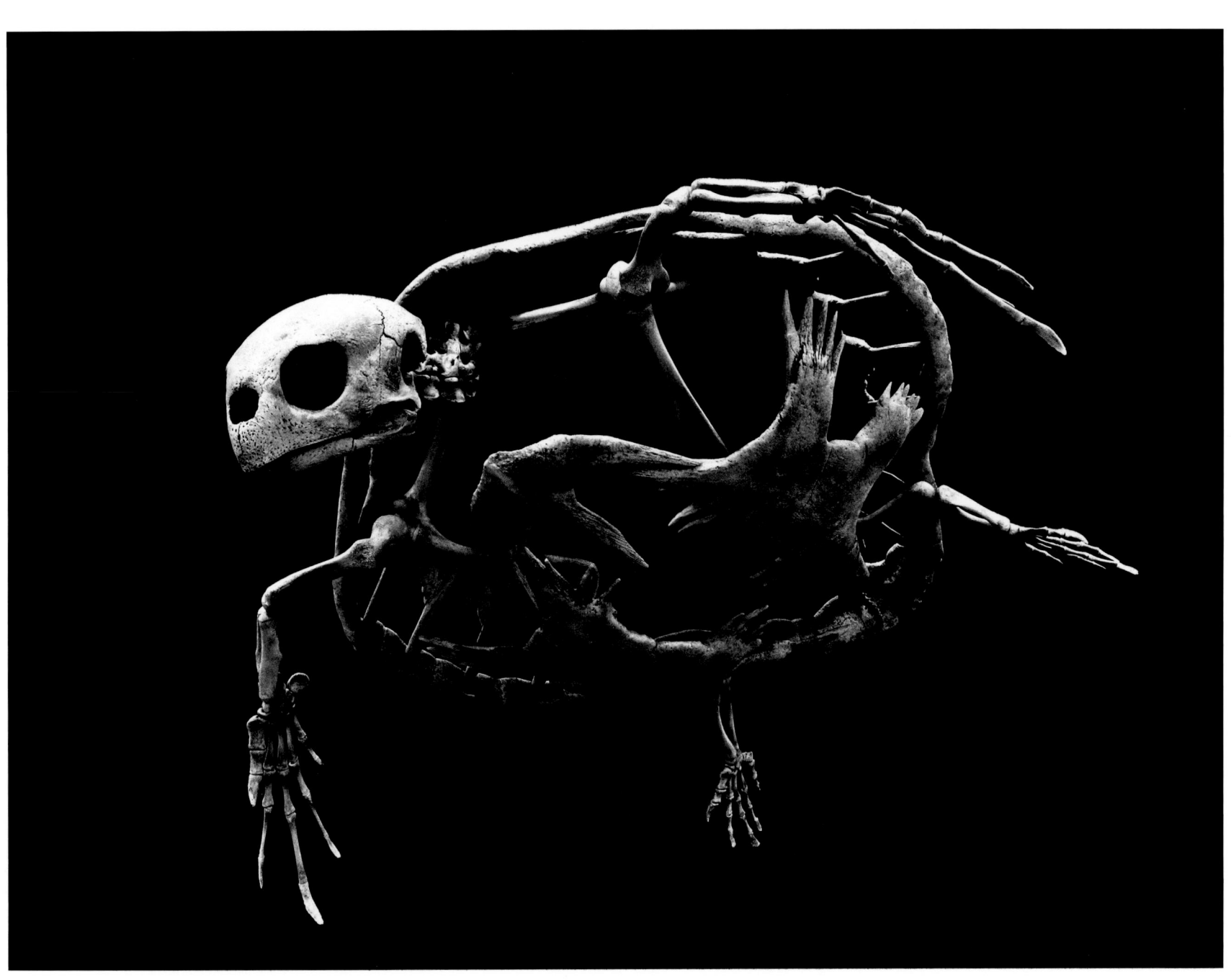

030　アカウミガメ　骨格　　Loggerhead sea turtle　Skeleton

031　アカミミガメ　骨格　　Red-eared slider　Skeleton

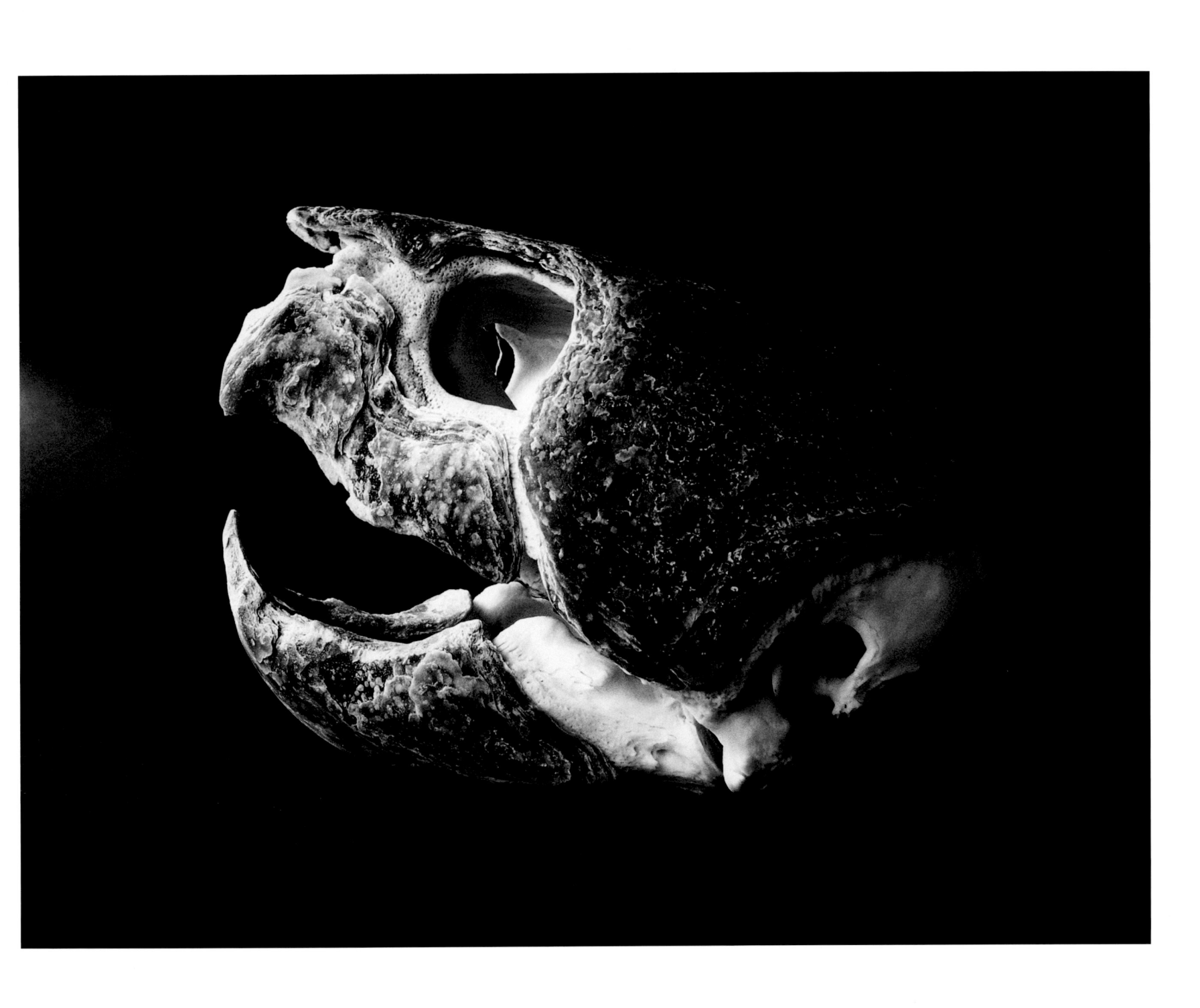

032　オオアタマガメ　頭蓋　Big-headed turtle　Skull

033　ミシシッピーワニ　頭蓋　American alligator　Skull

034　ミシシッピーワニ　頭蓋　American alligator　Skull

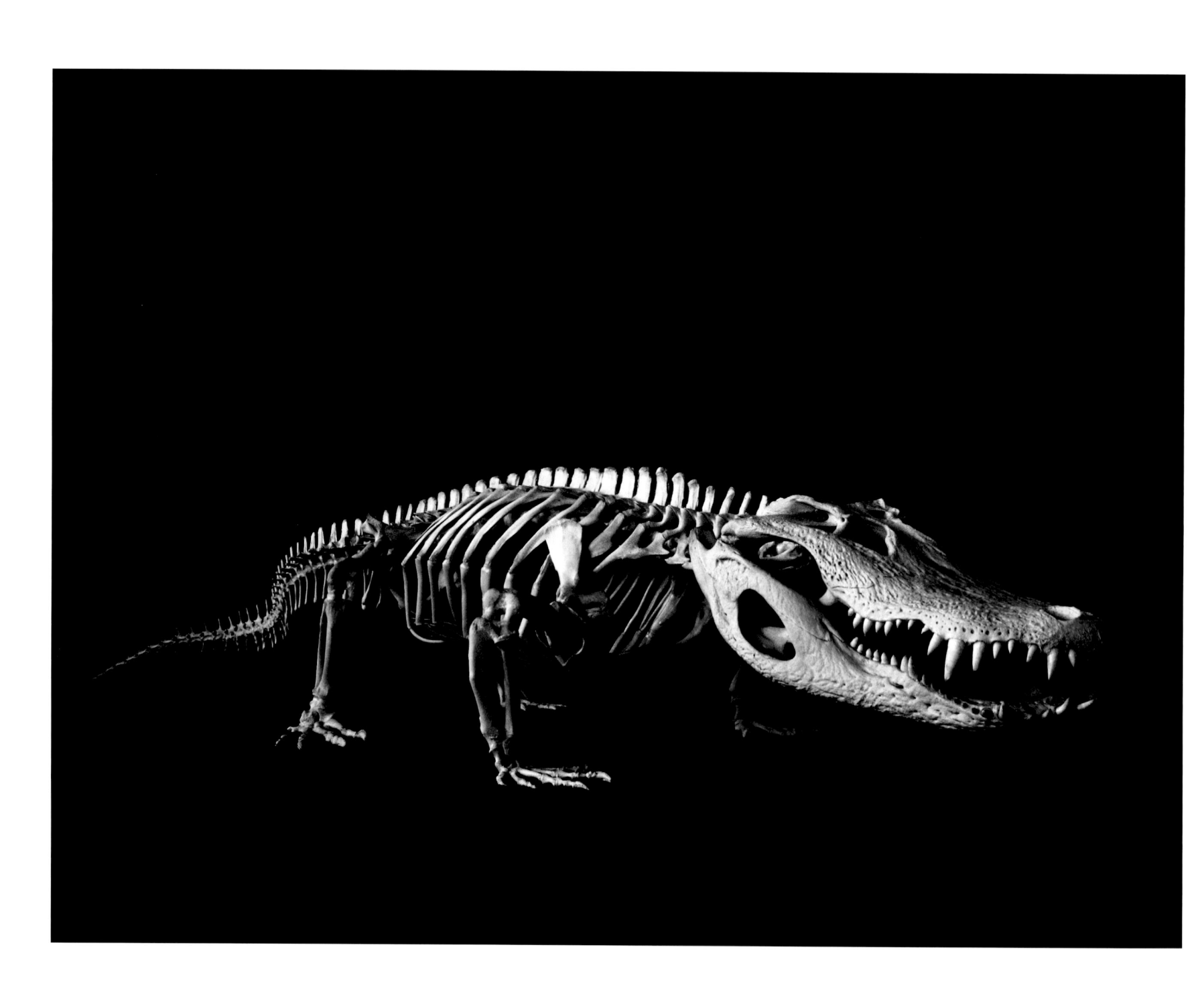

035　ミシシッピーワニ　骨格　　American alligator　Skeleton

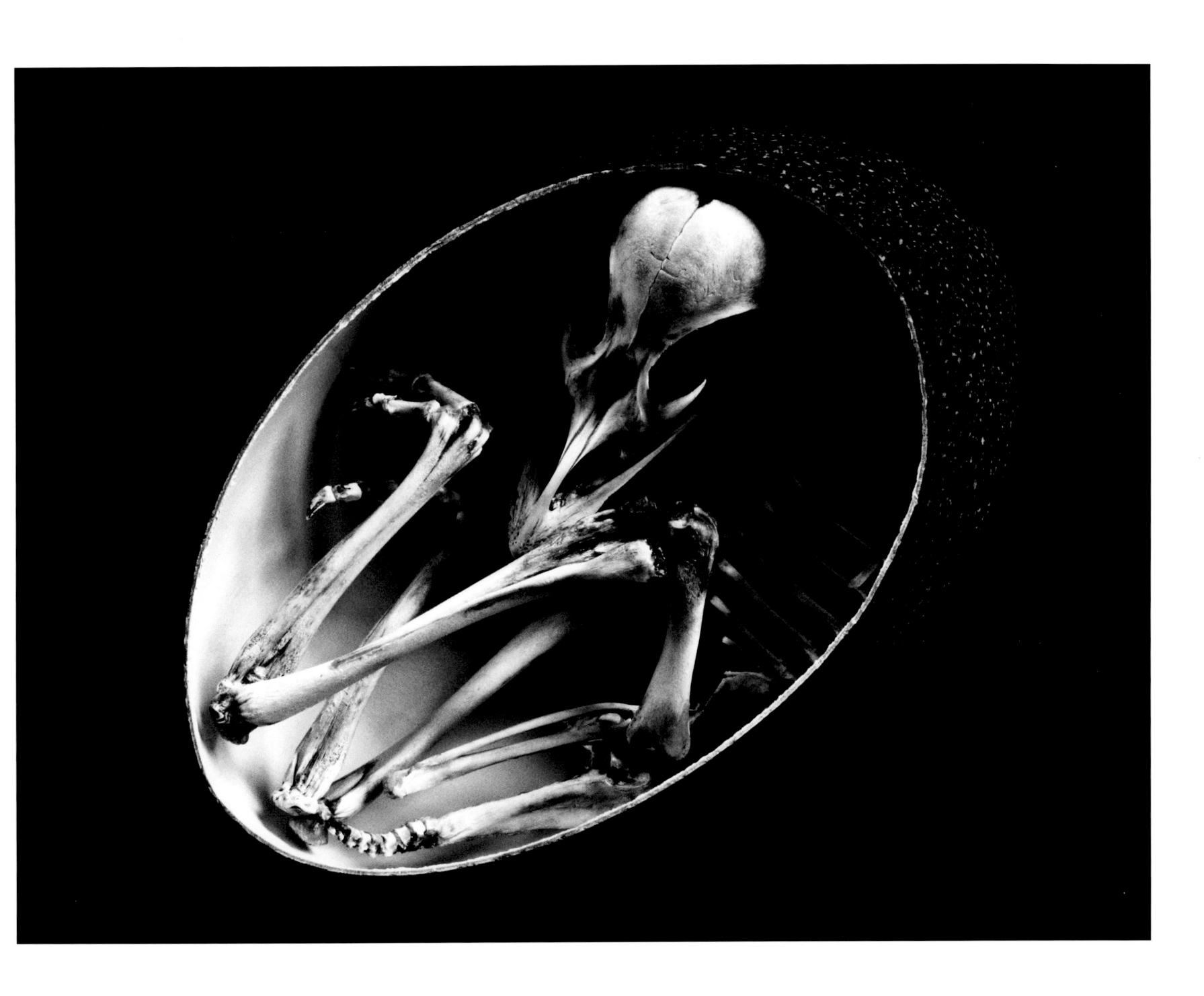

036　エミュー　骨格と卵殻　　Emu　Skeleton and eggshell

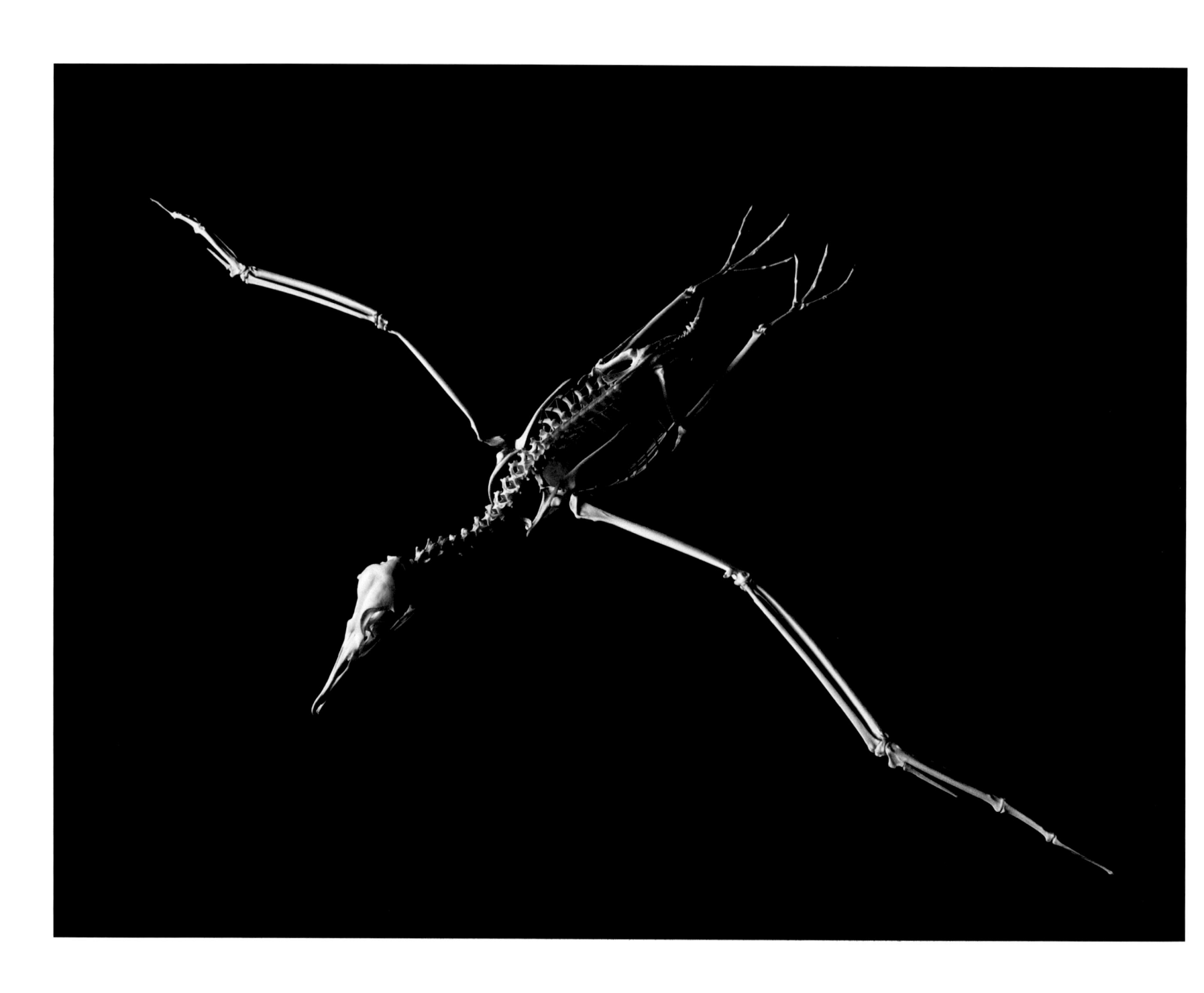

037　ハシボソミズナギドリ　骨格　Short-tailed shearwater　Skeleton

038　ハシボソミズナギドリ　骨格　　Short-tailed shearwater　Skeleton

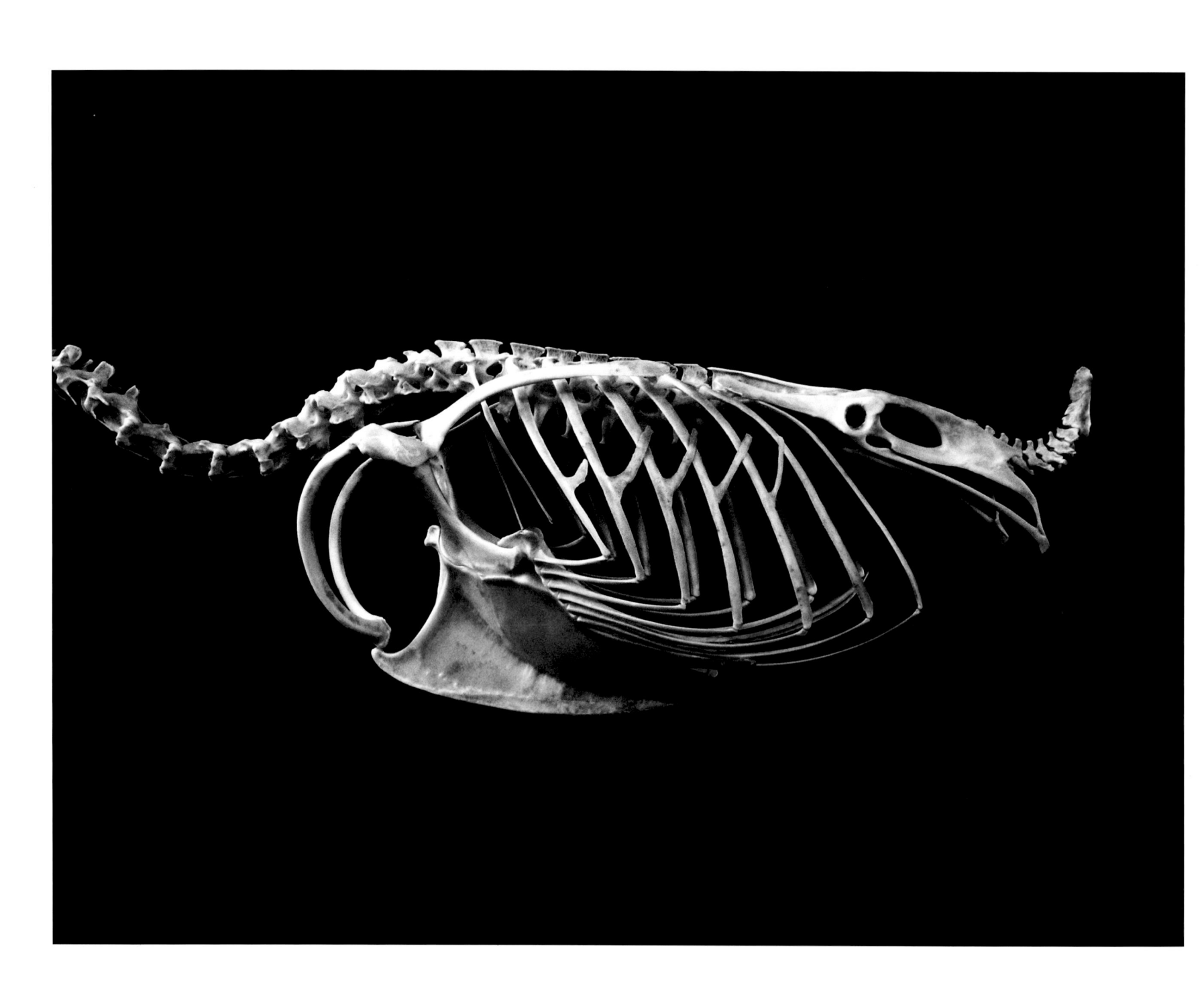

039　ハシボソミズナギドリ　体幹骨格　Short-tailed shearwater　Skeleton of trunk

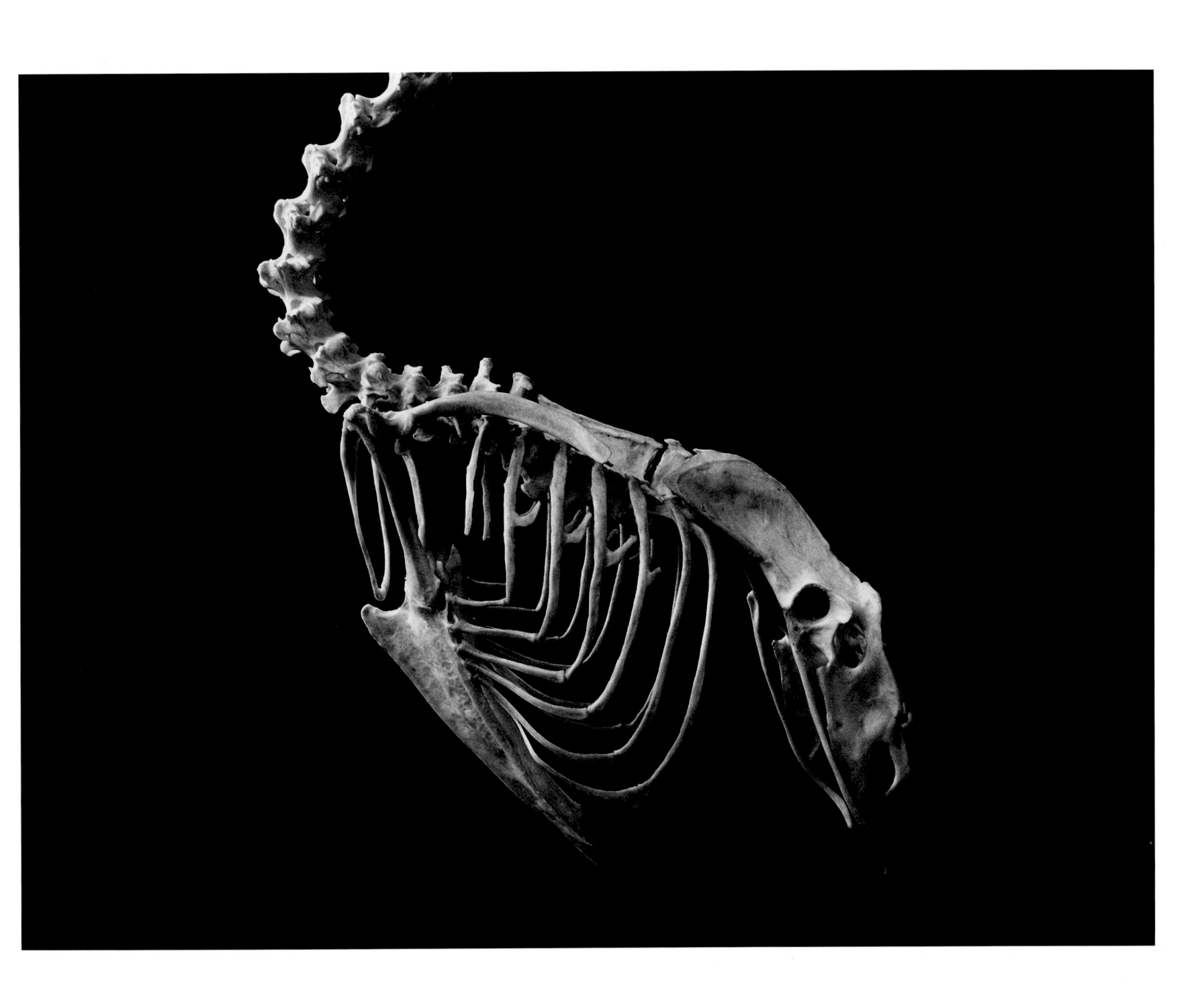

040　カグー　体幹骨格　　Kagu　Skeleton of trunk

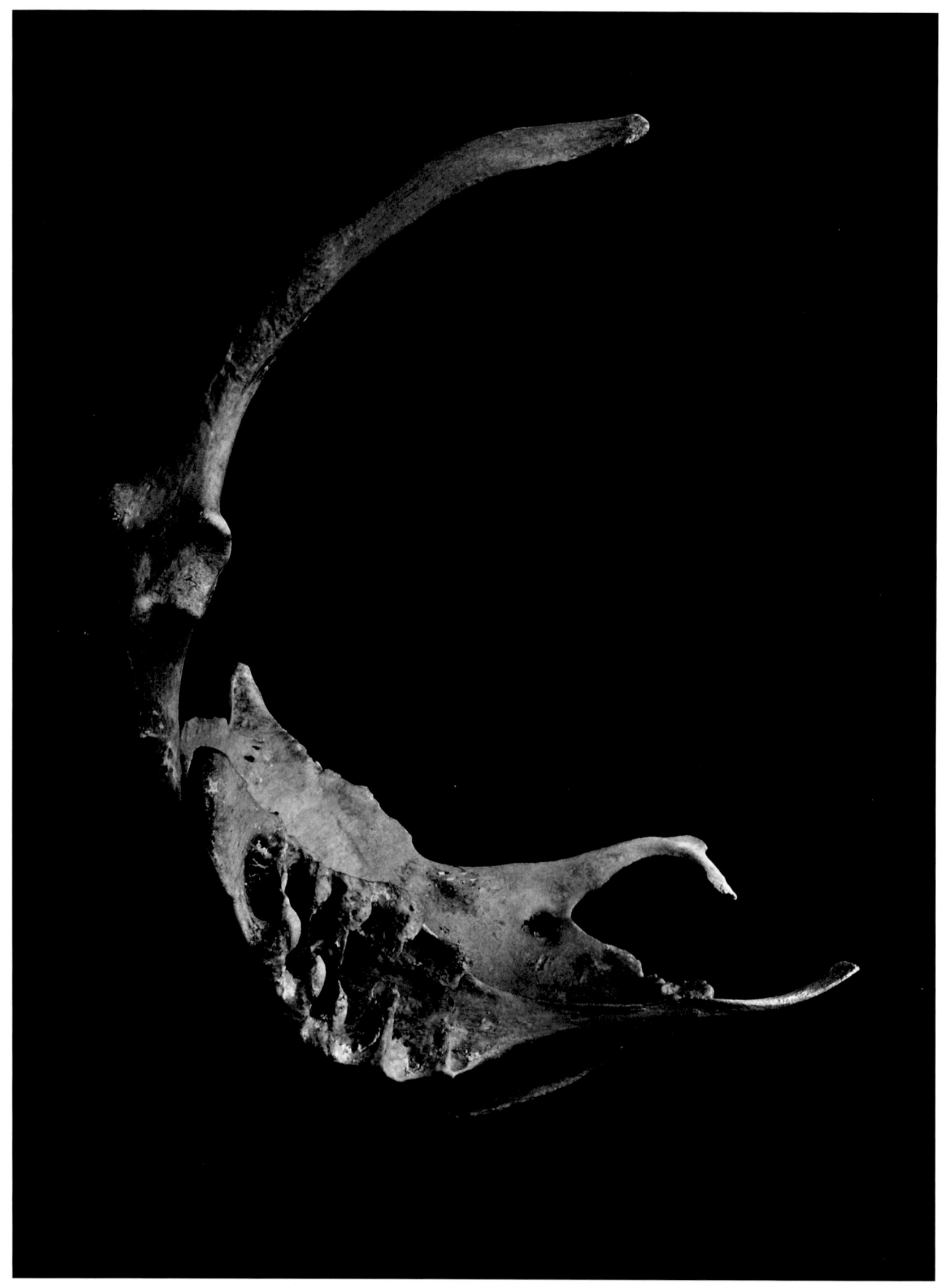

041 ダチョウ 胸骨（肩甲骨、烏口骨を含む）　　Ostrich　Sternum including scapula and coracoid

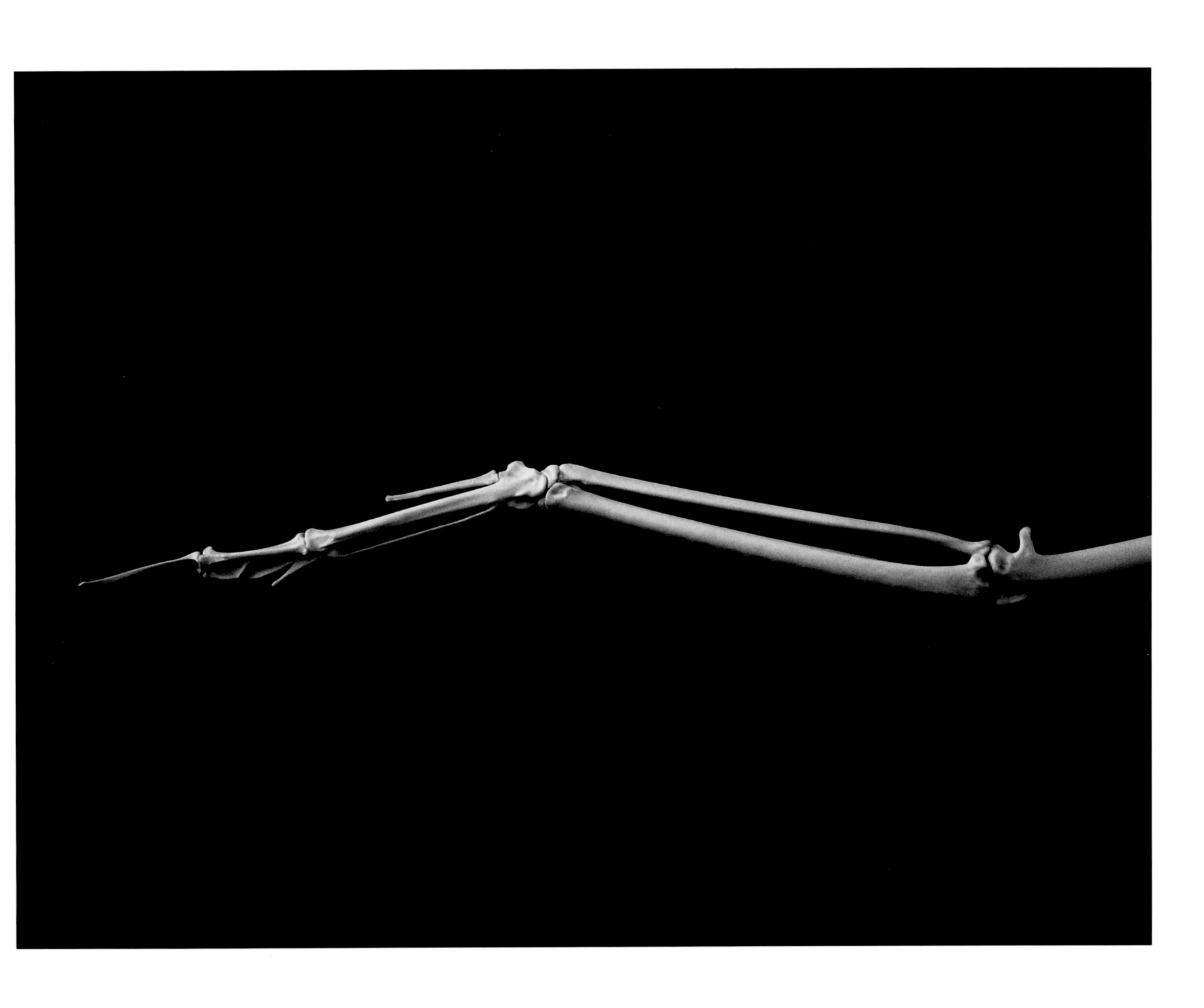

042　ハシボソミズナギドリ　左前腕と肢端骨格　　Short-tailed shearwater　Skeleton of left forearm and manus

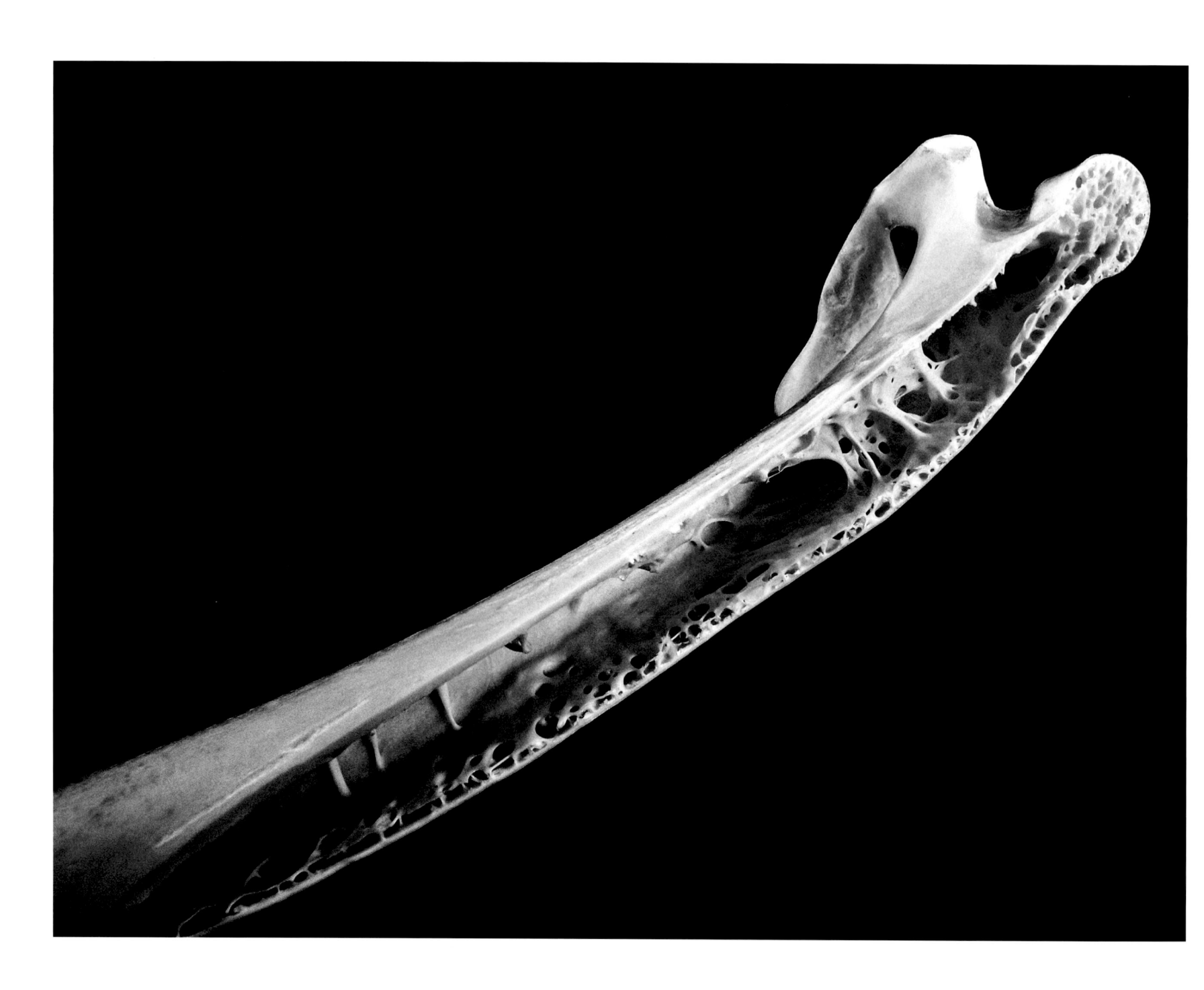

043　クロヅル　上腕骨　　Common crane　Humerus

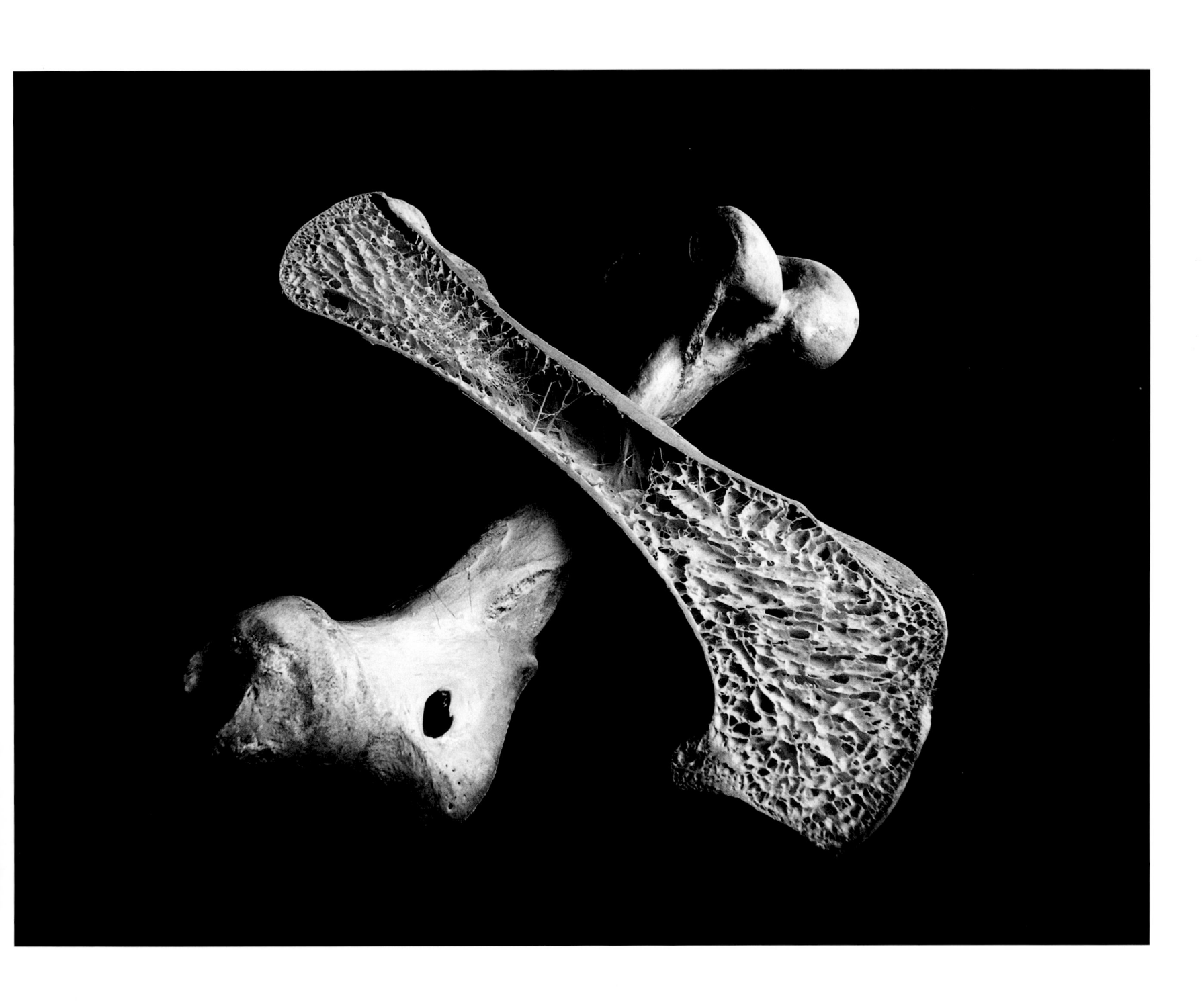

044　ダチョウ　大腿骨　Ostrich Femur

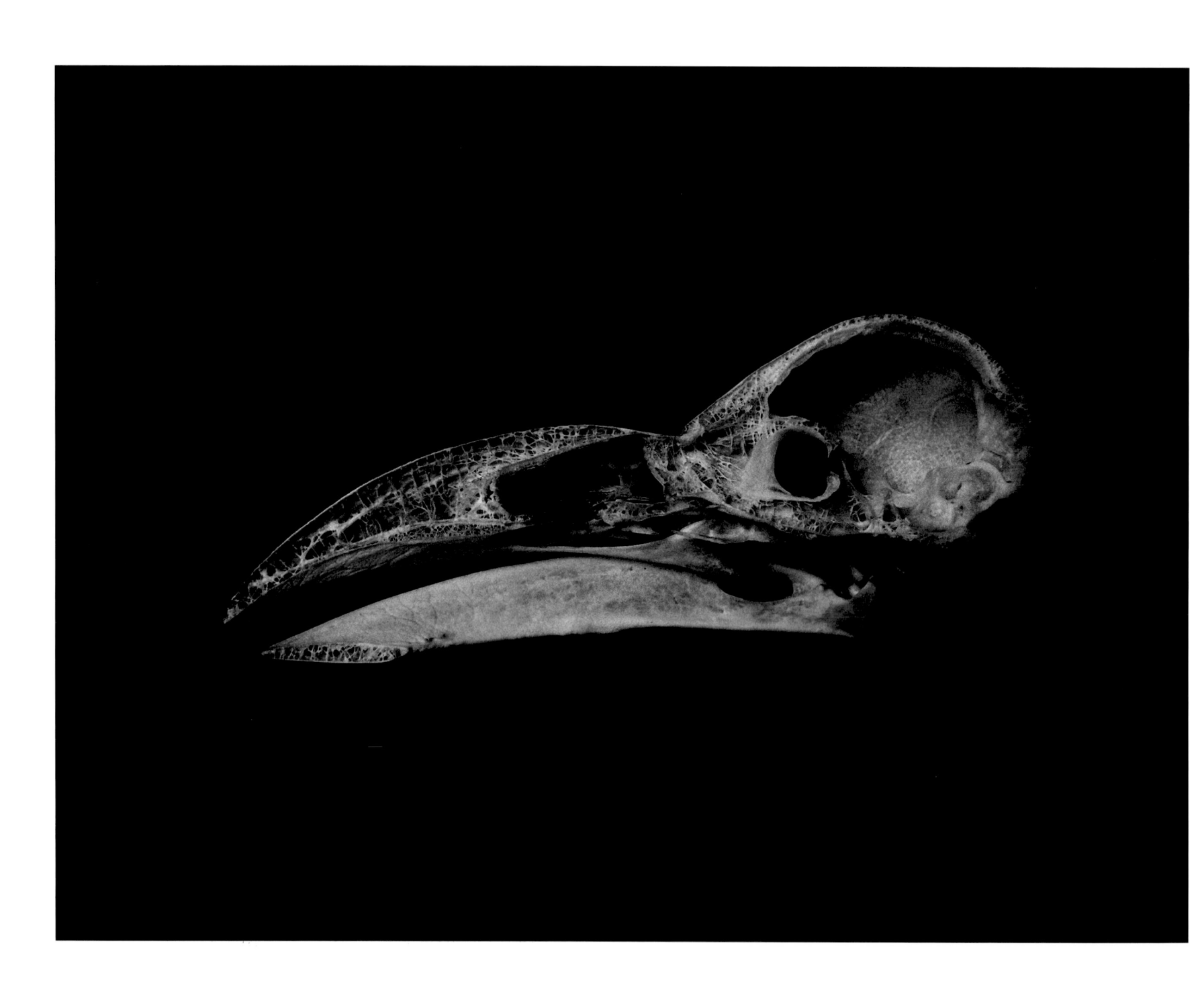

045　ハシブトガラス　頭蓋　Jungle crow　Skull

046　シメ　頭蓋　Hawfinch　Skull

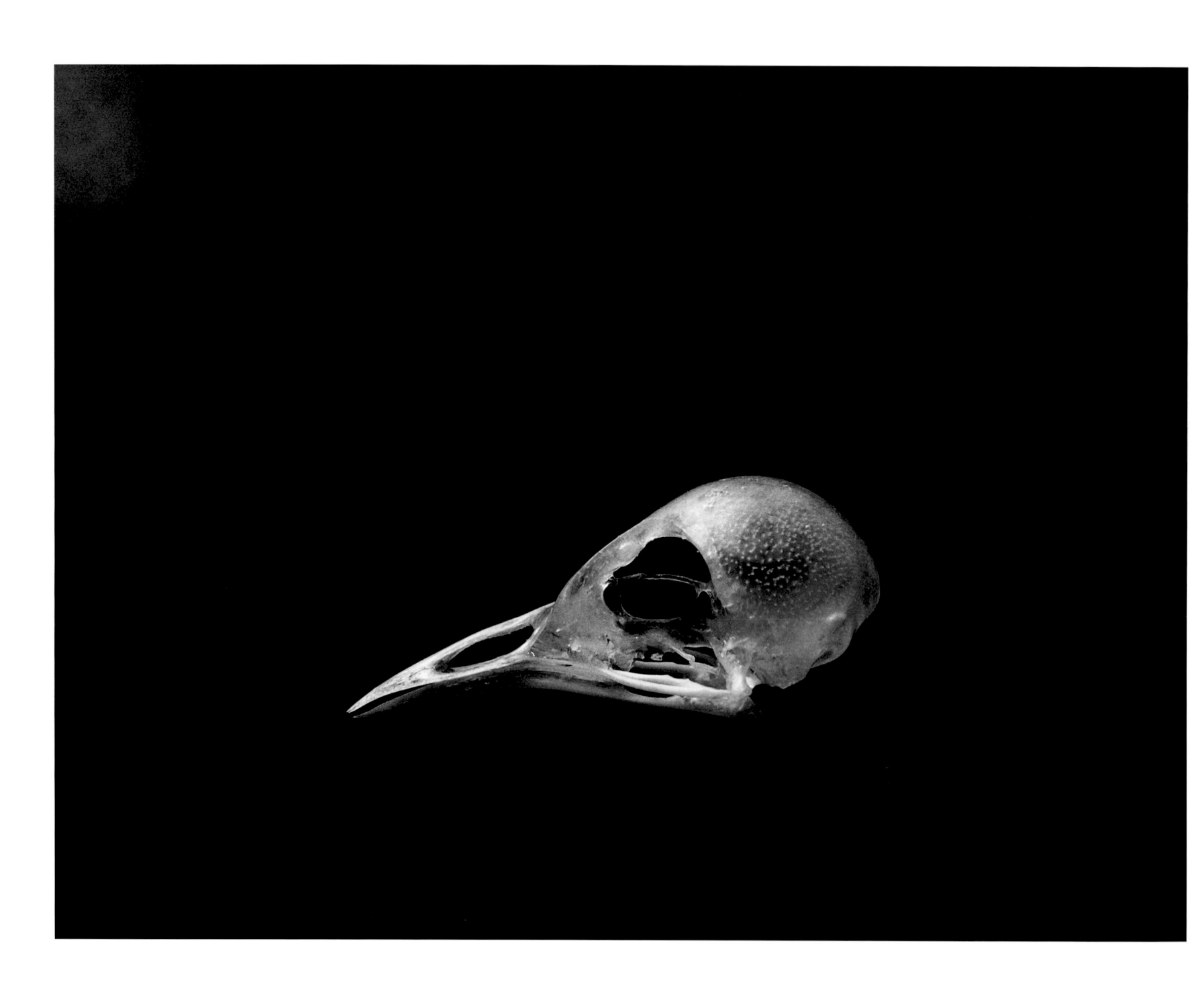

047　メジロ　頭蓋　Japanese white-eye　Skull

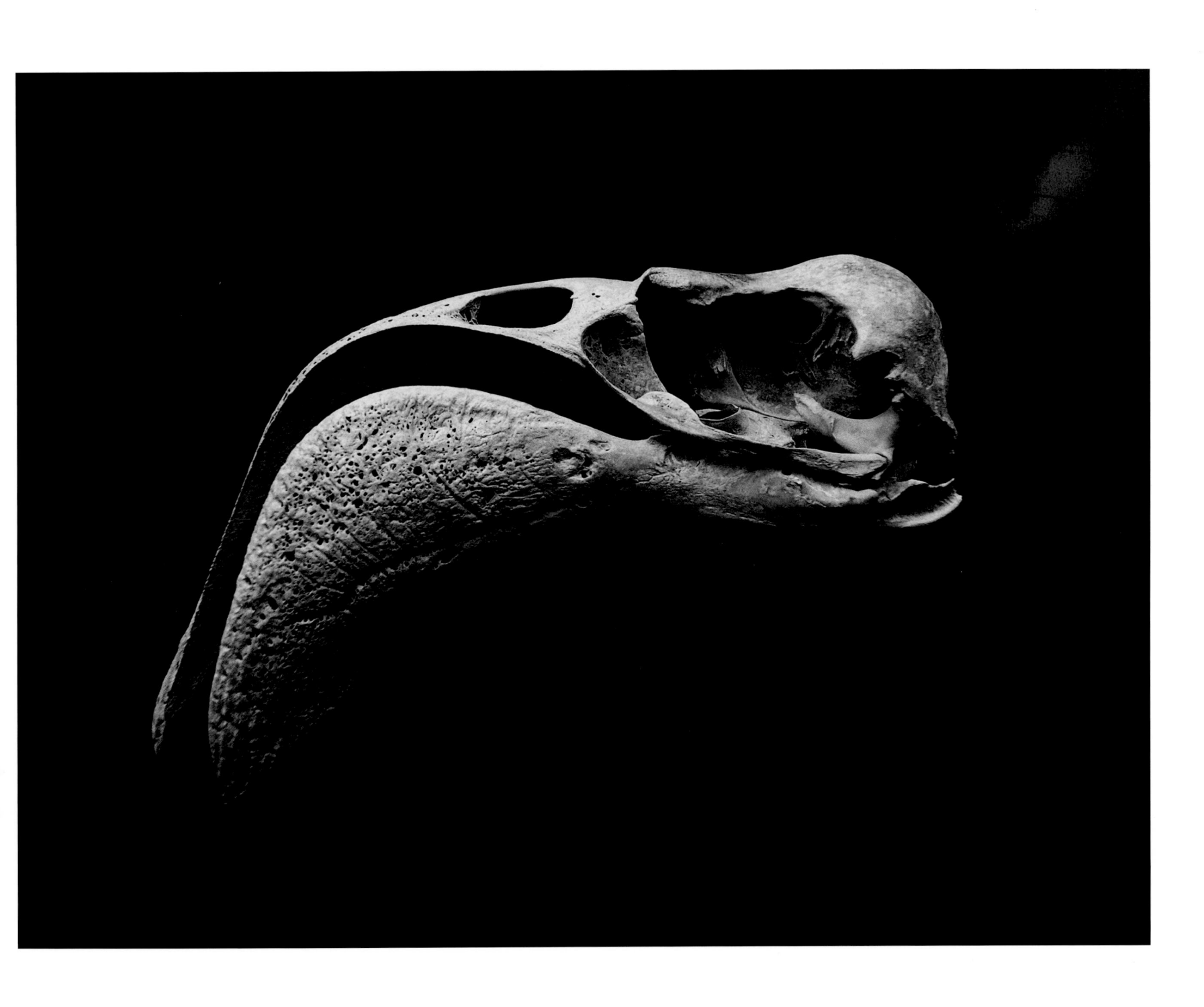

048　チリーフラミンゴ　頭蓋　　Chilean flamingo　Skull

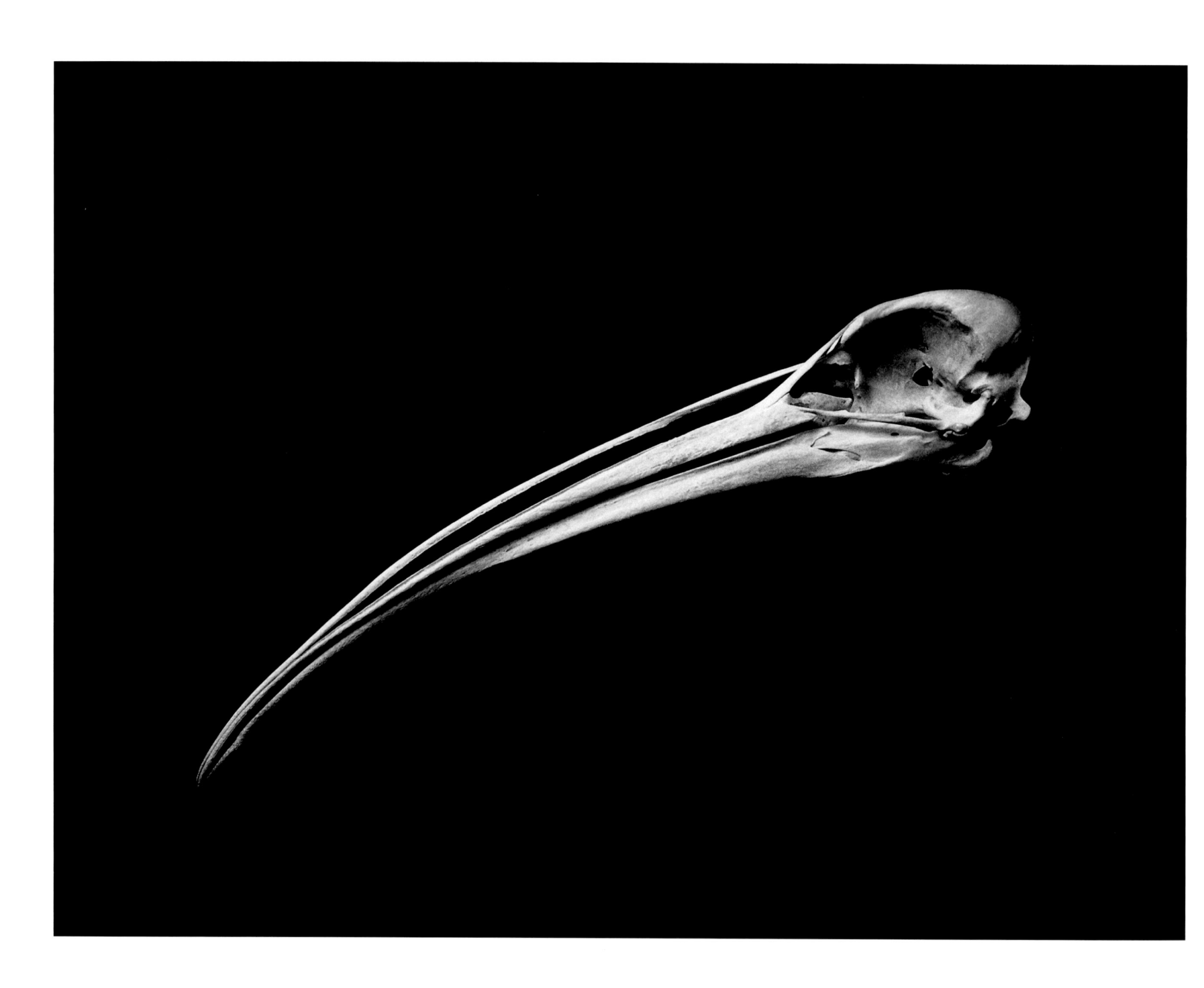

049　シロトキ　頭蓋　American white ibis　Skull

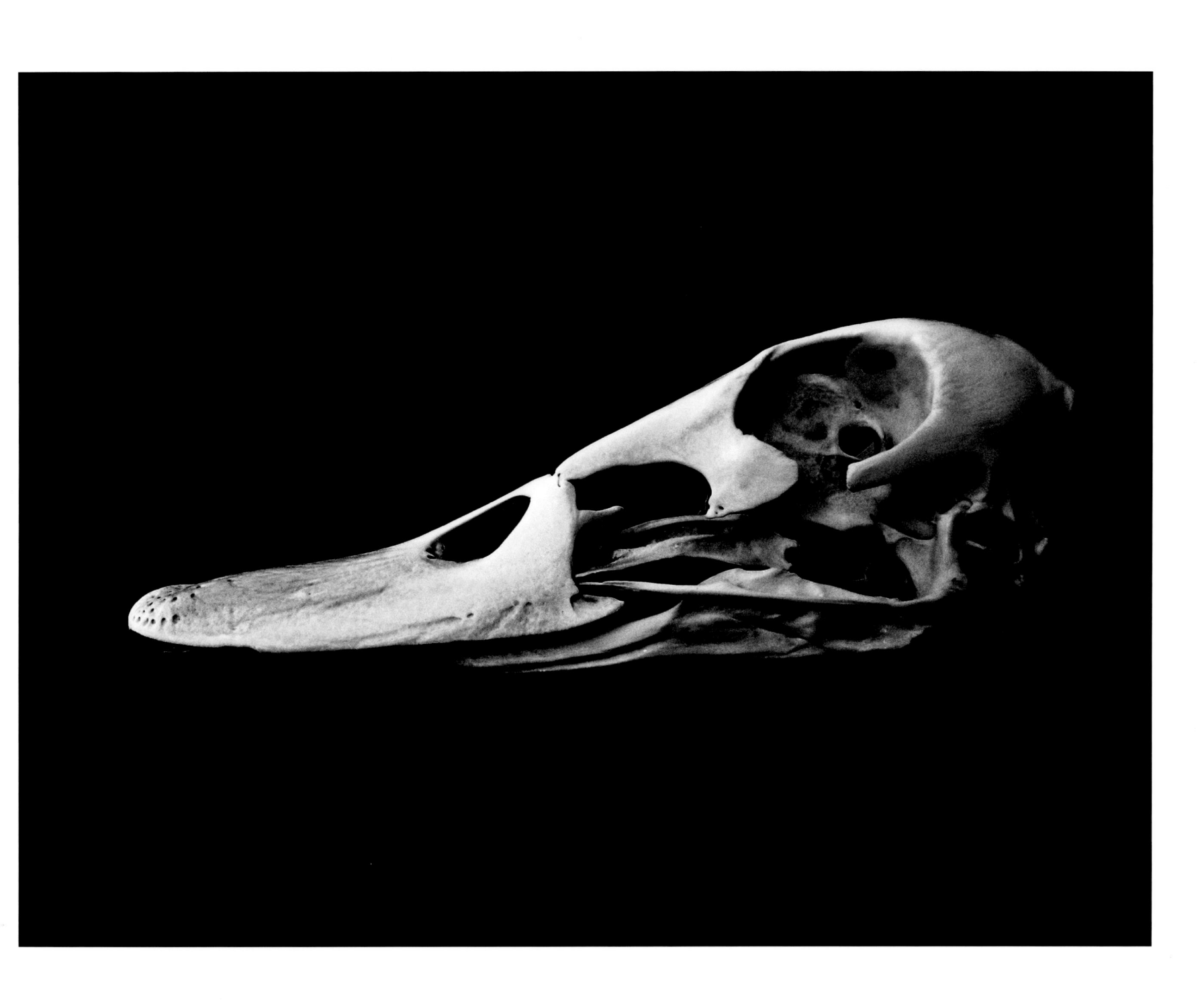

050　カルガモ　頭蓋　　Spotbill duck　Skull

051　カワウ　頭蓋　Great cormorant　Skull

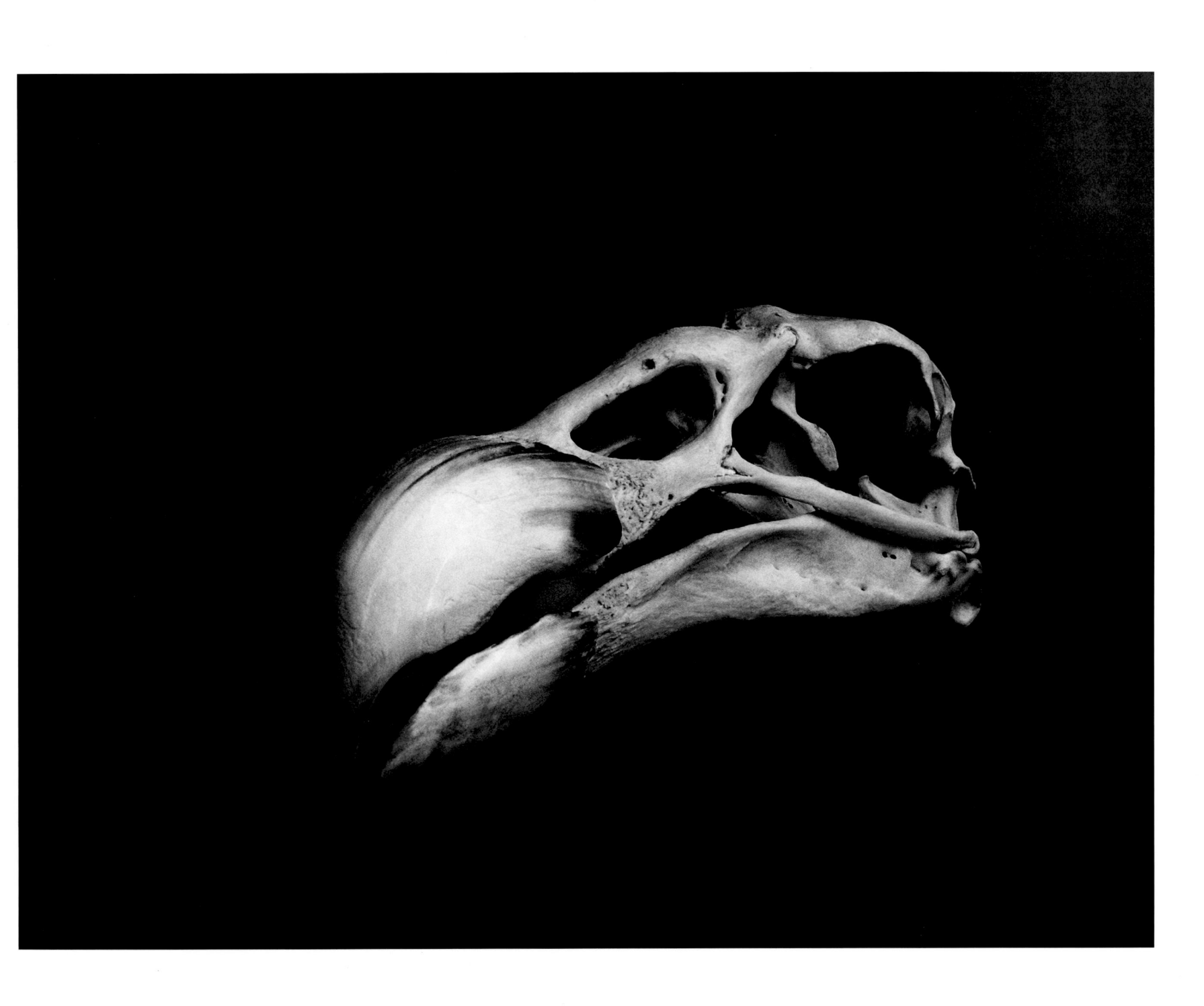

052　コンドル　頭蓋　　Andean condor　Skull

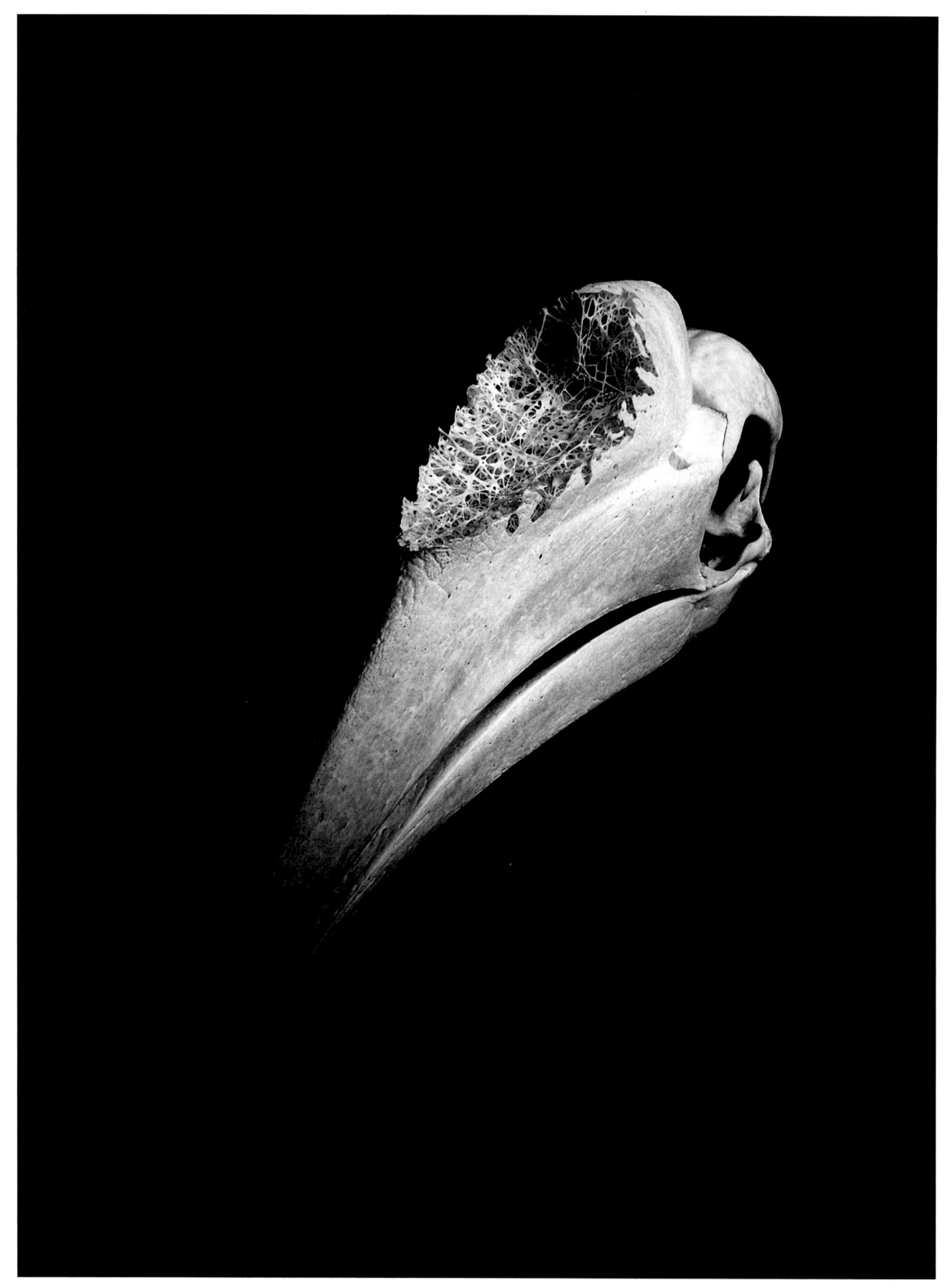

053 カササギサイチョウ 頭蓋　Malabar pied hornbill　Skull

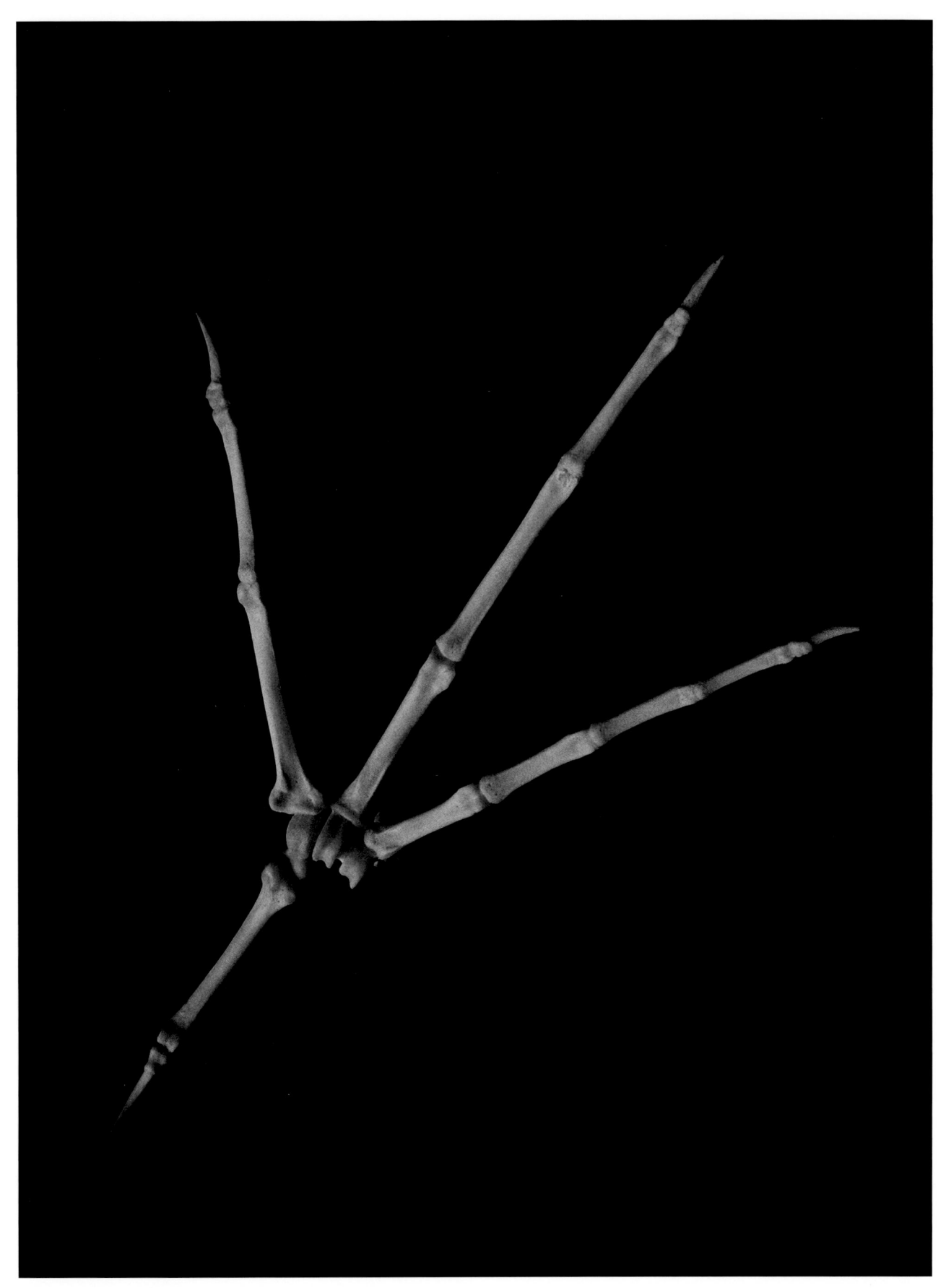

054　アオサギ　左趾骨　Grey heron　Left pedal phalanges

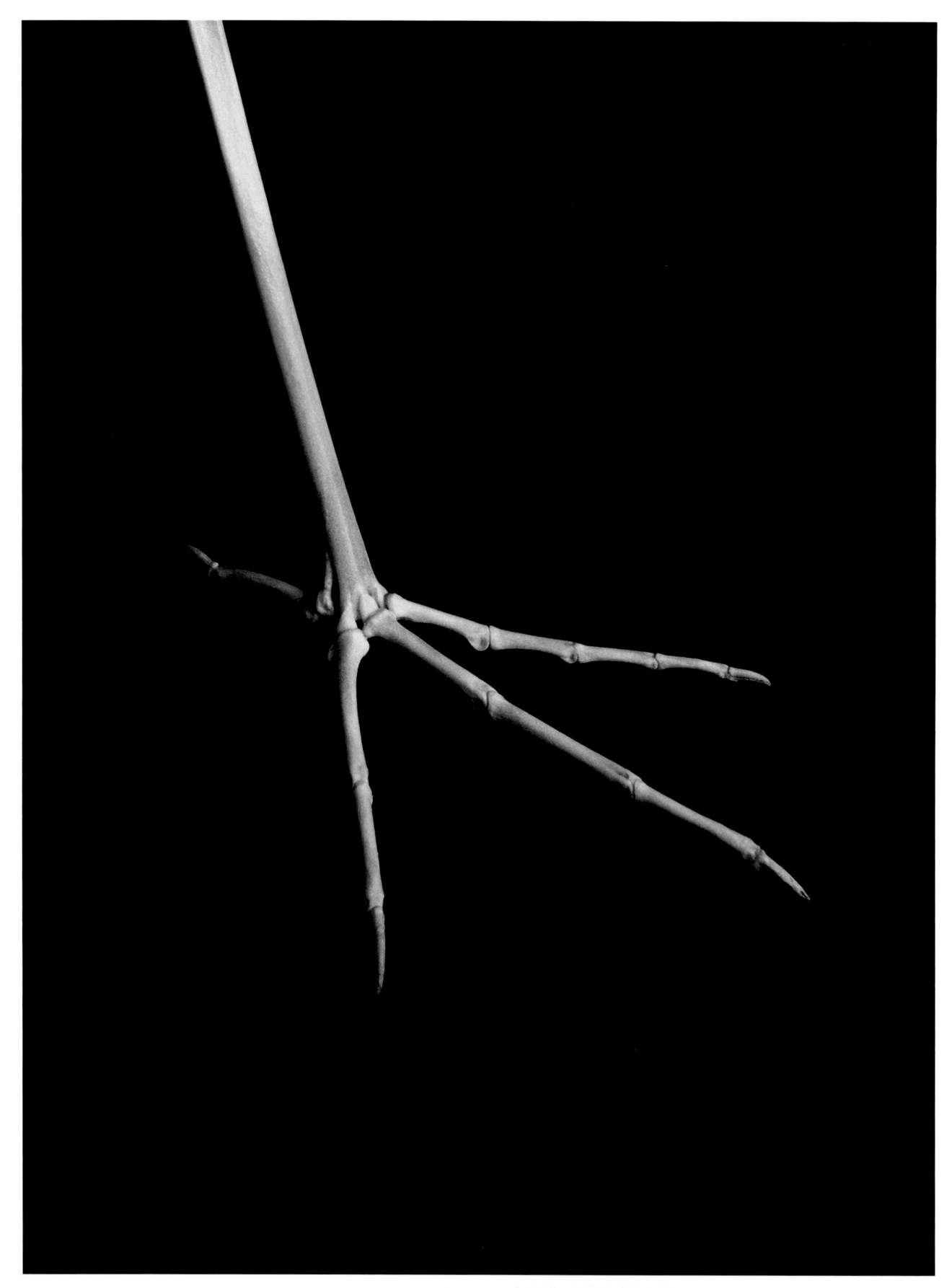

055　アオサギ　左後肢肢端骨格　　Grey heron　Skeleton of left pes

056　オジロワシ　左後肢肢端骨格　　White-tailed eagle　Skeleton of left pes

057　アカエリカイツブリ　右後肢骨　　Red-necked grebe　Skeleton of right hindlimb

058　キジ　左後肢肢端骨格　　Japanese pheasant　Skeleton of left pes

059　アオゲラ　左後肢肢端骨格　　Japanese green woodpecker　　Skeleton of left pes

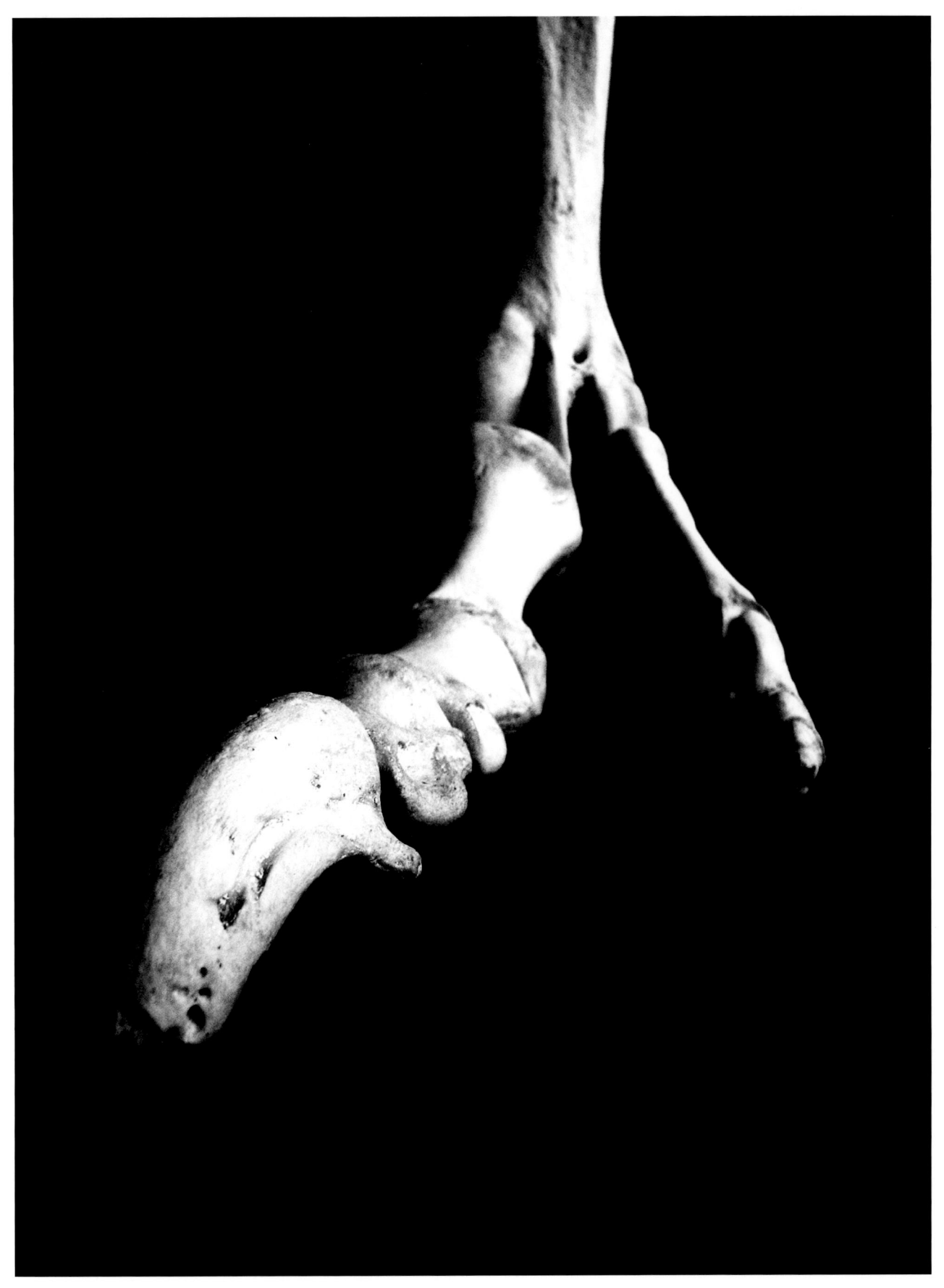

060　ダチョウ　左後肢肢端骨格　　Ostrich　Skeleton of left pes

061　カシラダカ　骨格　　Rustic bunting　Skeleton

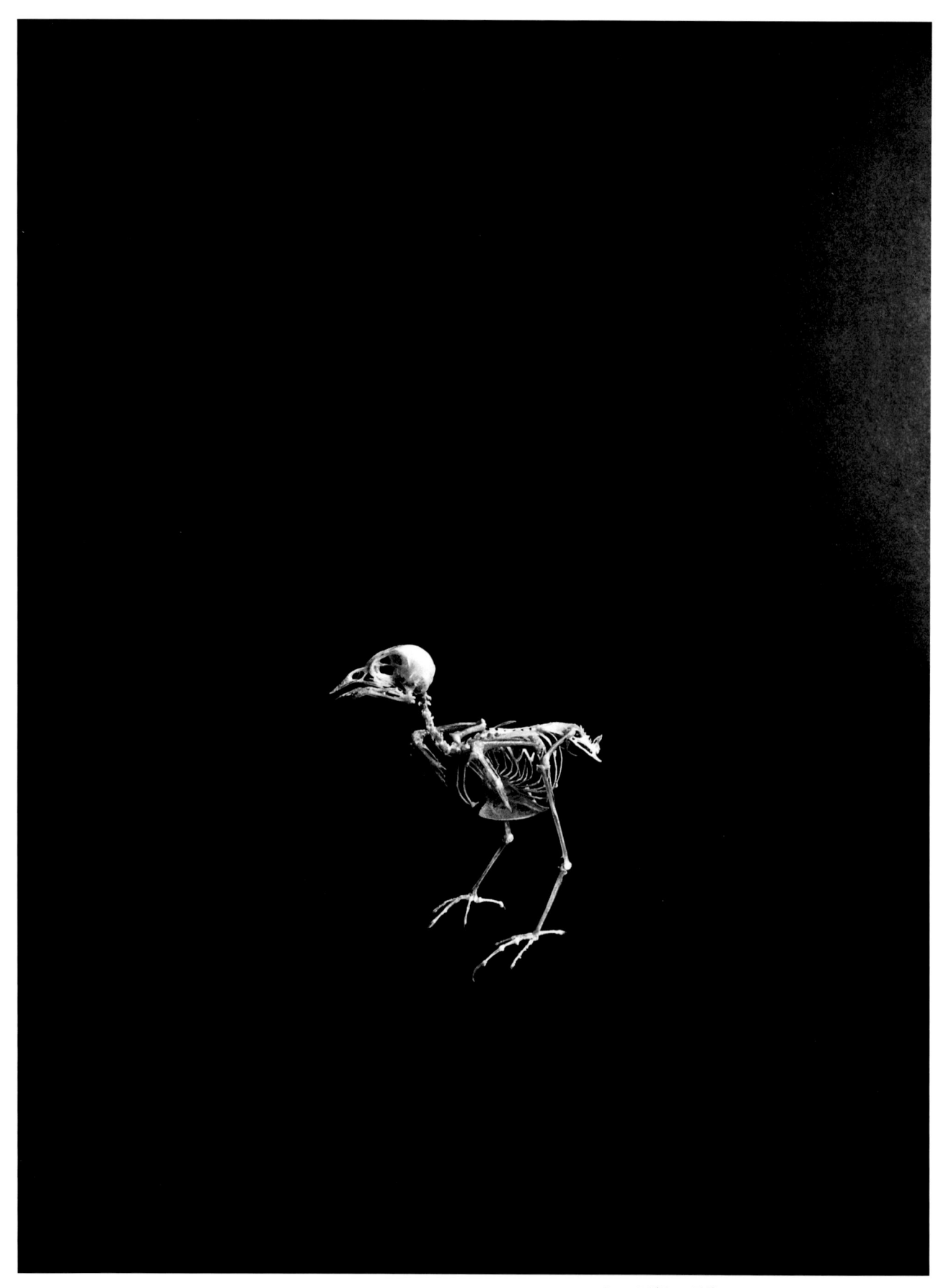

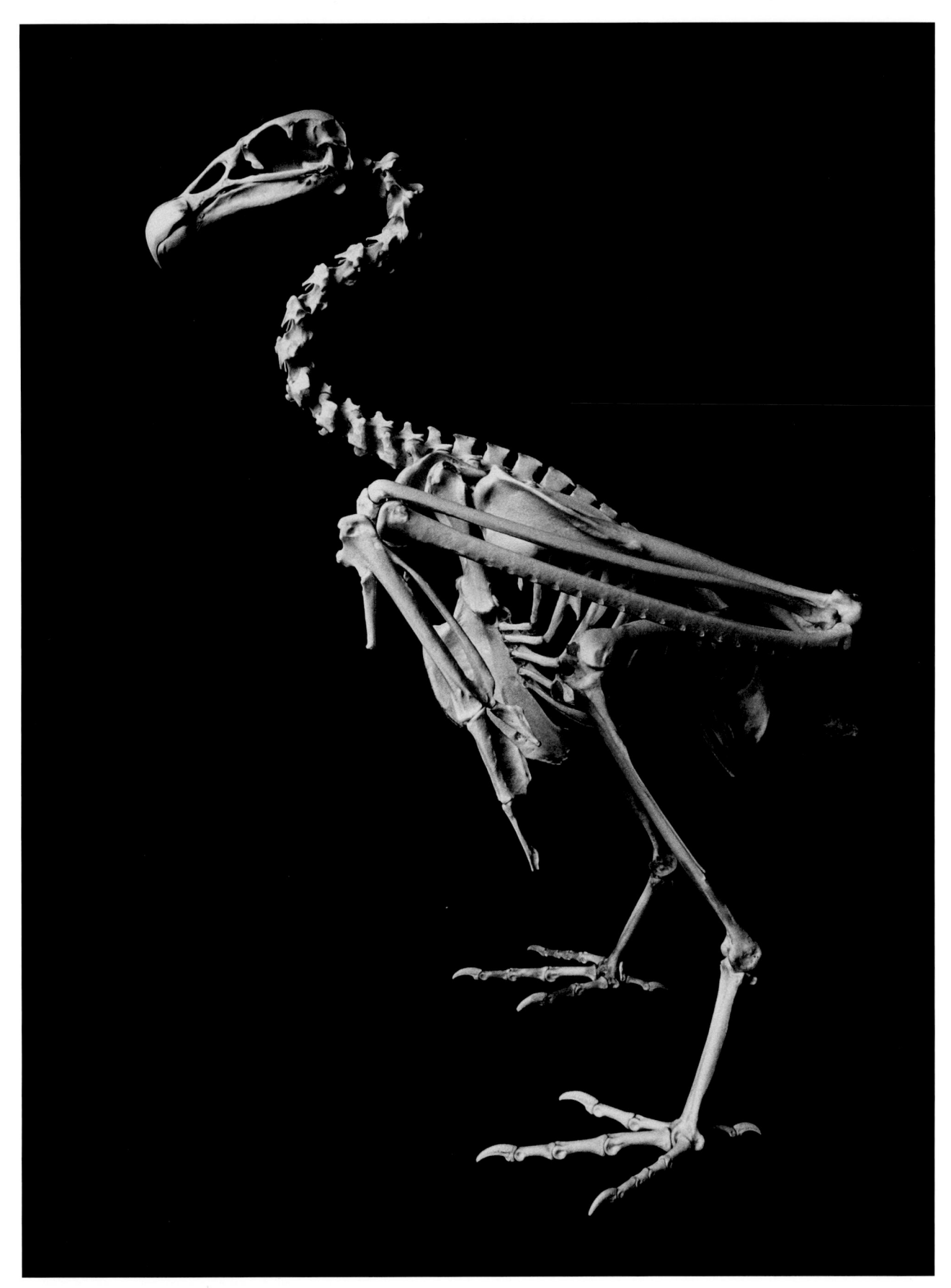

062 コンドル 骨格　　Andean condor　Skeleton

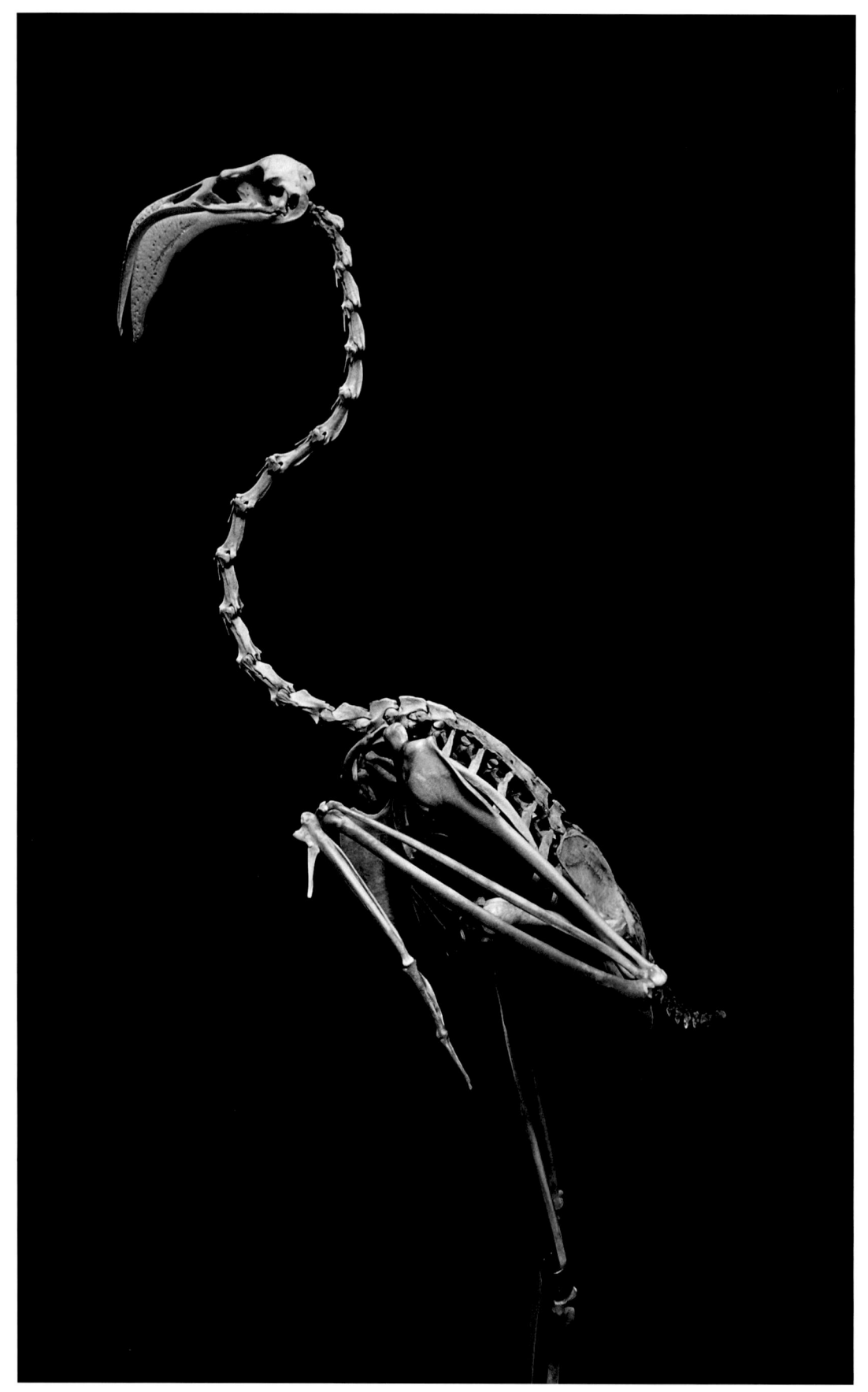

063　チリーフラミンゴ　骨格　　Chilean flamingo　Skeleton

064　アオバズク　骨格　　Brown hawk owl　Skeleton

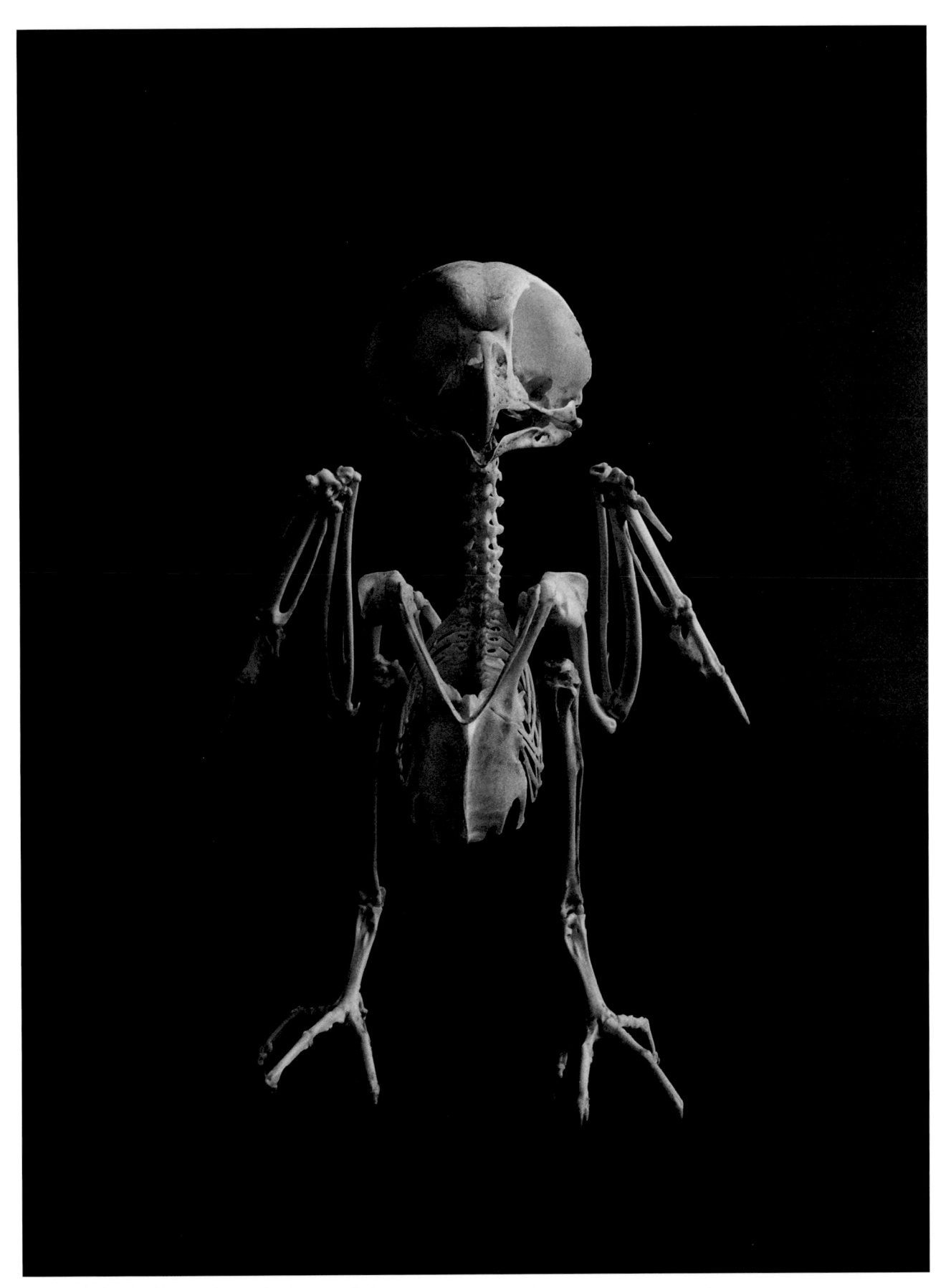

065　フンボルトペンギン　骨格　　Humboldt penguin　Skeleton

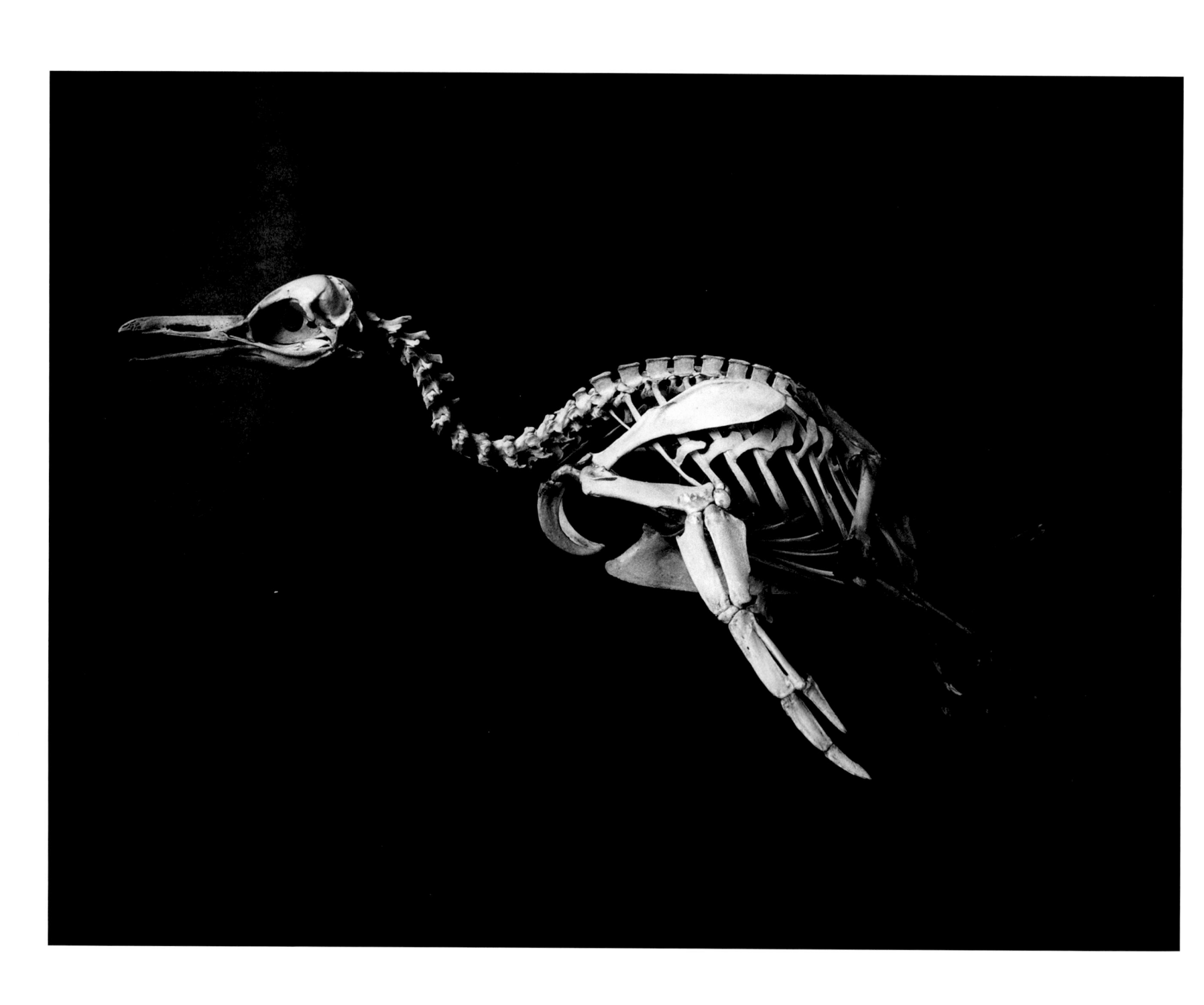

066 シロエリオオハム 骨格　　Pacific diver　Skeleton

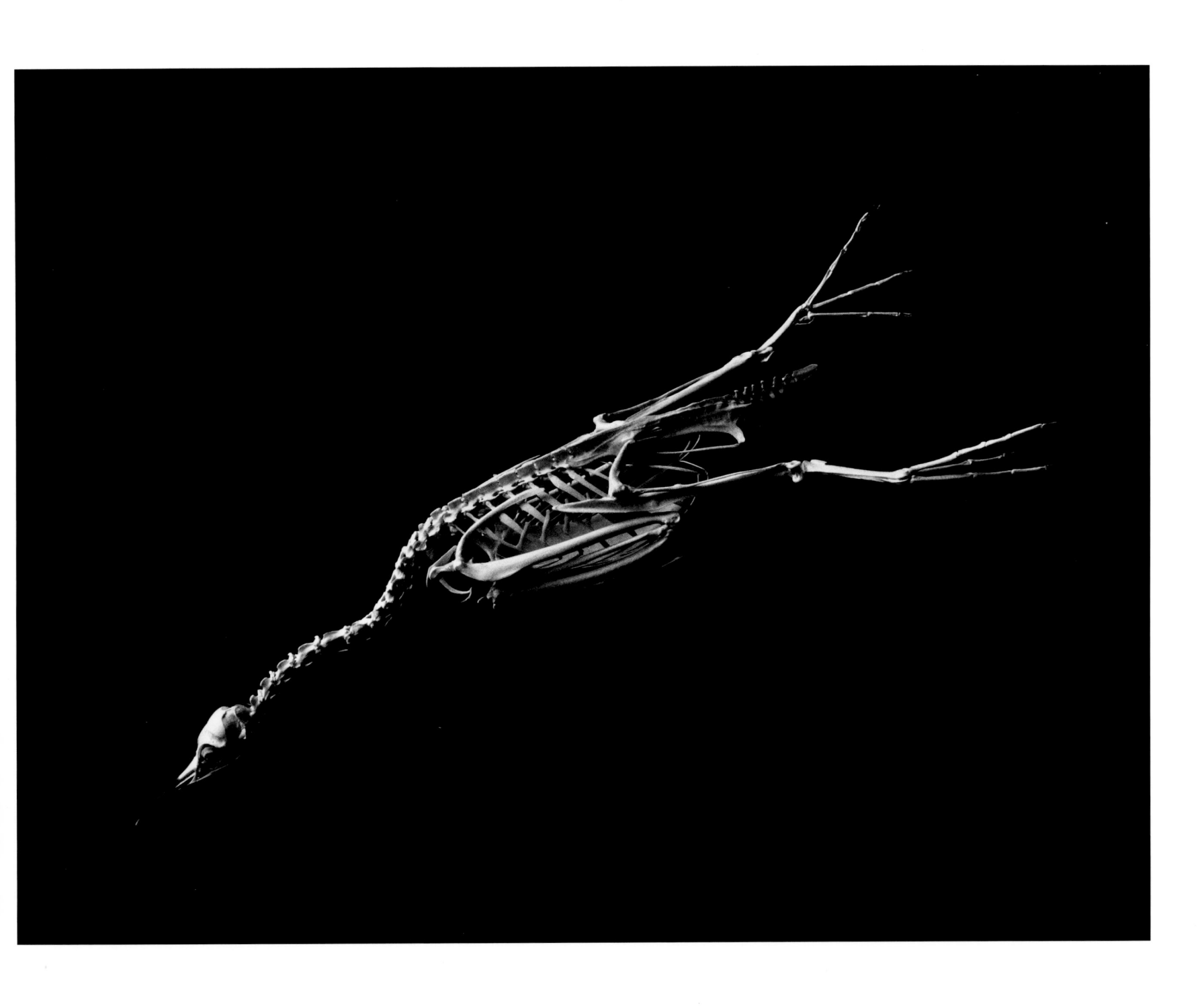

067 キーウィ 骨格　　North island brown kiwi　　Skeleton

068 エミュー　骨格　　Emu　Skeleton

069　カモノハシ　骨格　　Platypus Skeleton

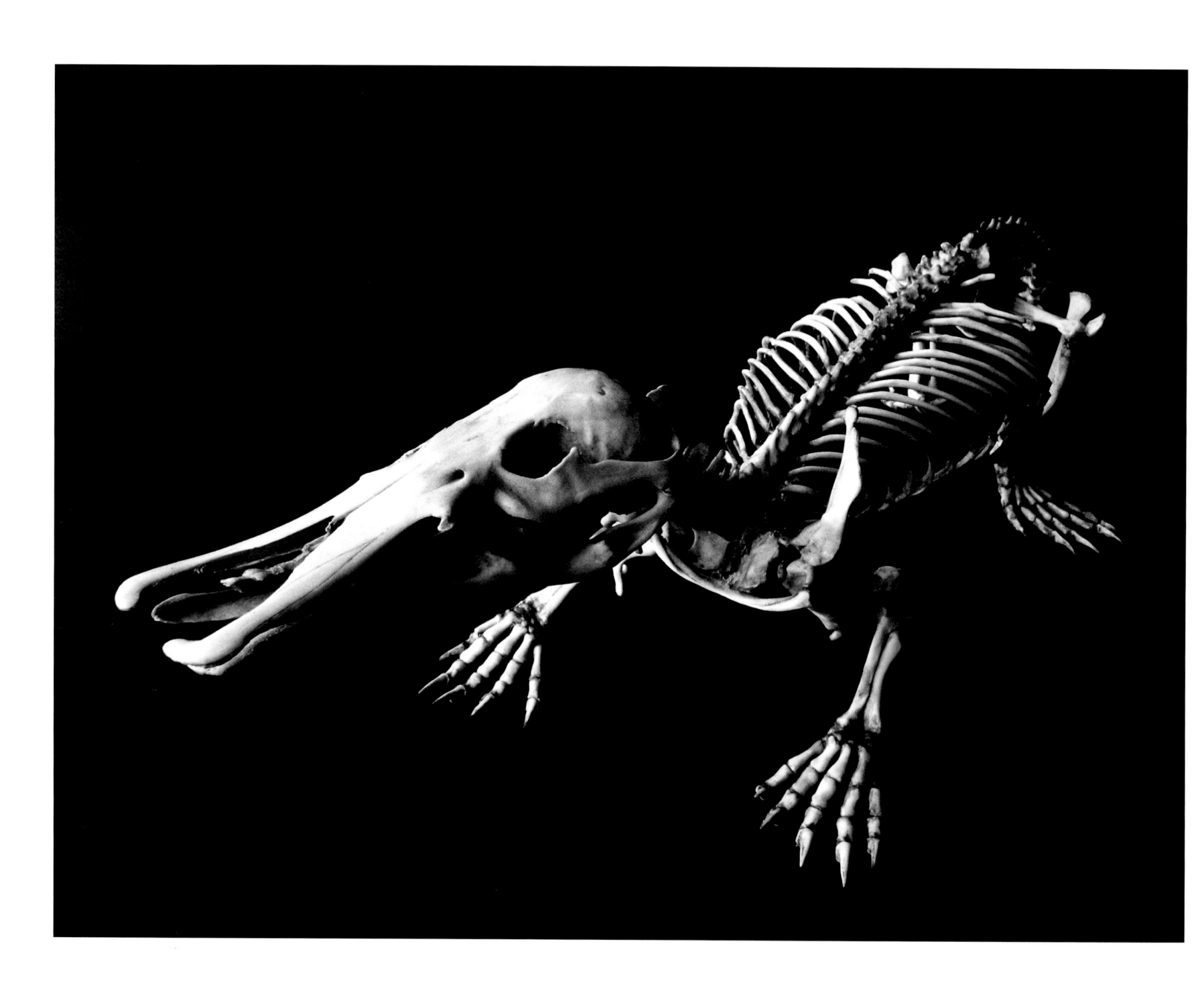

070　カモノハシ　左後肢肢端骨格　　Platypus　Skeleton of left pes

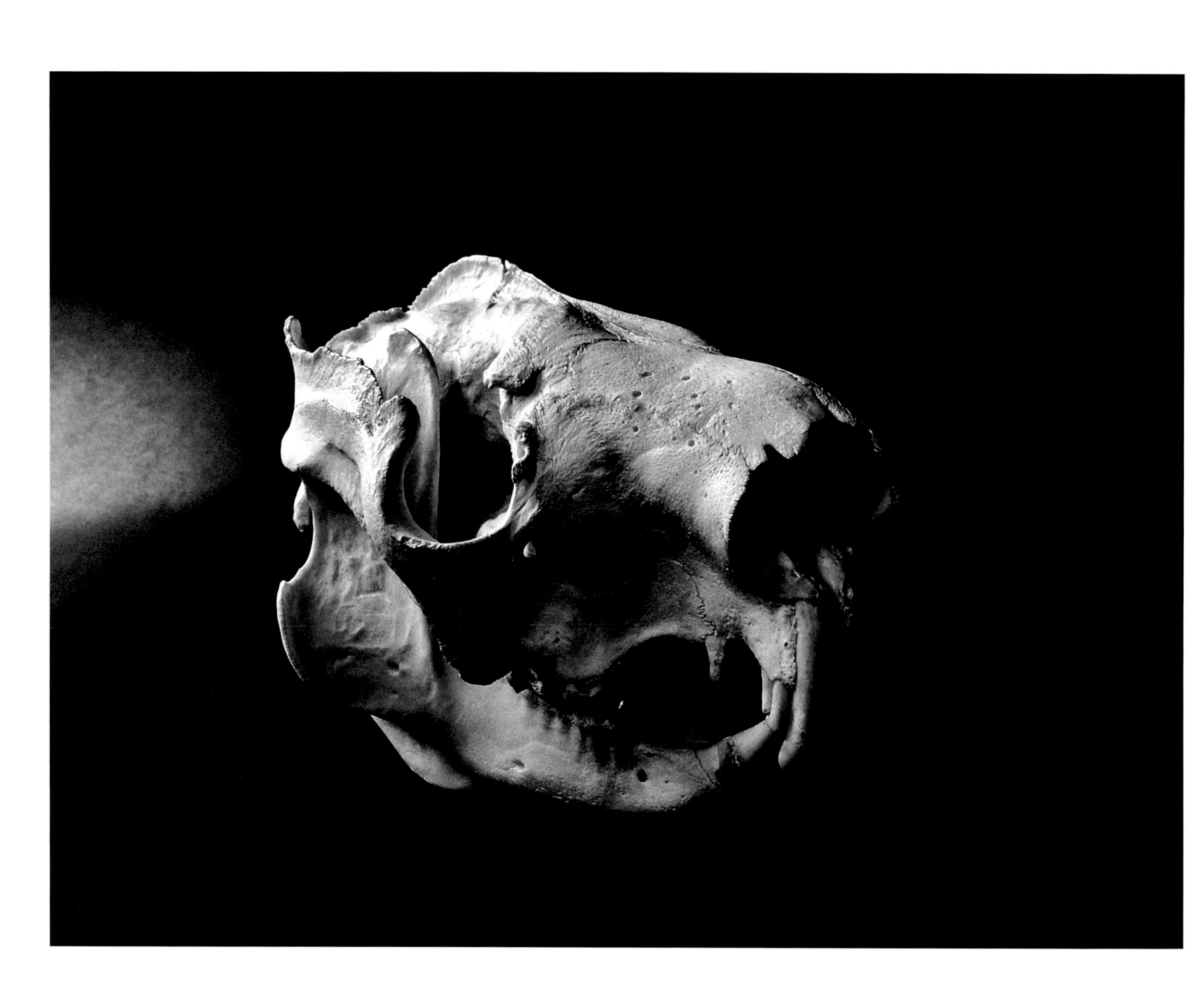

071　コアラ　頭蓋　Koala Skull

072　オグロワラビー　頭蓋　Swamp wallaby　Skull

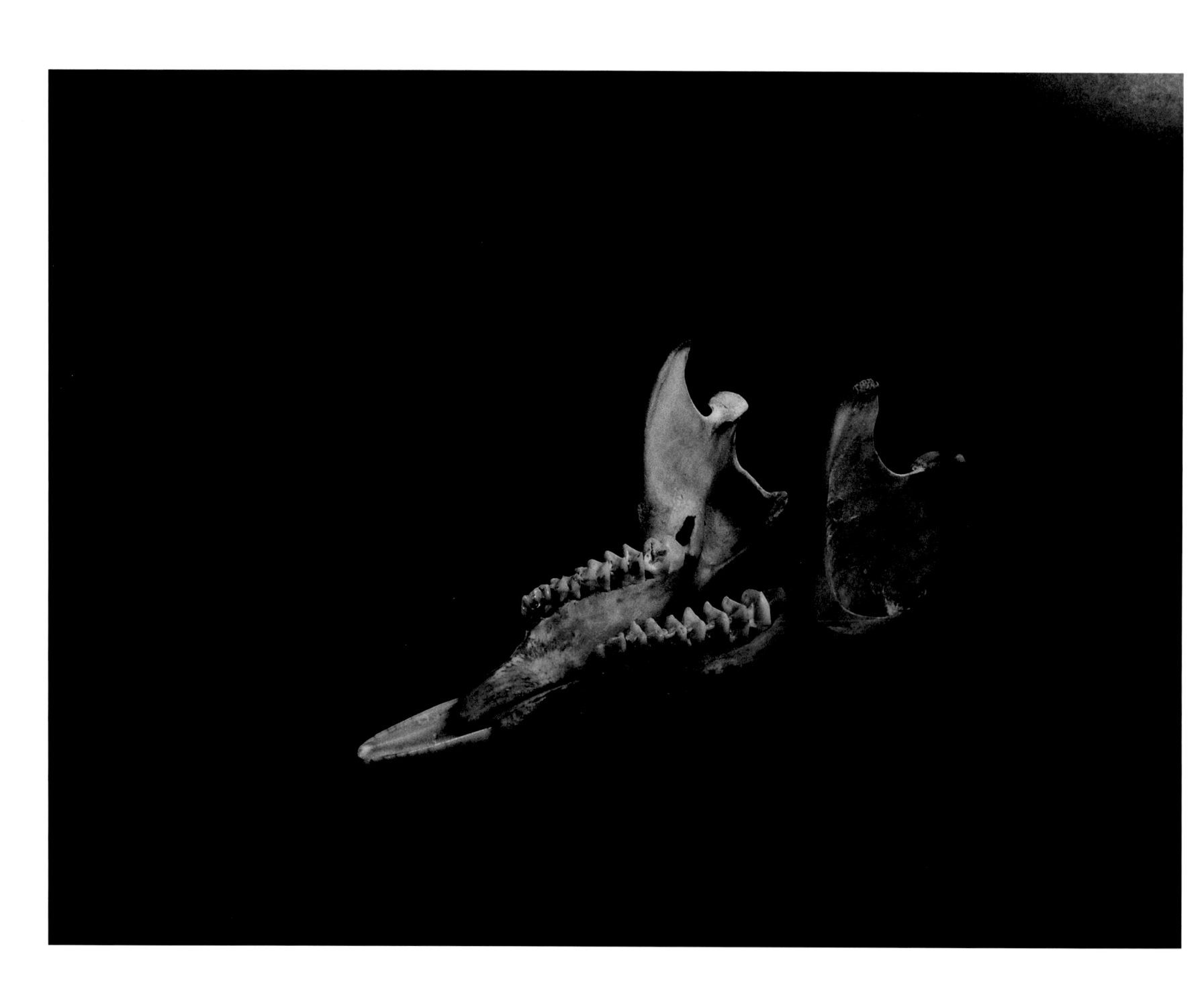

073　オグロワラビー　下顎骨　Swamp wallaby　Mandible

074　タスマニアデビル　頭蓋　　Tasmanian devil　Skull

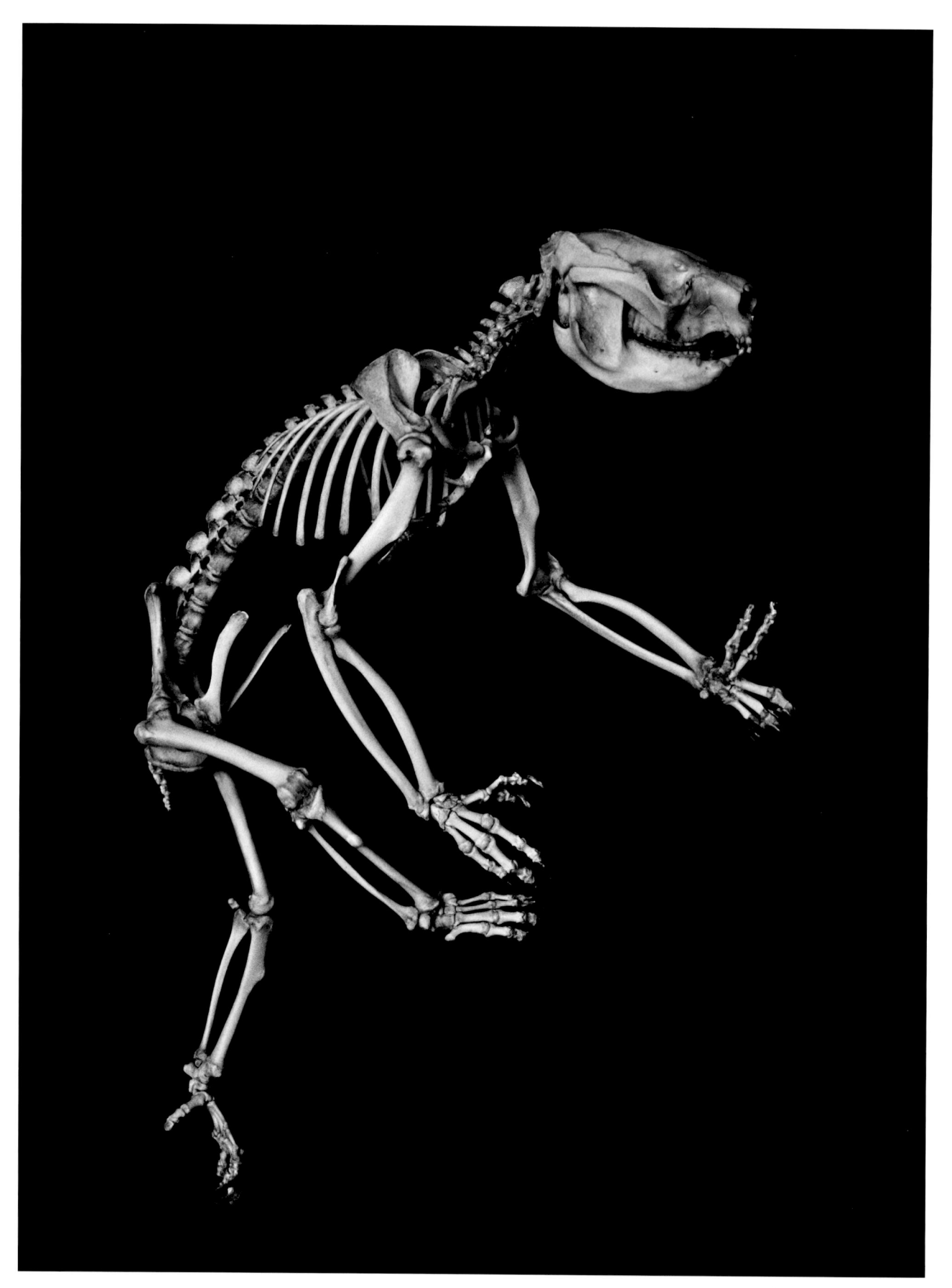

075 コアラ 骨格　Koala Skeleton

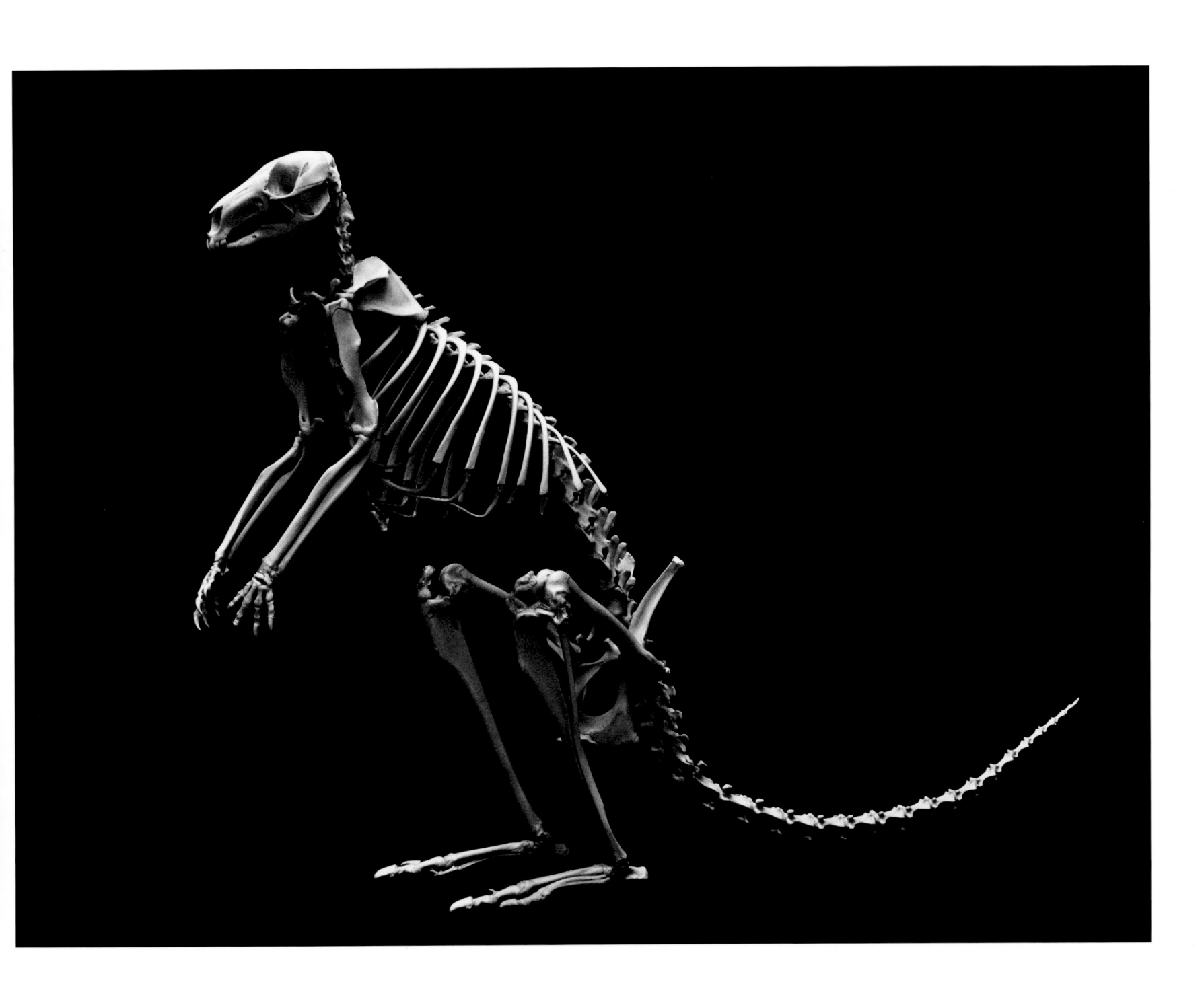

076　カンガルー属の一種　骨格　*Macropus* sp. Skeleton

077　オグロワラビー　左後肢骨　　Swamp wallaby　　Skeleton of left hindlimb

078　オグロワラビー　左後肢肢端骨格　　Swamp wallaby　　Skeleton of left pes

079 コアラ 左前肢肢端骨格　　Koala   Skeleton of left manus

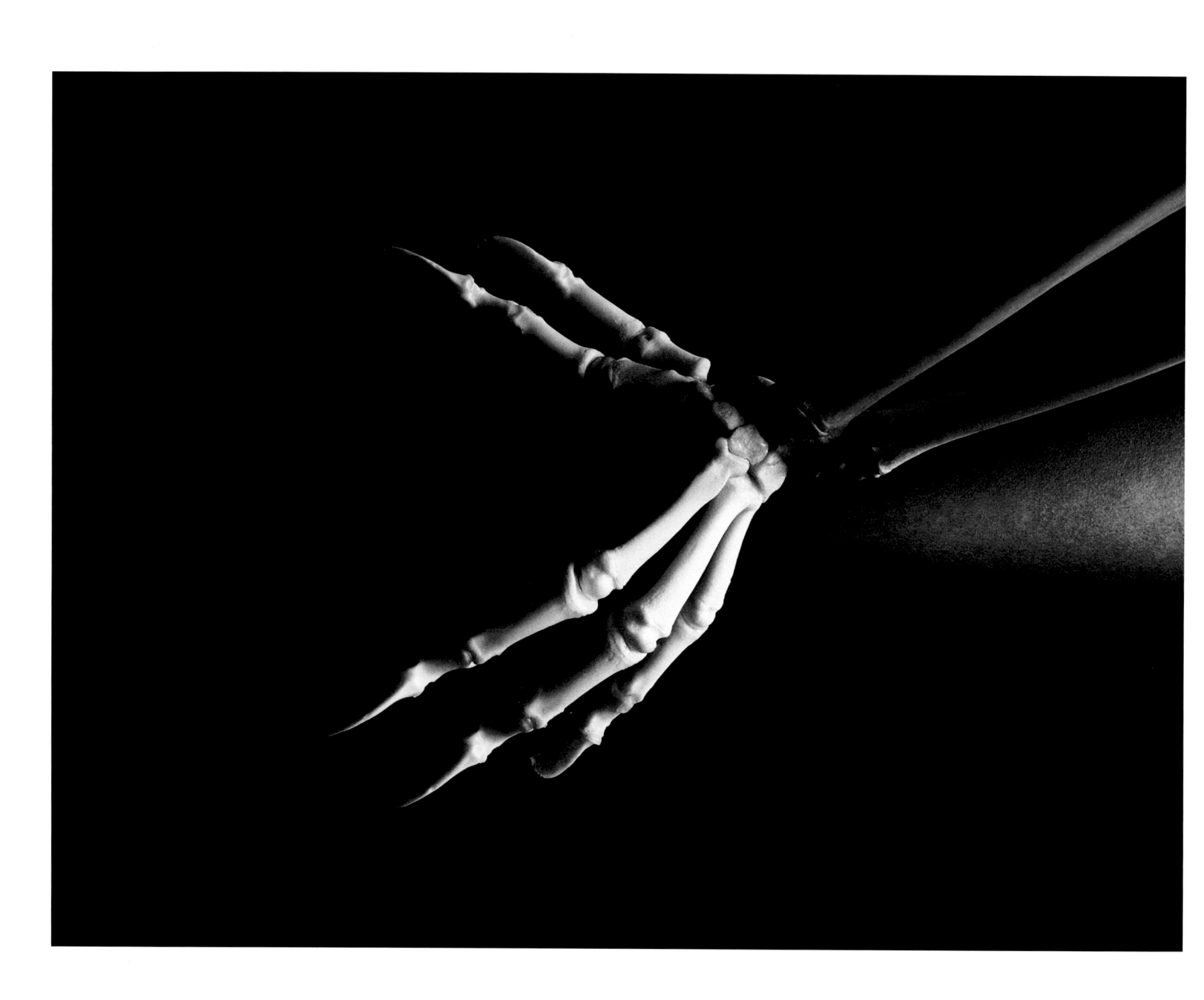

080　ヨツメオポッサム　左前腕と肢端骨格　Gray four-eyed opossum　Skeleton of left forearm and manus

081　ヨツメオポッサム　骨格　　Gray four-eyed opossum　Skeleton

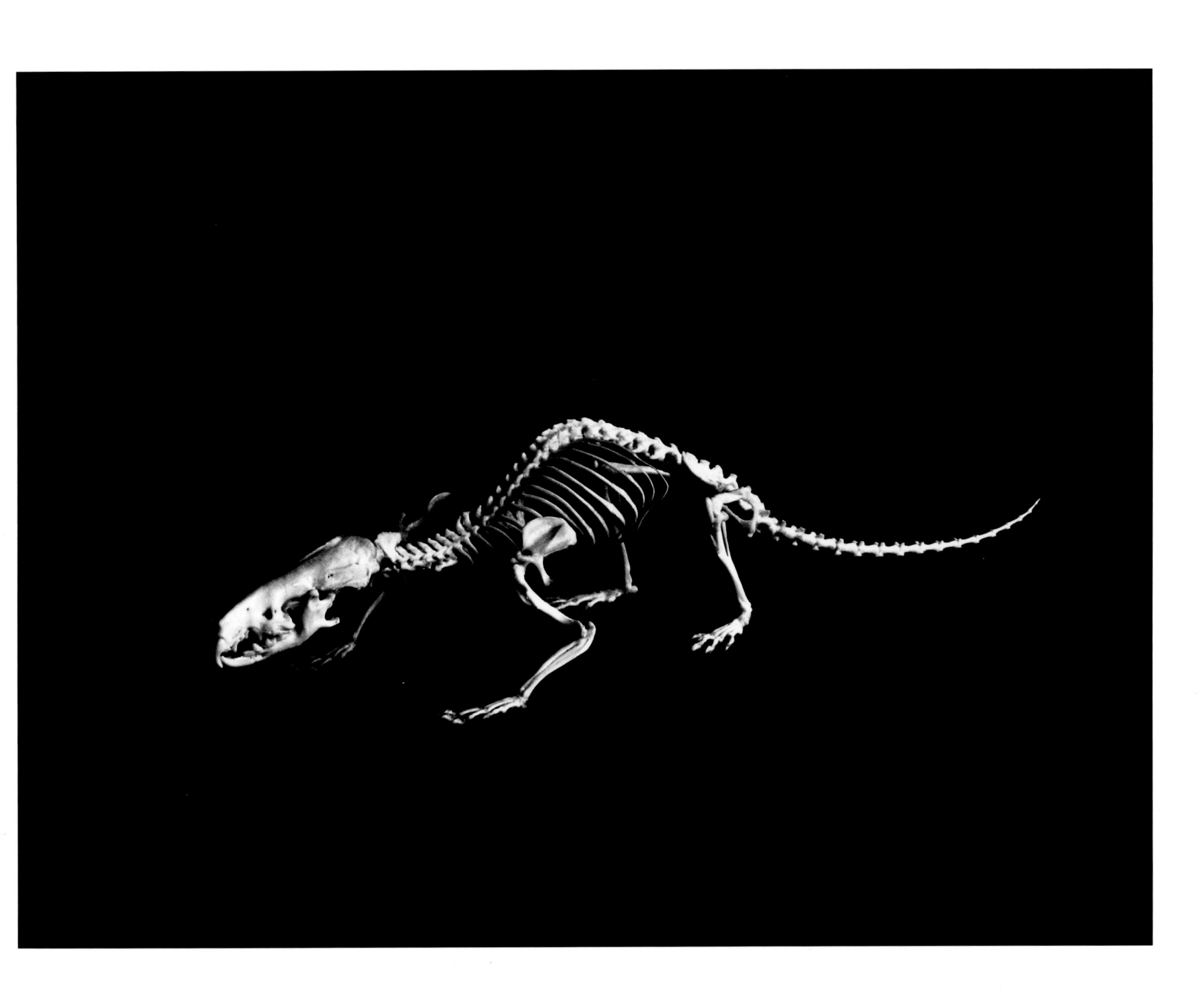

082　ジャコウネズミ　骨格　Musk shrew　Skeleton

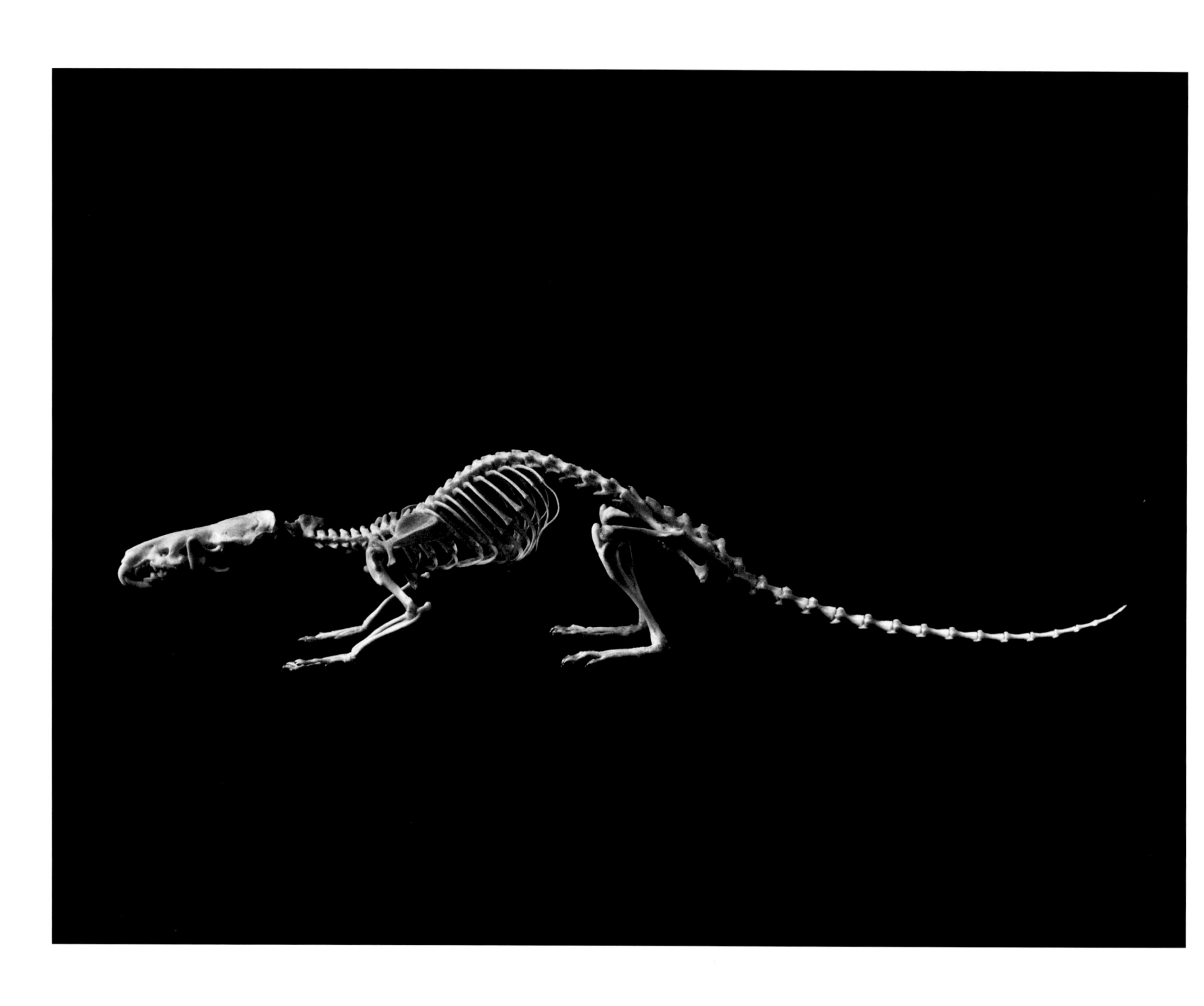

083　ジャコウネズミ　骨格　Musk shrew　Skeleton

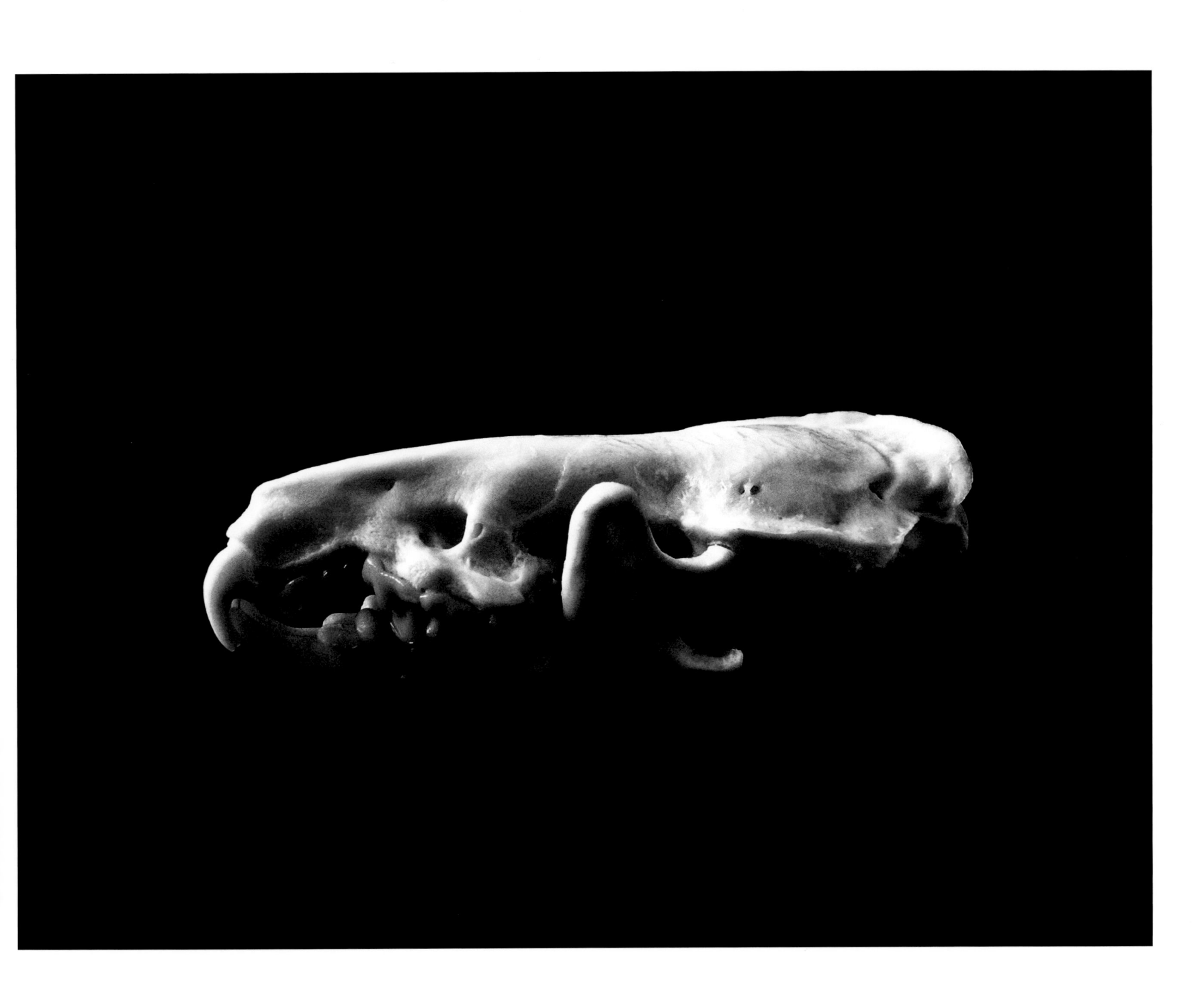

084　ジャコウネズミ　頭蓋　Musk shrew　Skull

085　ジャコウネズミ　頭蓋　Musk shrew　Skull

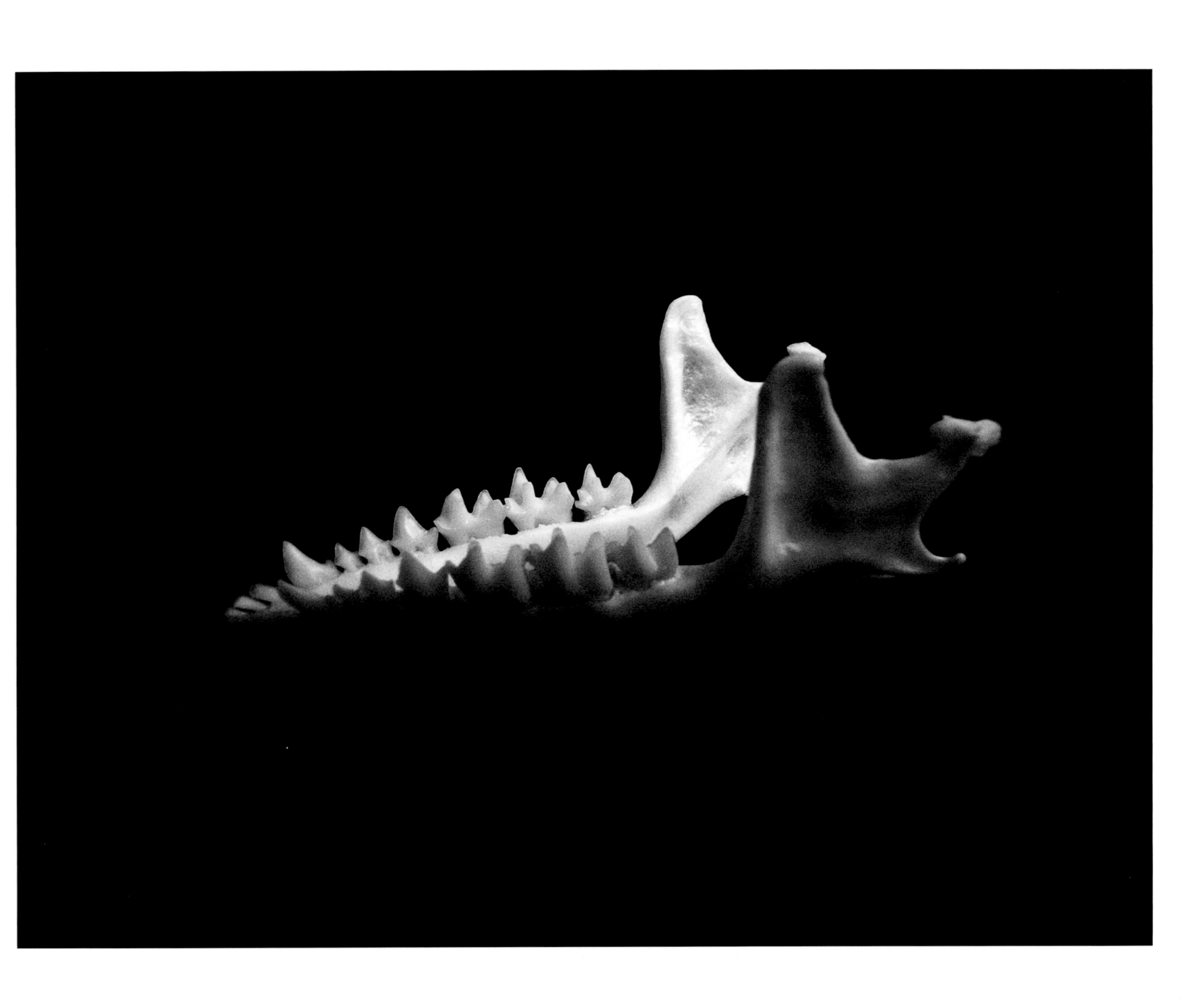

086　アズマモグラ　下顎骨　Lesser Japanese mole　Mandible

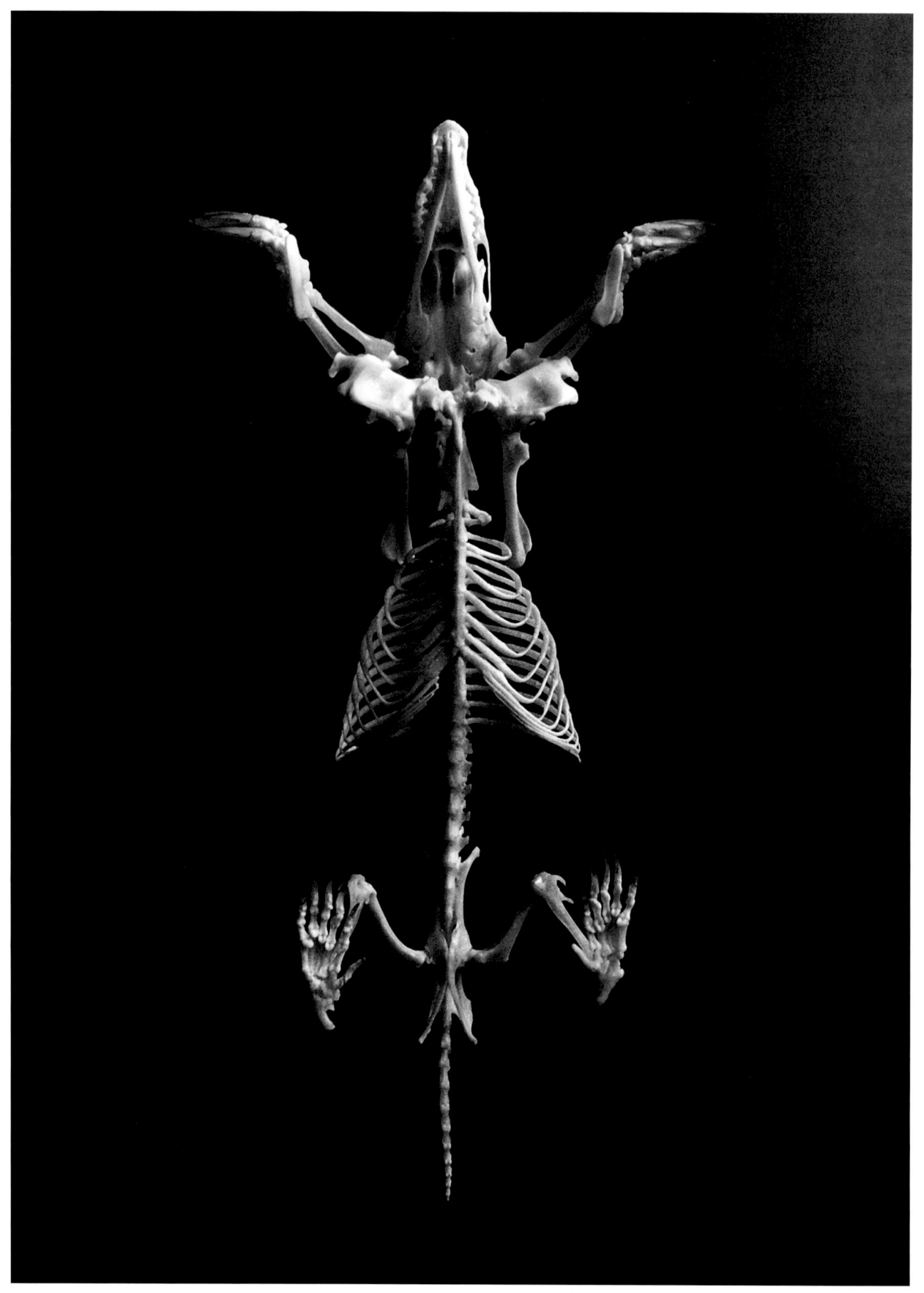

087　アズマモグラ　骨格　　Lesser Japanese mole　Skeleton

アズマモグラ 骨格 Lesser Japanese mole Skeleton

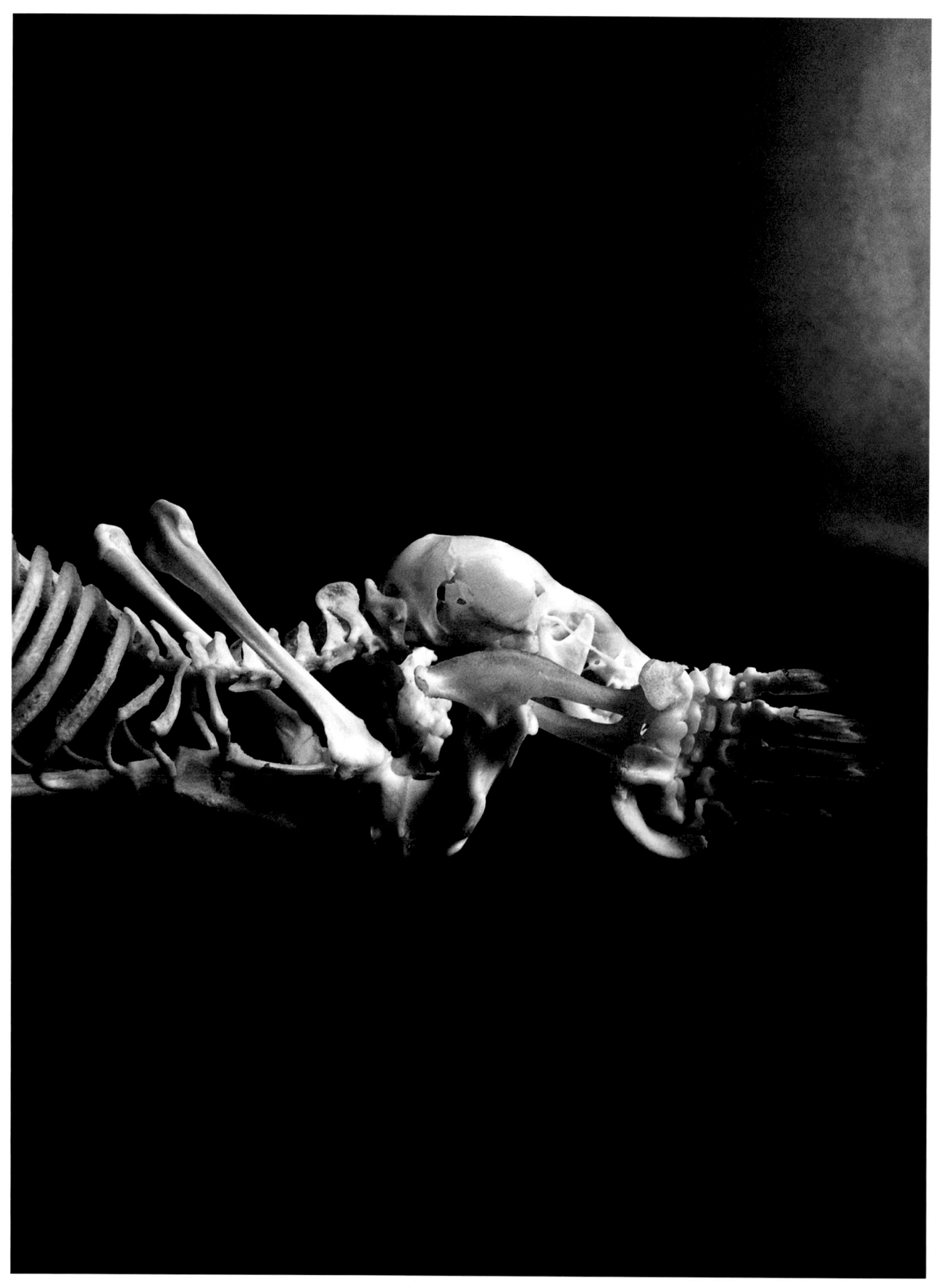

089　アズマモグラ　右前肢骨　Lesser Japanese mole　Skeleton of right forelimb

090　アズマモグラ　左前肢肢端骨格　　Lesser Japanese mole　Skeleton of left manus

091　オオカミ　頭蓋　Gray wolf　Skull

092　オオカミ　下顎骨　Gray wolf　Mandible

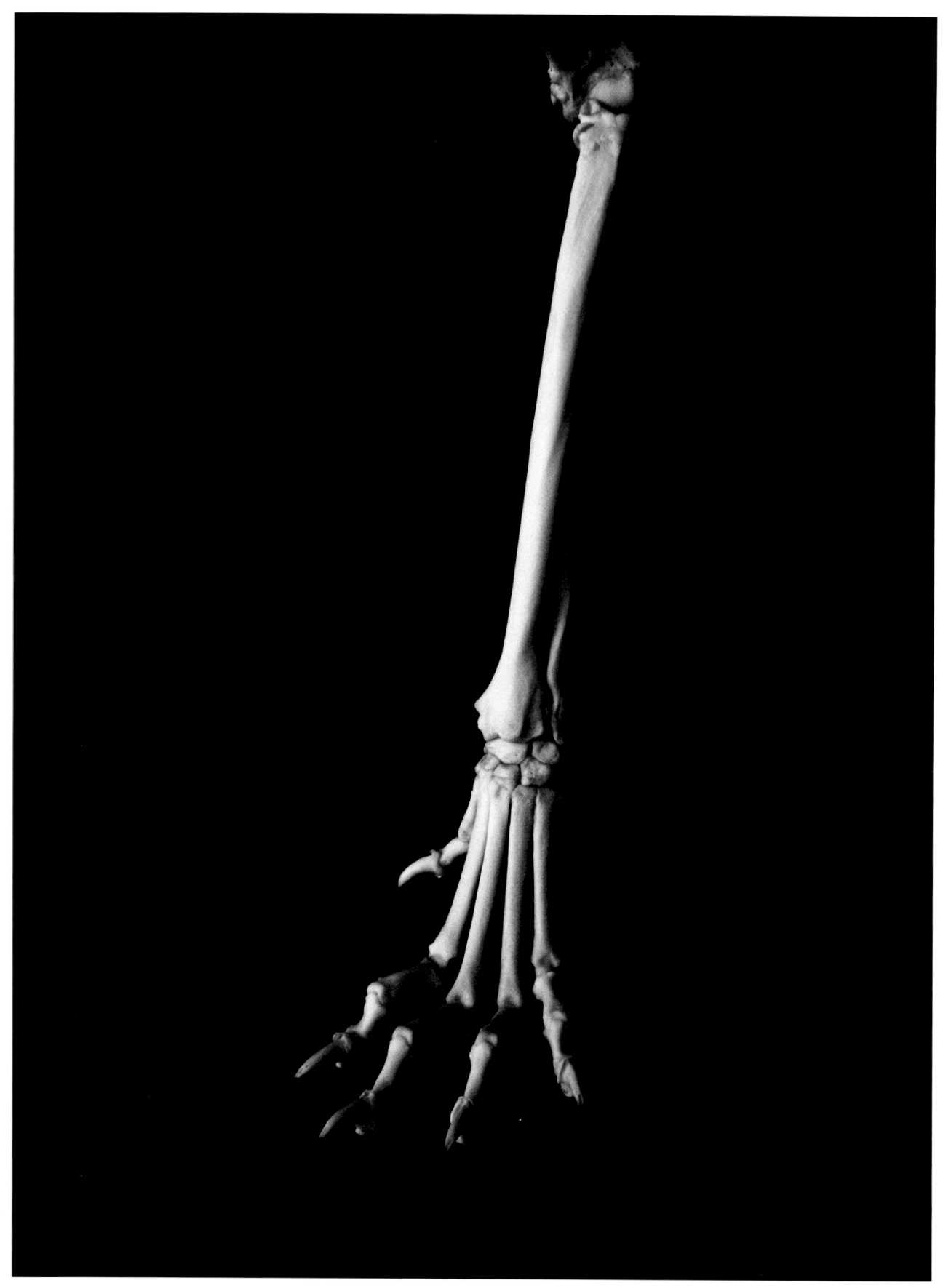

093　アカギツネ　左前腕と肢端骨格　Red fox　Skeleton of left forearm and manus

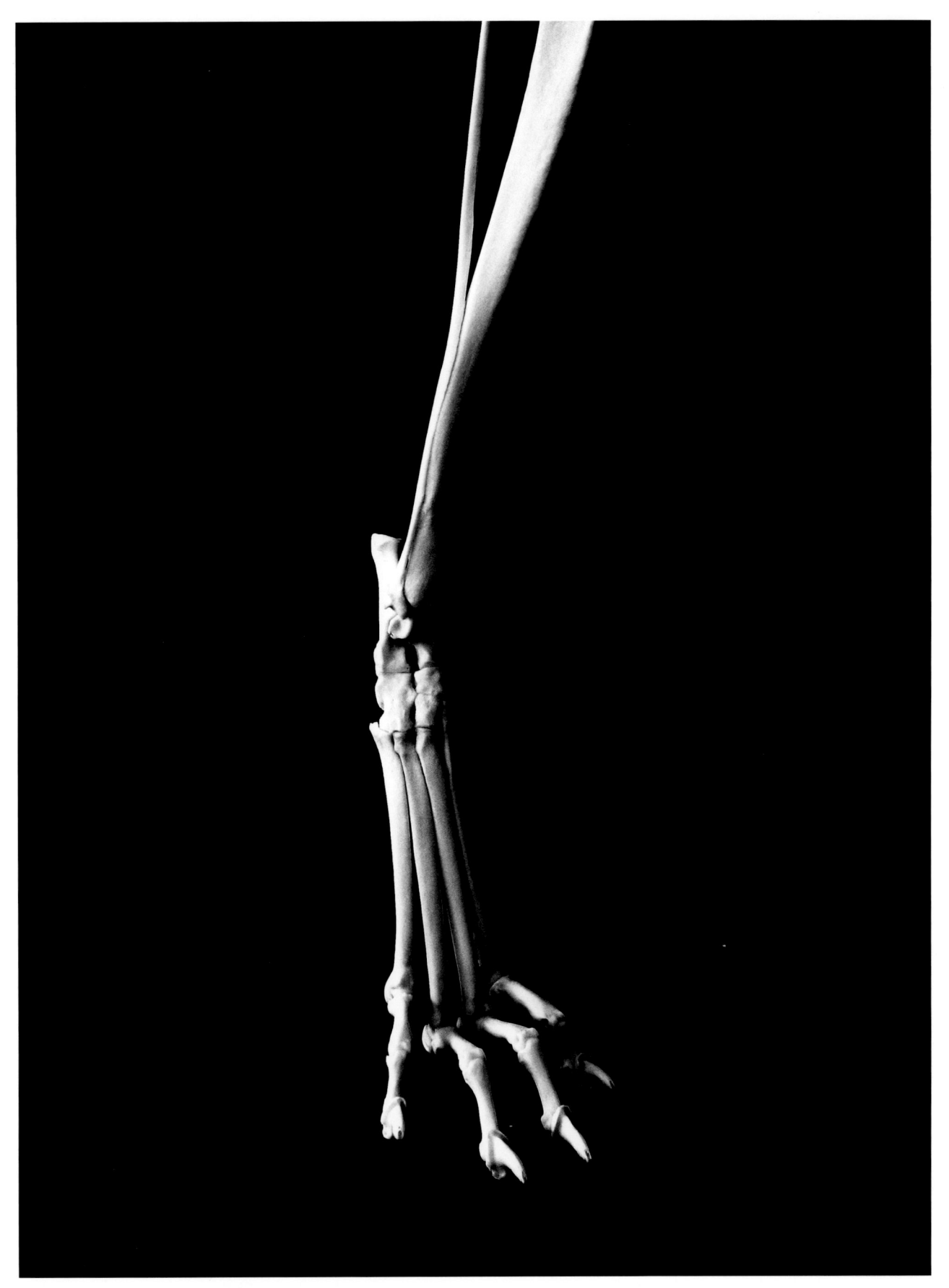

094　アカギツネ　右下腿と肢端骨格　　Red fox　Skeleton of right cruris and pes

095 ドール 骨格　Dhole Skeleton

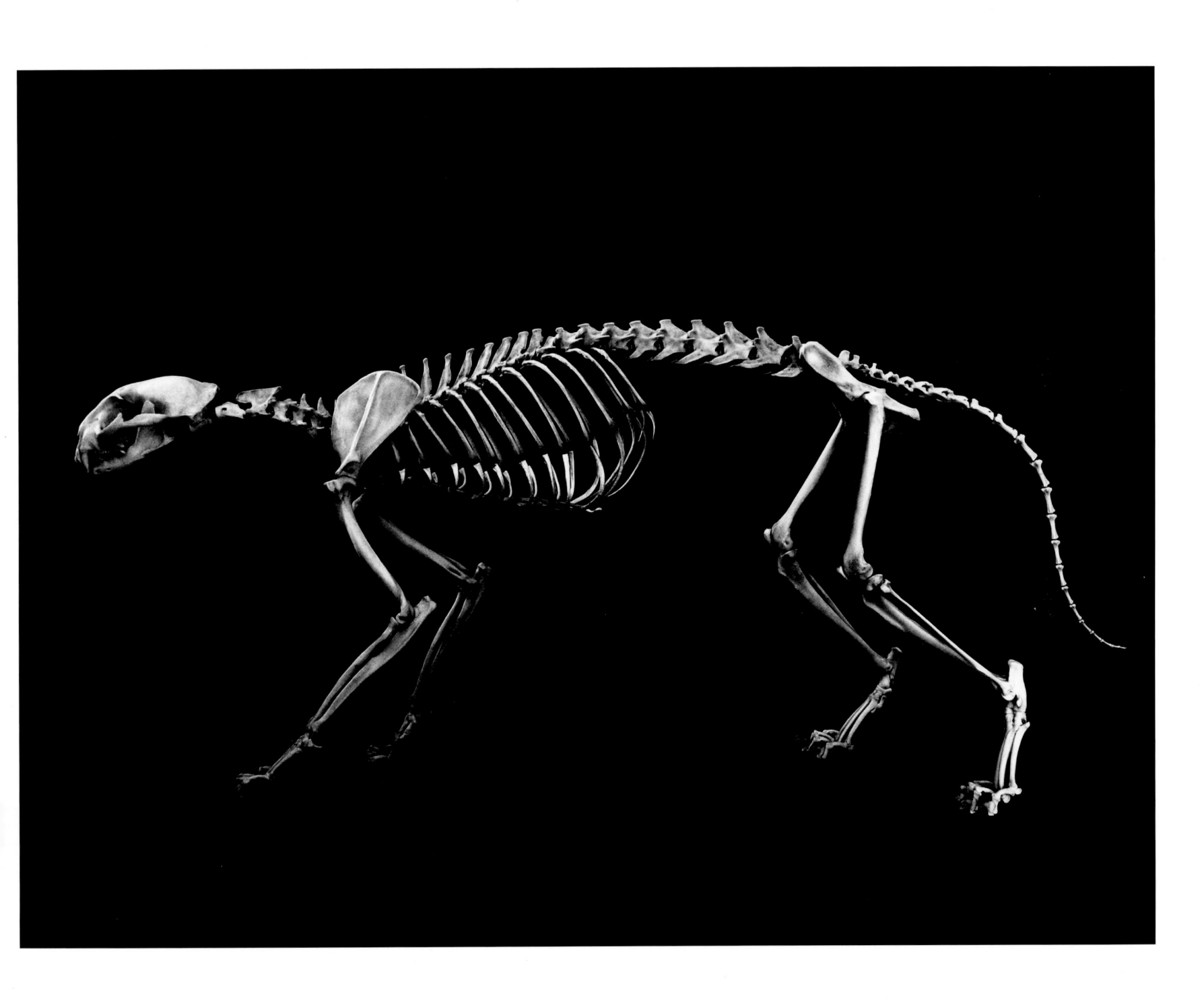

096　オセロット　骨格　　Ocelot　Skeleton

097 トラ 右前肢肢端骨格　　Tiger　Skeleton of right manus

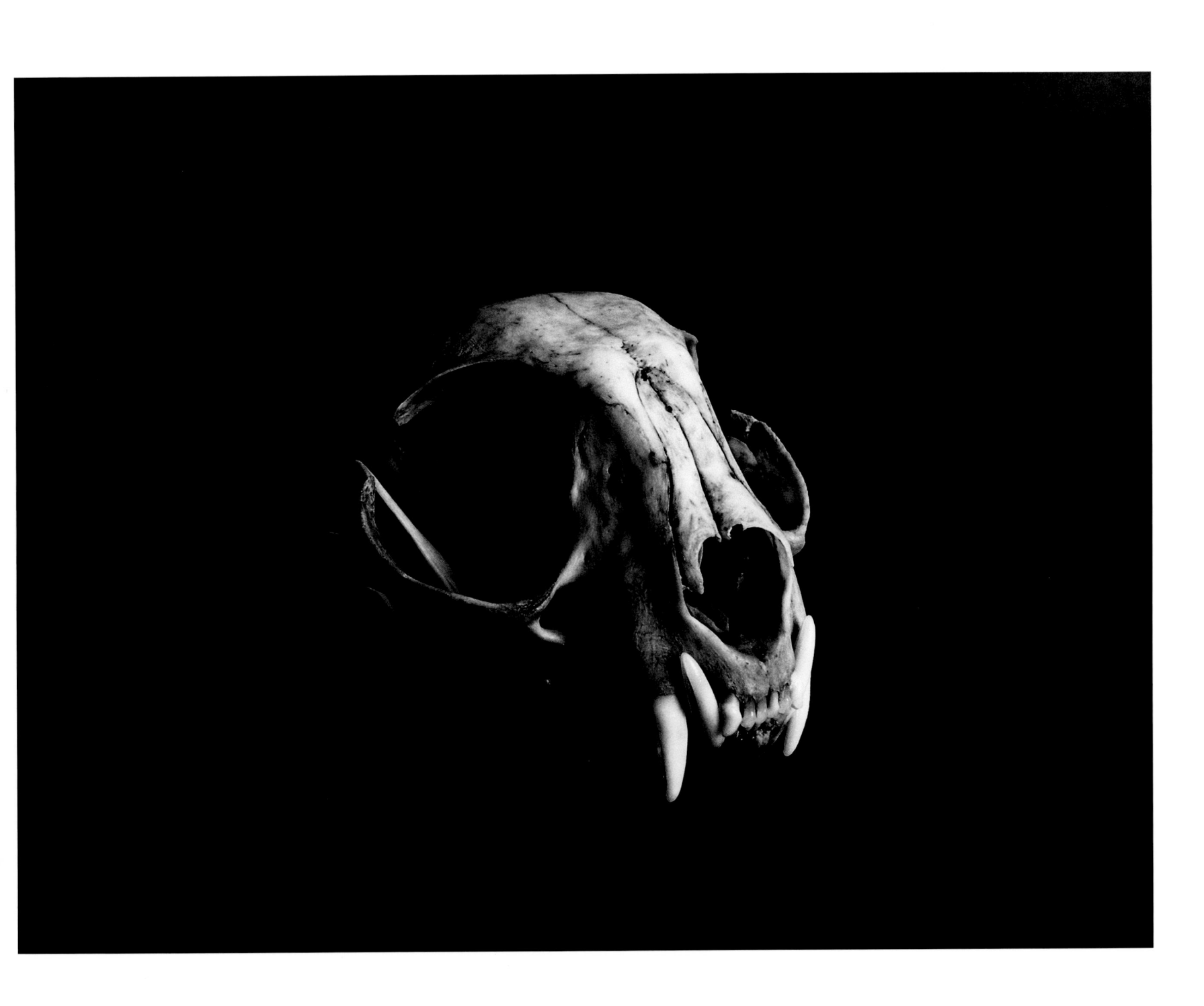

098　リビアヤマネコ　頭蓋　African wildcat　Skull

099　リビアヤマネコ　頭蓋　African wildcat　Skull

100 トラ 頭蓋　Tiger Skull

101 トラ 頭蓋　Tiger Skull

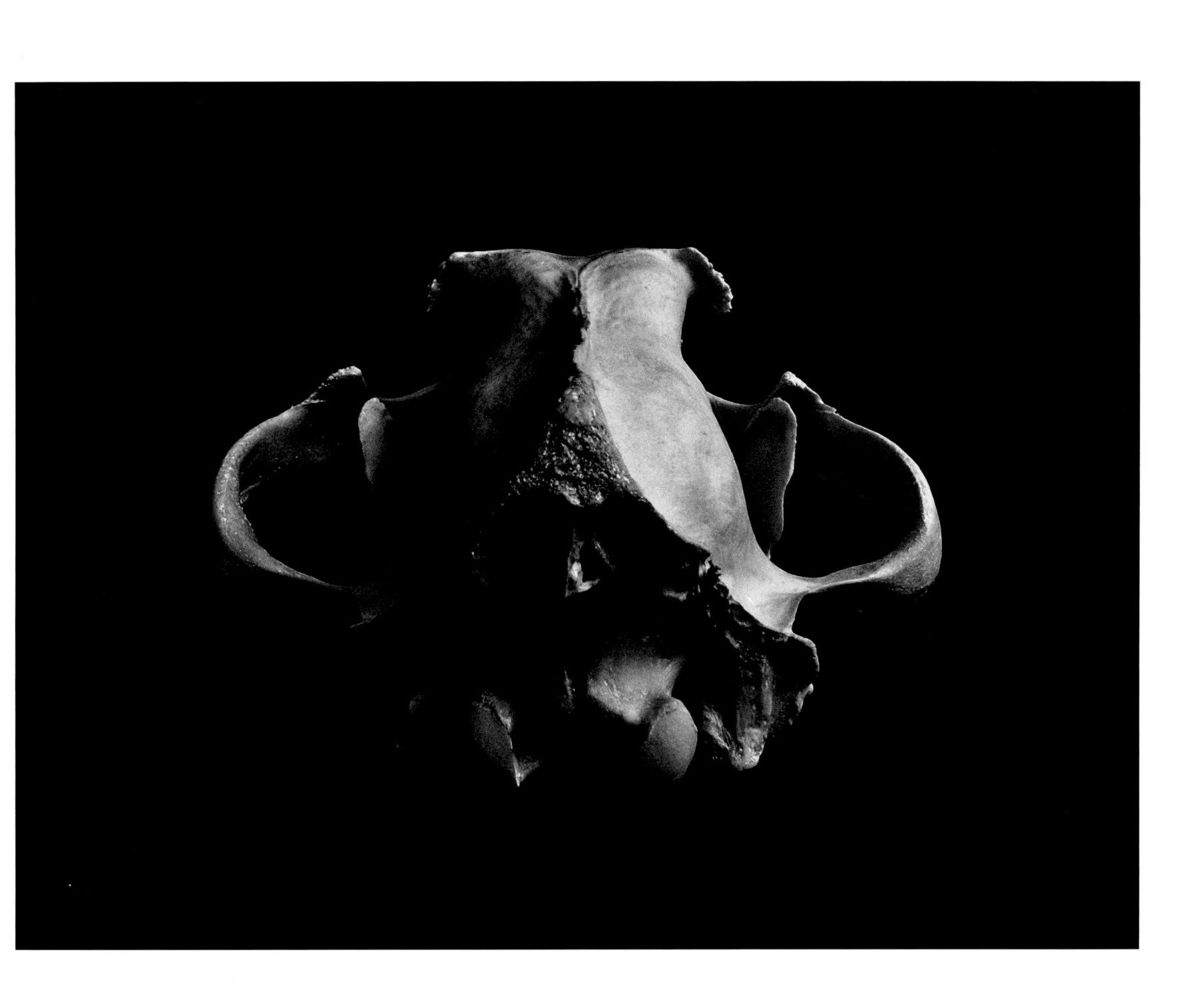

102 トラ 頭蓋　　Tiger Skull

103　トラ　下顎臼歯　　Tiger　Lower premolars and molar

104　ブチハイエナ　頭蓋　Spotted hyena　Skull

105　アライグマ　骨格　　Raccoon Skeleton

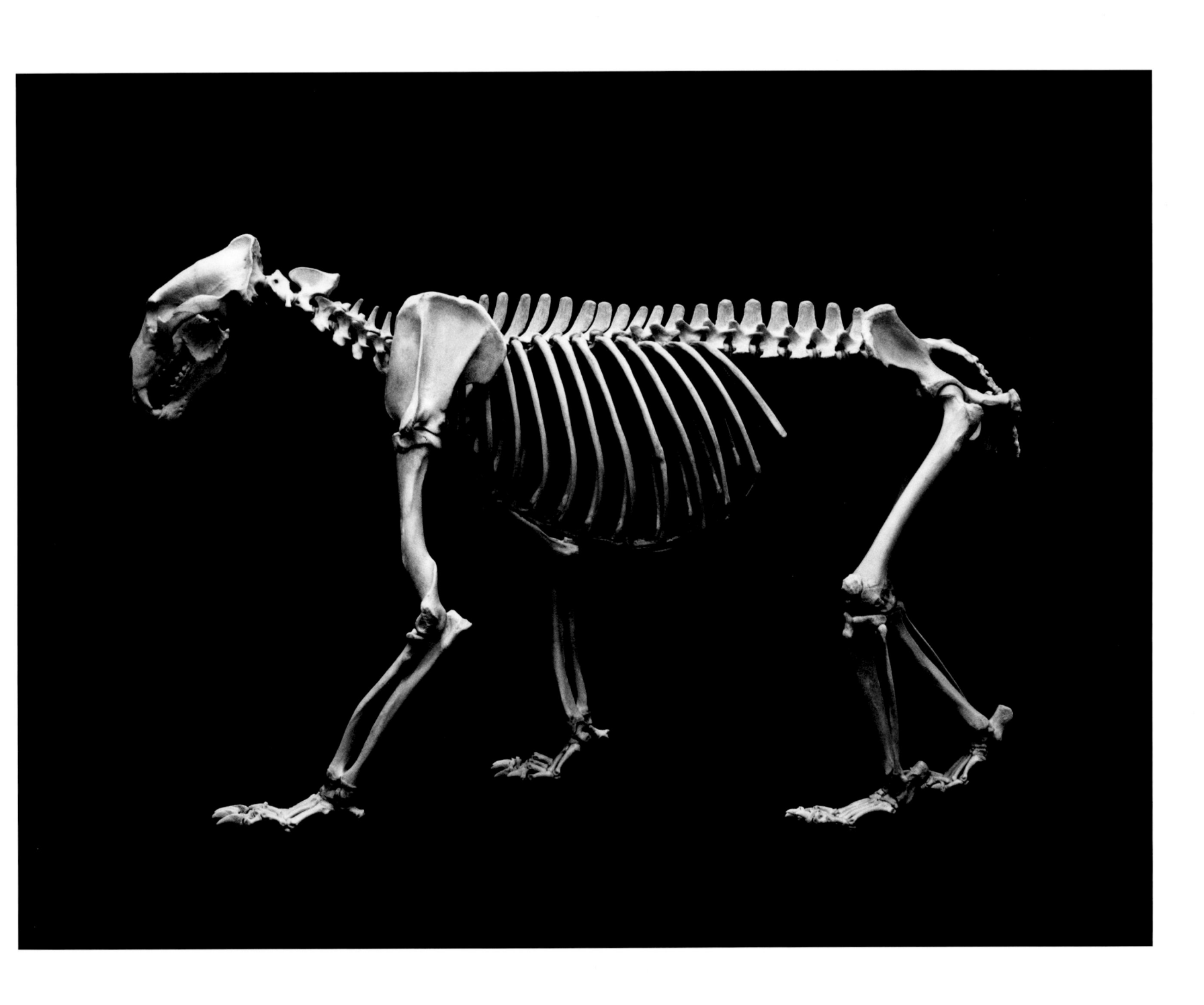

ヒグマ　骨格　　Brown bear　Skeleton

107 ホッキョクグマ 頭蓋　　Polar bear　Skull

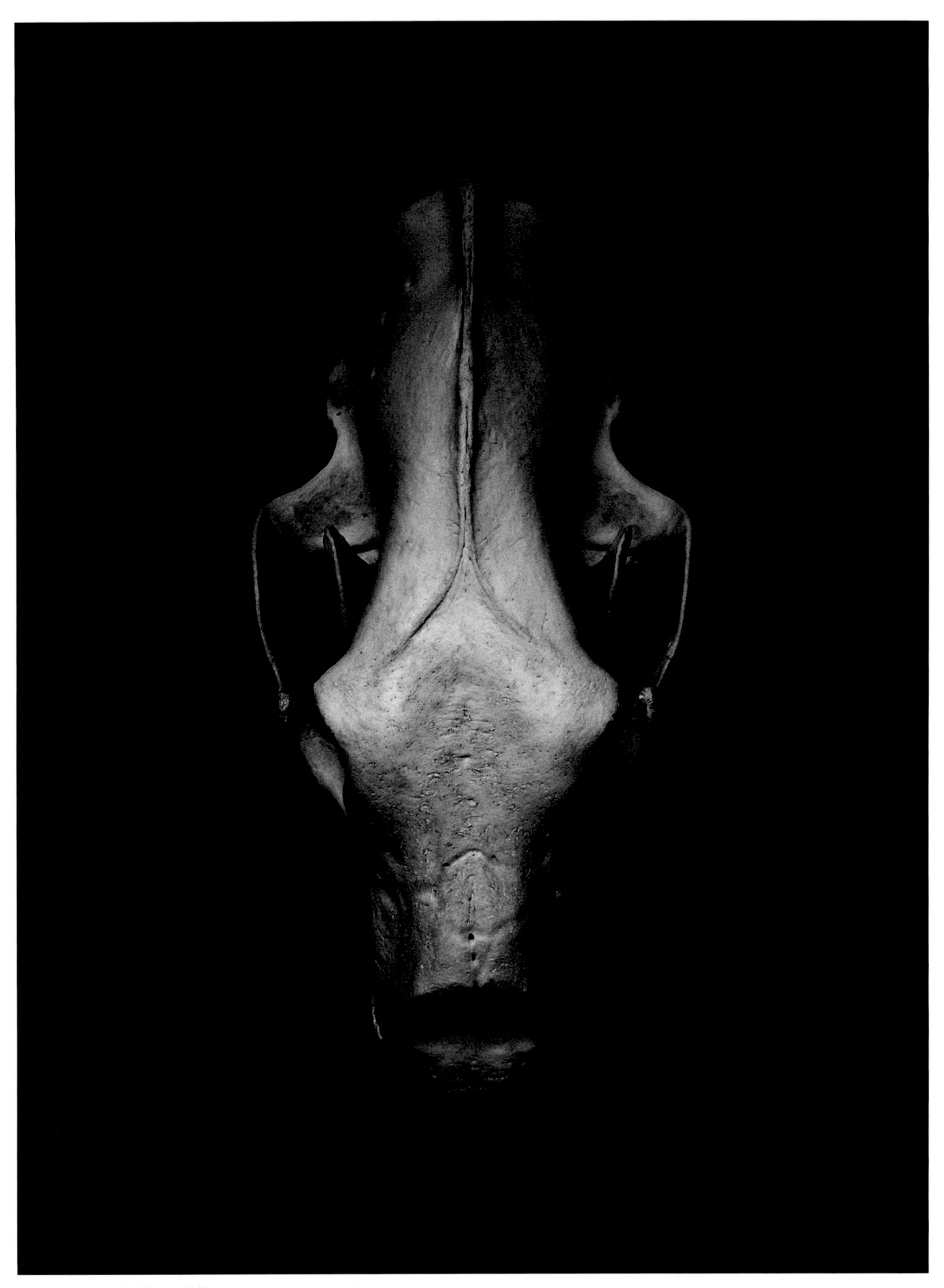

108　ホッキョクグマ　頭蓋　Polar bear　Skull

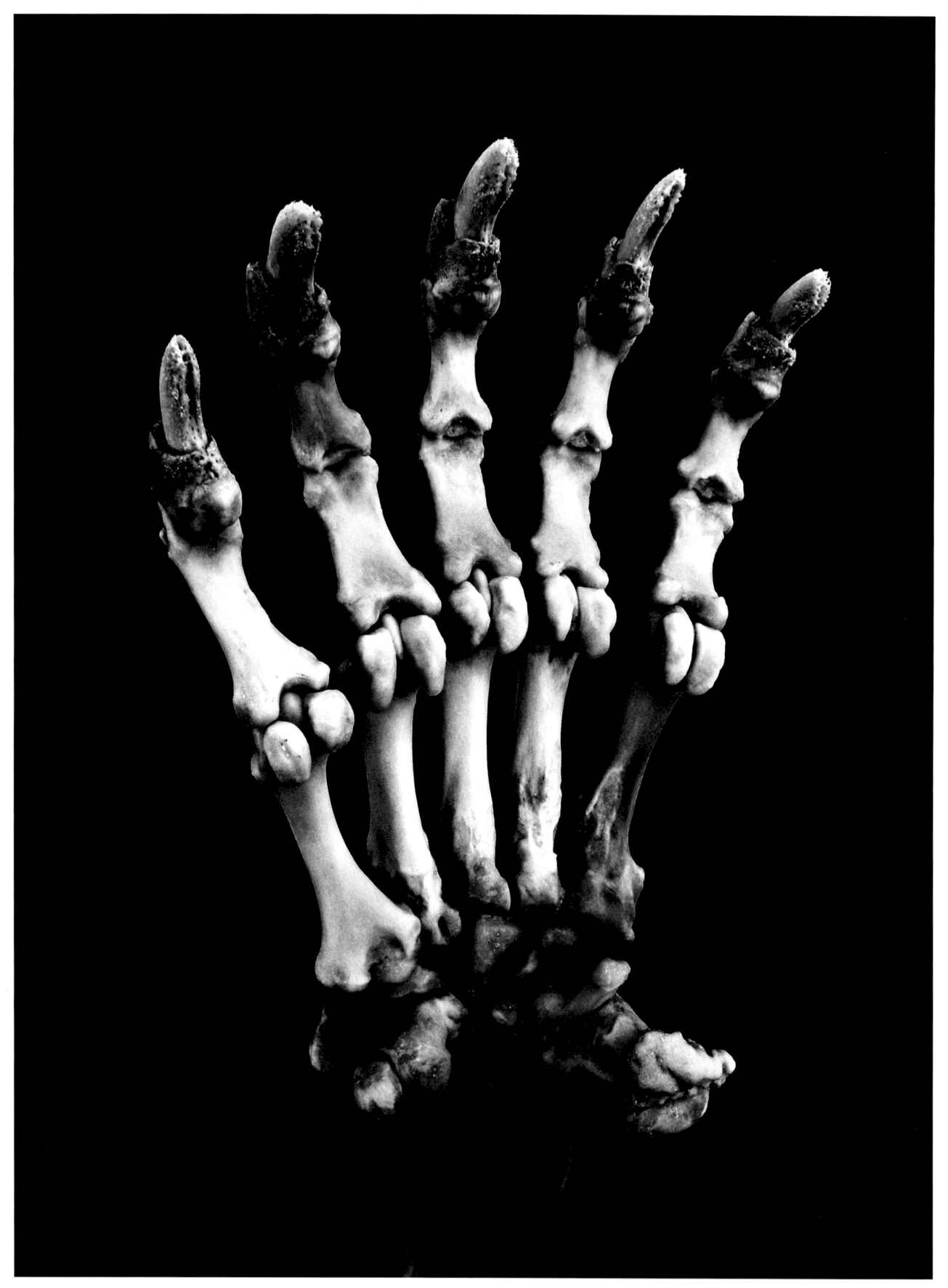

109　ホッキョクグマ　左前肢肢端骨格　　Polar bear　Skeleton of left manus

110　ホッキョクグマ　左後肢肢端骨格　　Polar bear　Skeleton of left pes

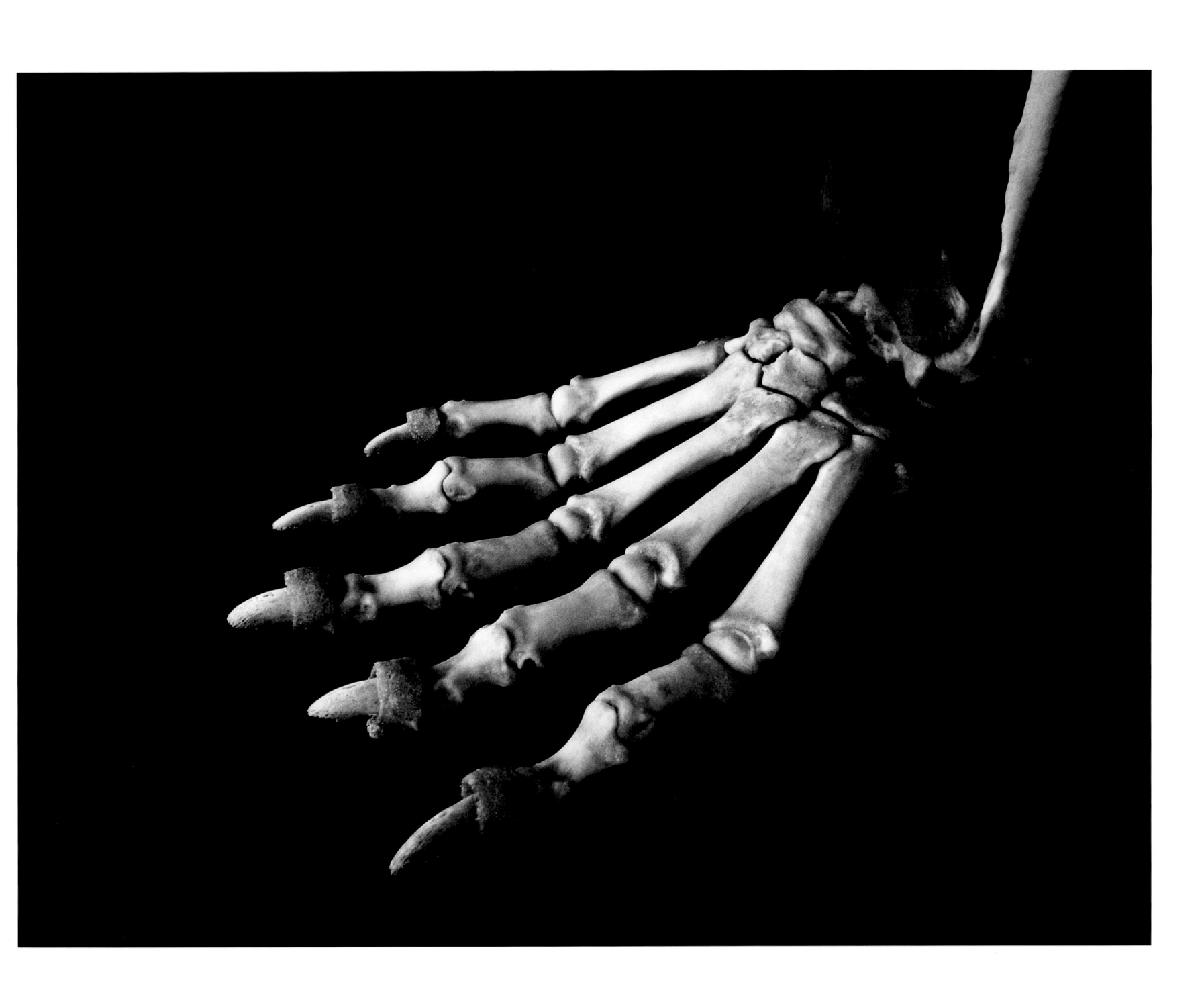

111　ジャイアントパンダ　骨格　　Giant panda　Skeleton

112 レッサーパンダ　左前肢肢端骨格　　Red panda　Skeleton of left manus

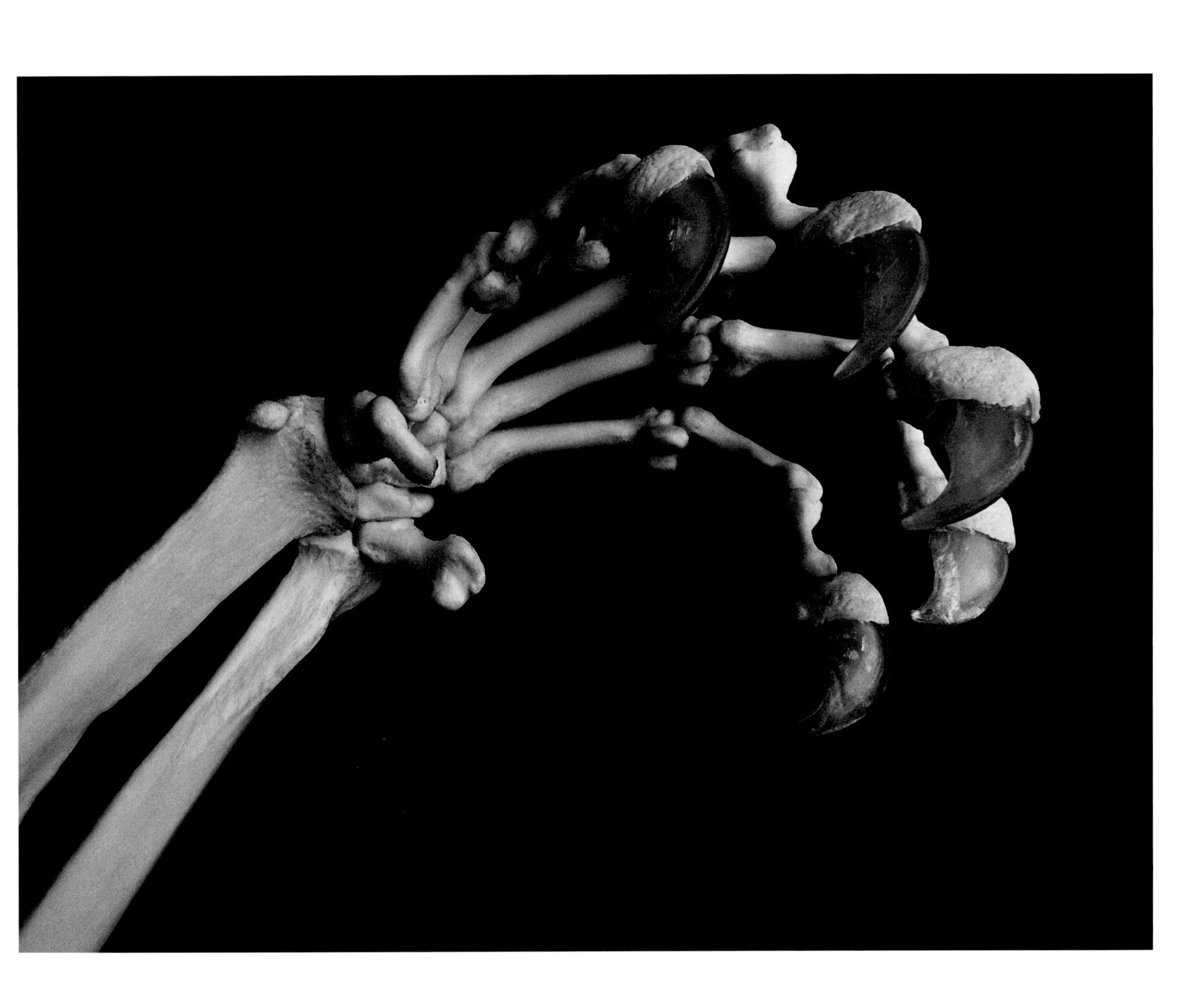

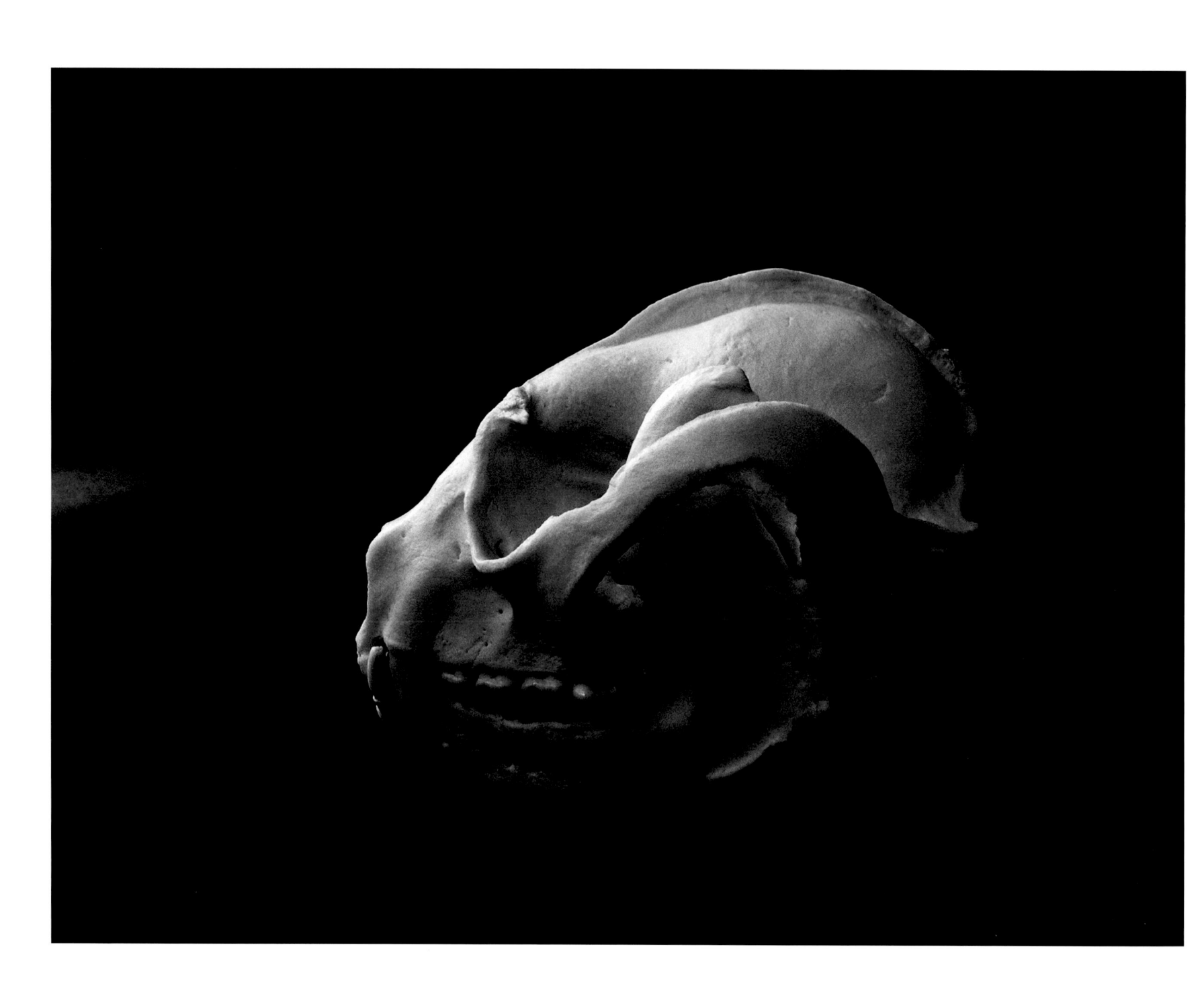

113 レッサーパンダ 頭蓋　　Red panda　Skull

114　レッサーパンダ　下顎骨　　Red panda　Mandible

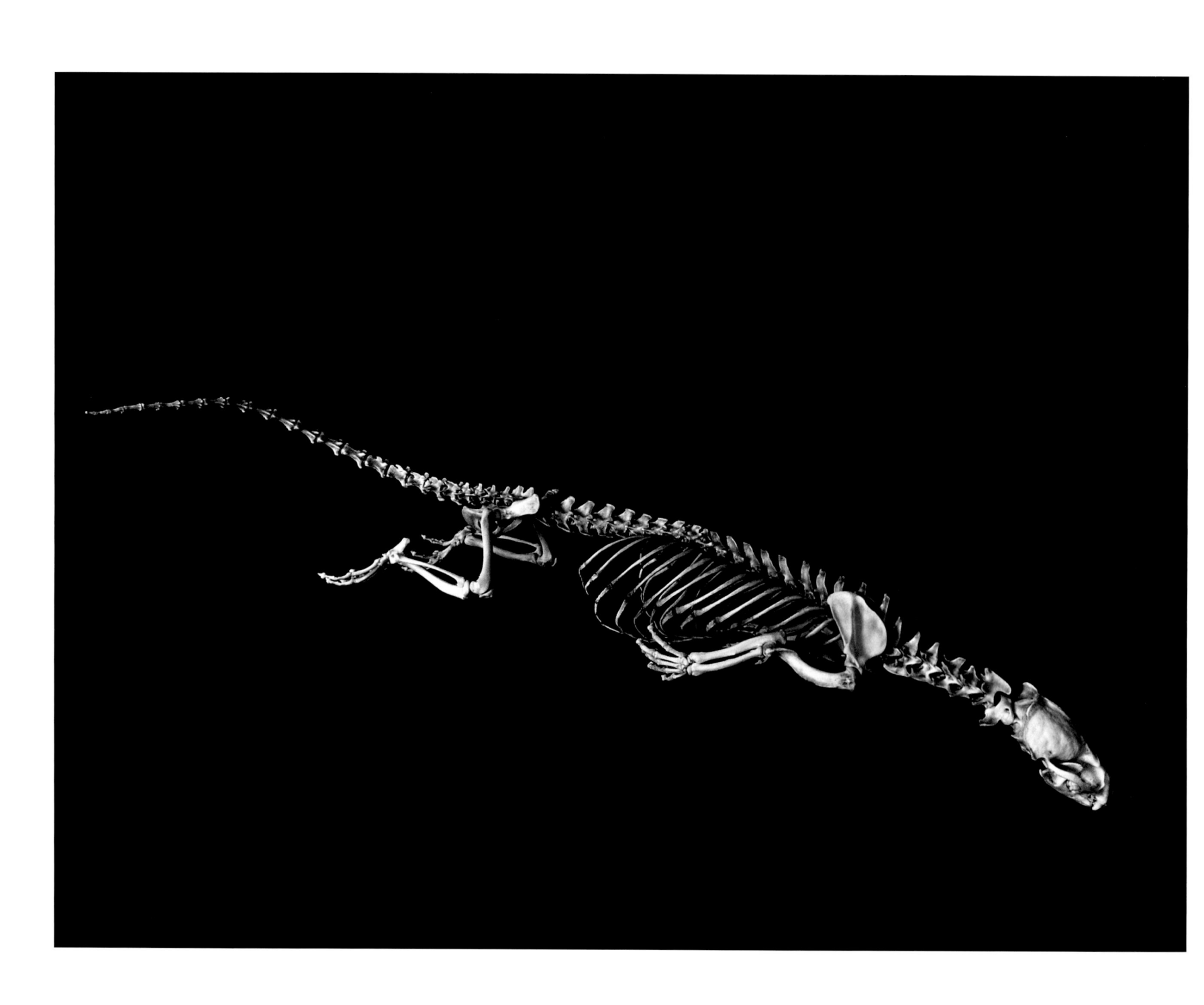

115 ユーラシアカワウソ　骨格　　Eurasian otter　Skeleton

116　ミナミゾウアザラシ　骨格　　Southern elephant seal　Skeleton

117　カリフォルニアアシカ　頭蓋　California sea lion　Skull

カリフォルニアアシカ　下顎骨　California sea lion　Mandible

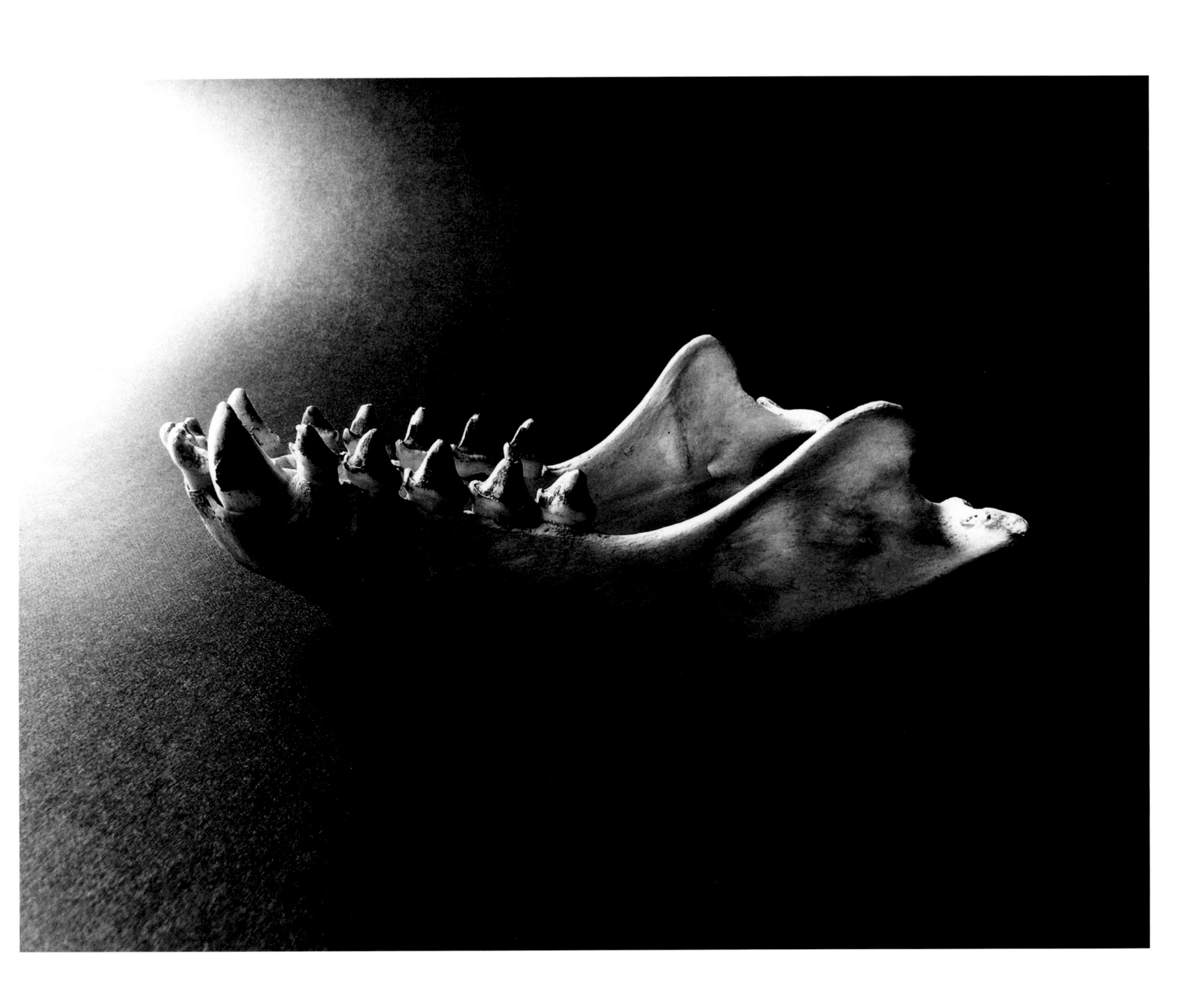

119 セイウチ 頭蓋　Walrus Skull

クラカケアザラシ　左下腿と肢端骨格　　Ribbon seal　Skeleton of left cruris and pes

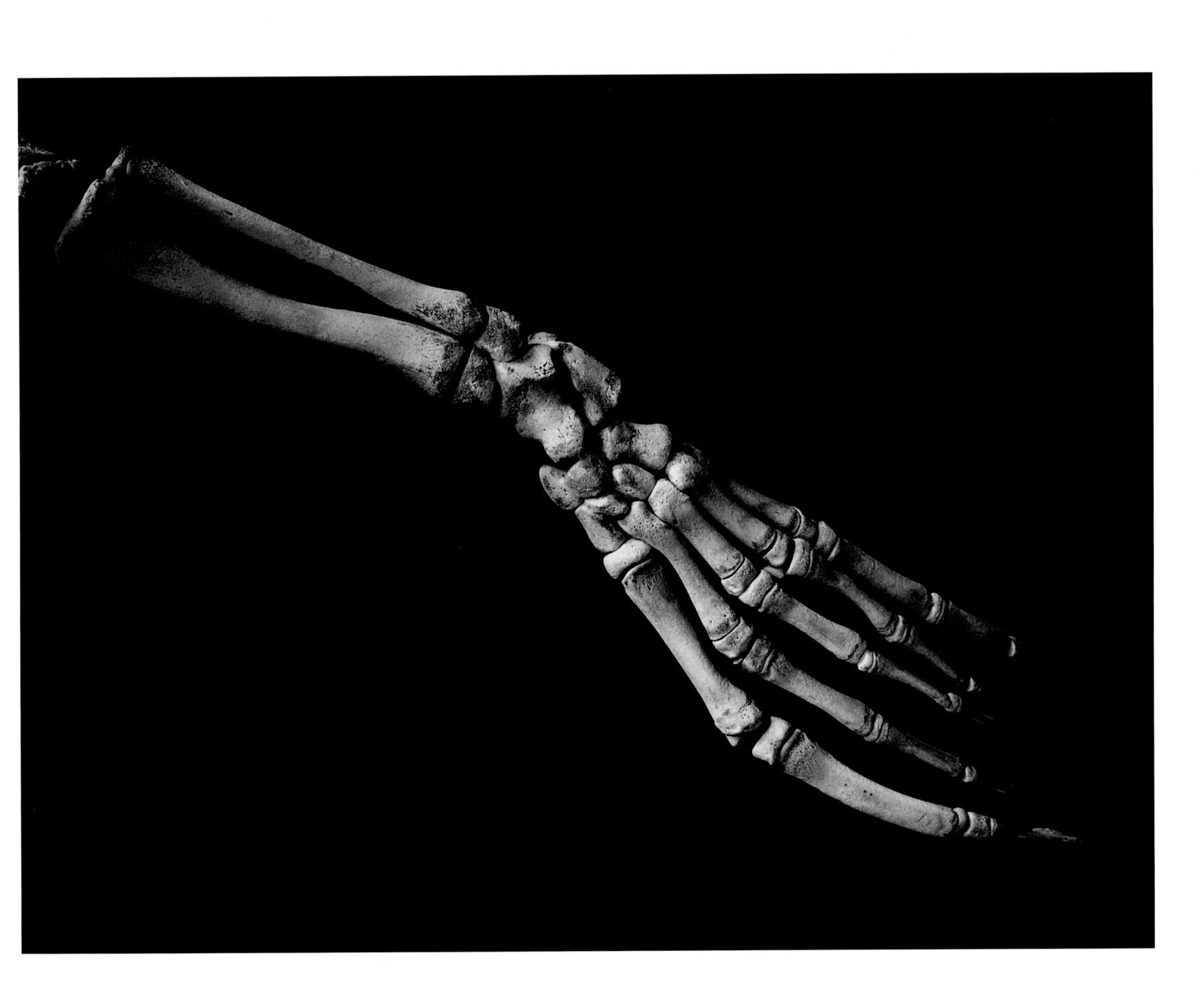

121　ミナミアフリカオットセイ　右前肢骨　Cape fur seal　Skeleton of right forelimb

122　ミナミアフリカオットセイ　後肢骨　Cape fur seal　Skeleton of hindlimb

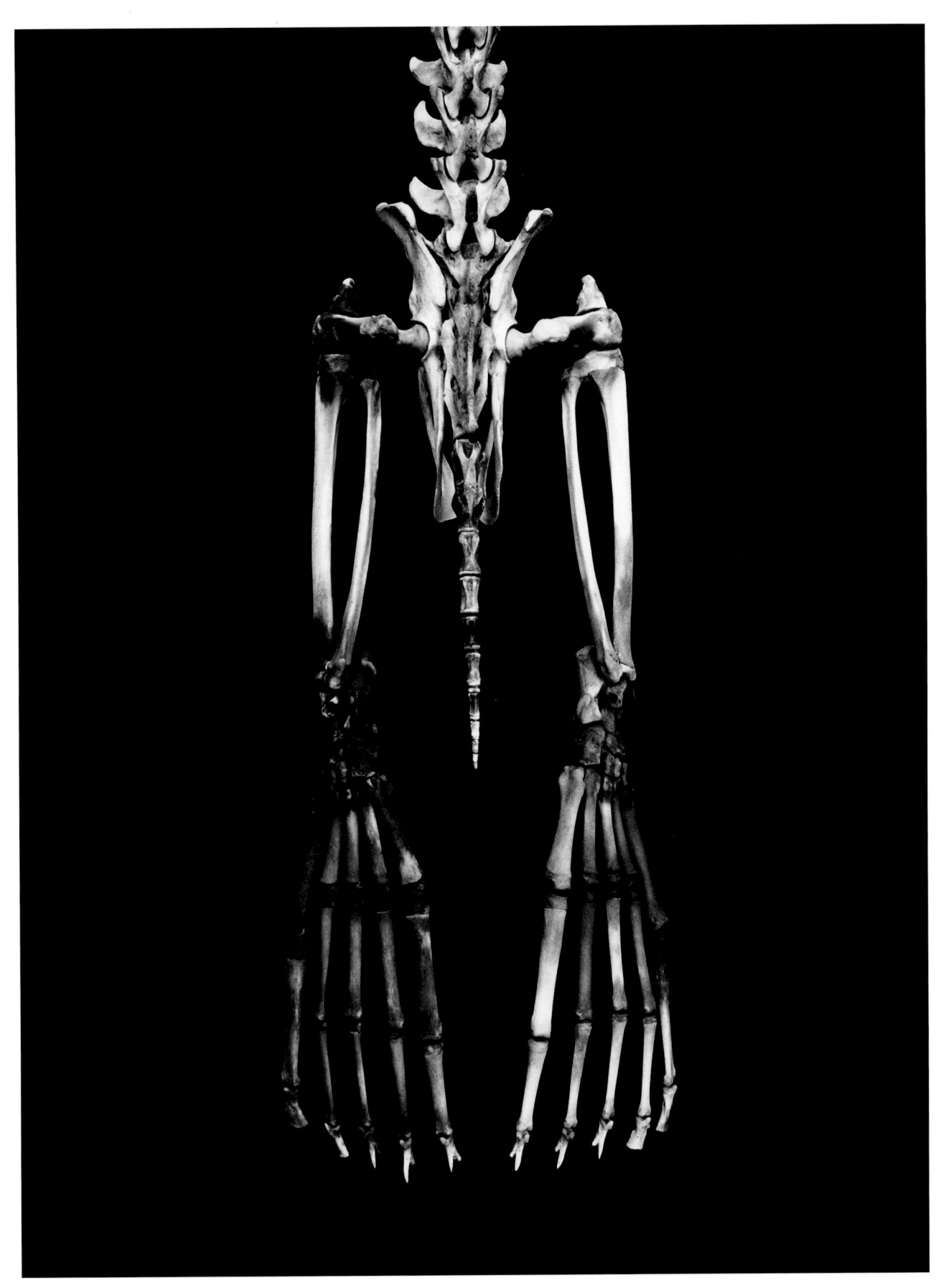

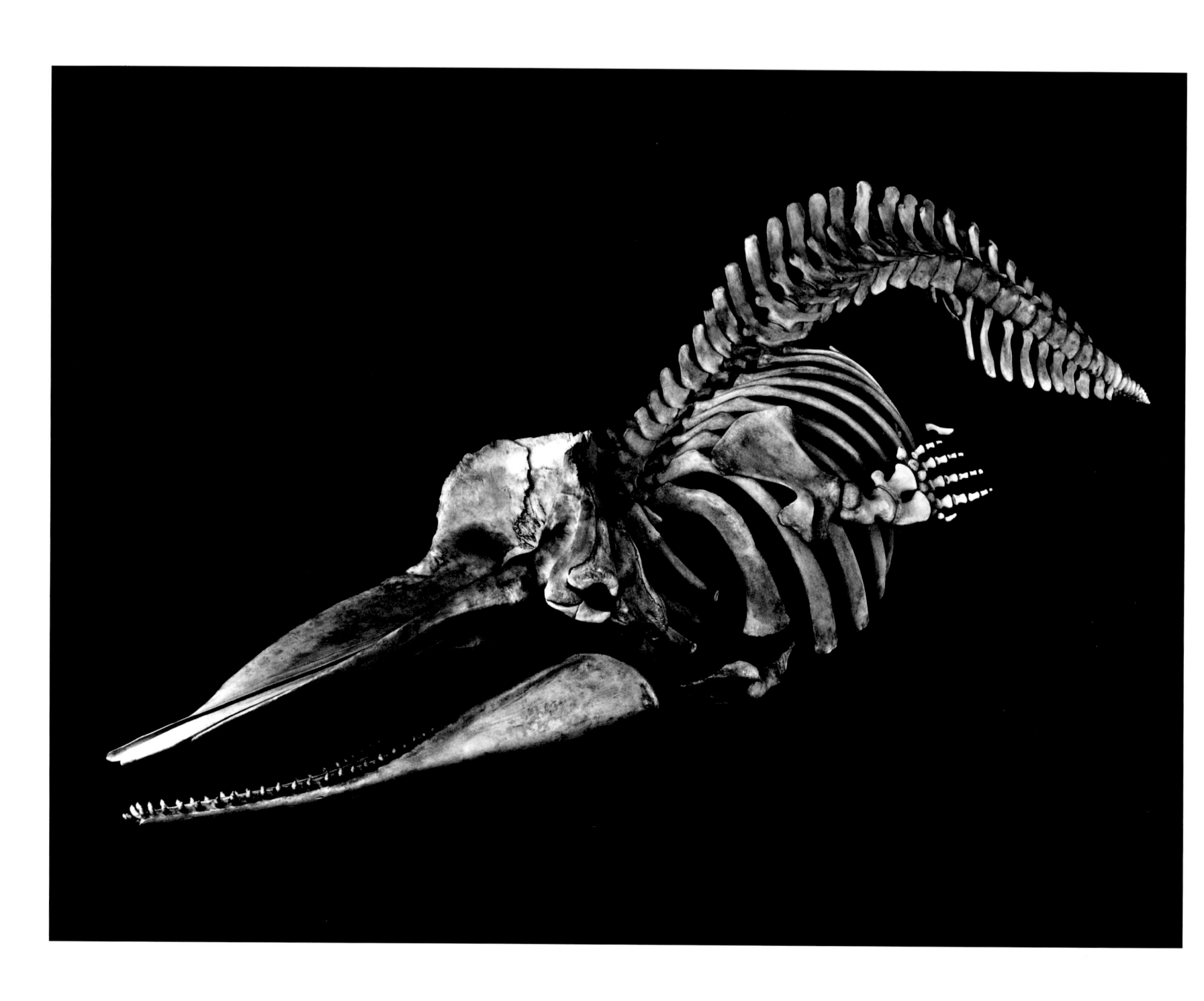

123 マッコウクジラ 骨格　　Sperm whale　Skeleton

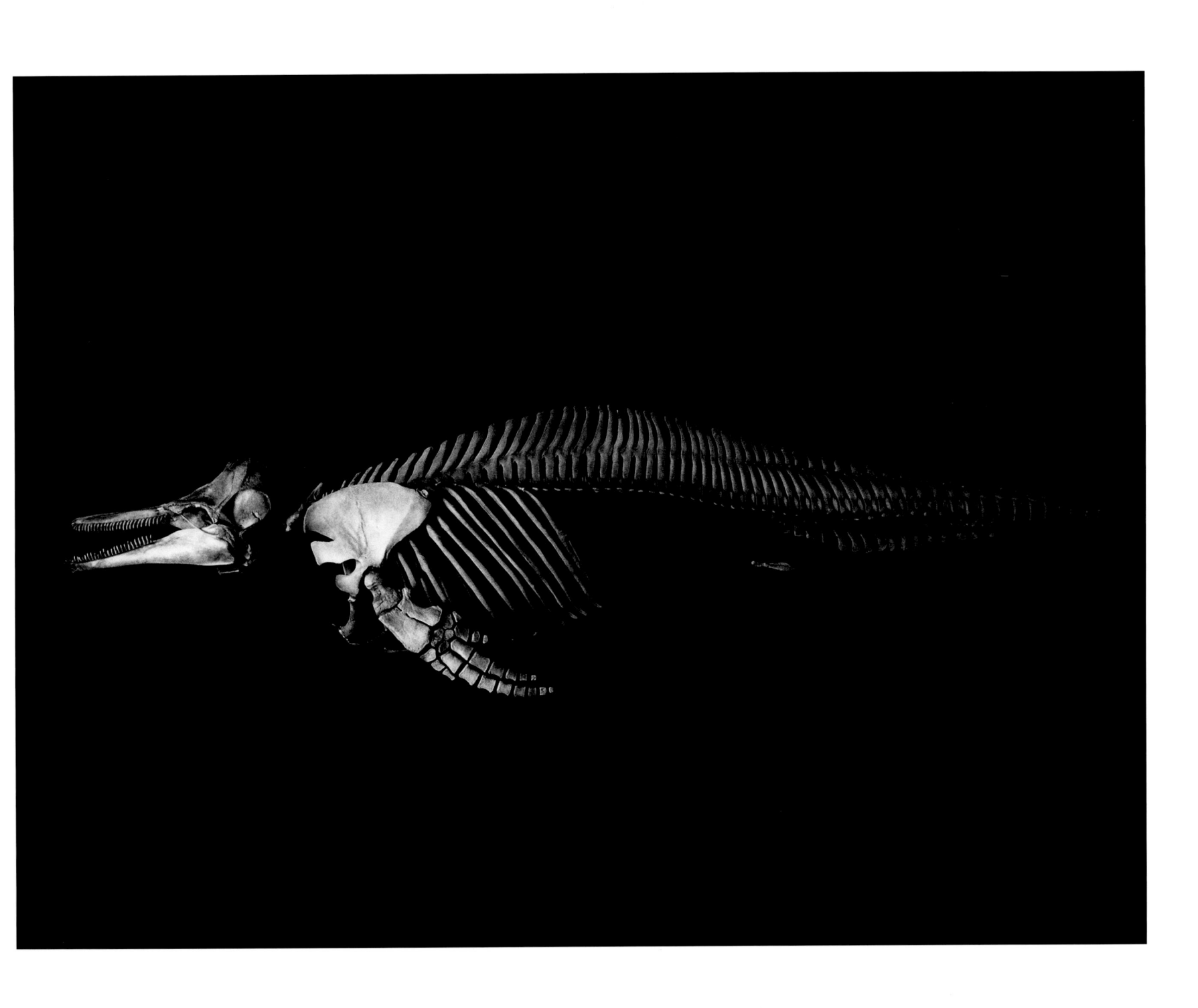

124　カマイルカ　骨格　　Pacific white-sided dolphin　Skeleton

125　バンドウイルカ　左前肢骨　Bottlenose dolphin　Skeleton of left forelimb

126　ツチクジラ　腰椎　Baird's beaked whale　Lumbar vertebra

127　カマイルカ　頚椎　　Pacific white-sided dolphin　Cervical vertebrae

128　バンドウイルカ　尾椎　　Bottlenose dolphin　Caudal vertebrae

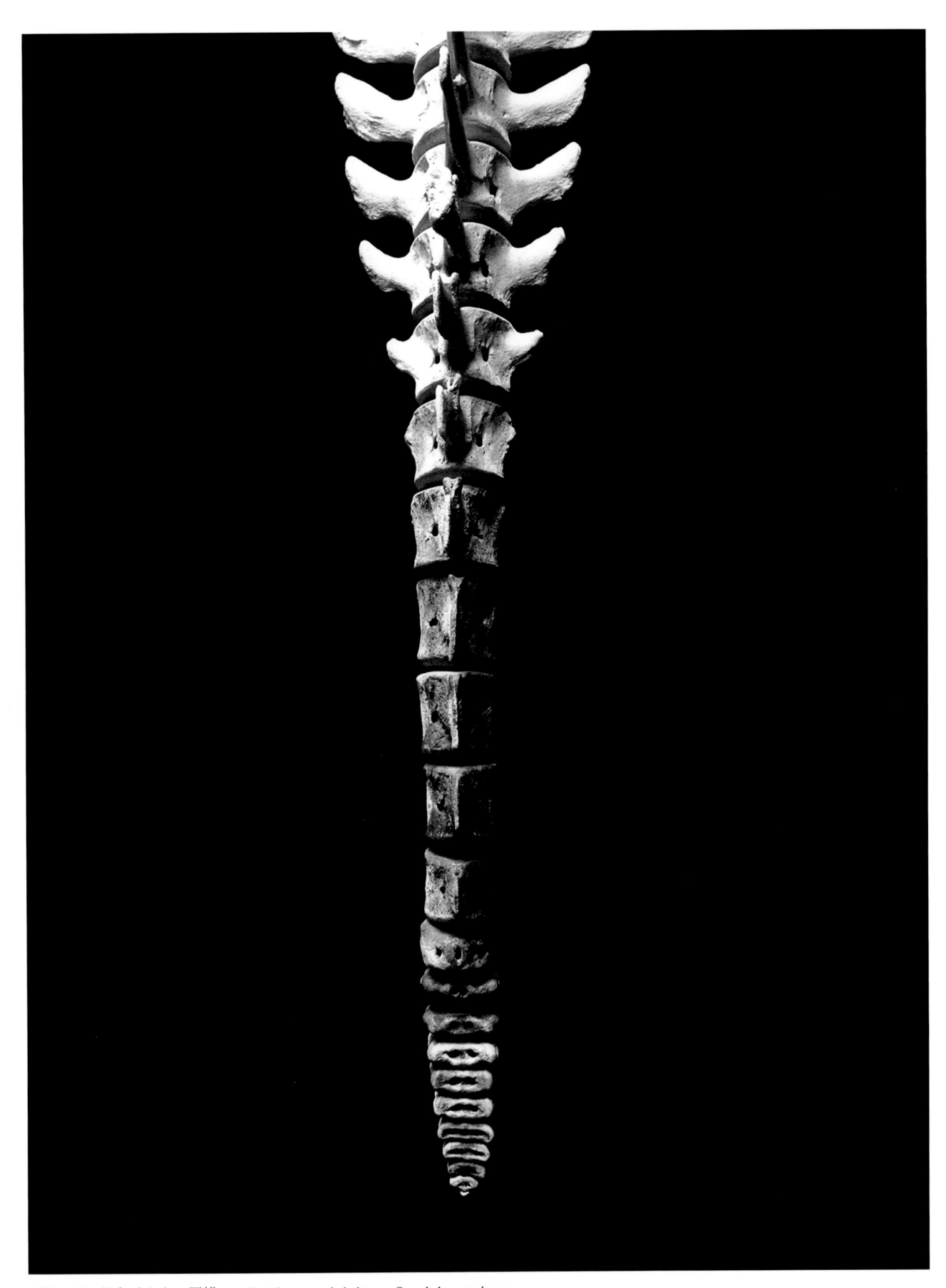

129　バンドウイルカ　頭蓋　Bottlenose dolphin　Skull

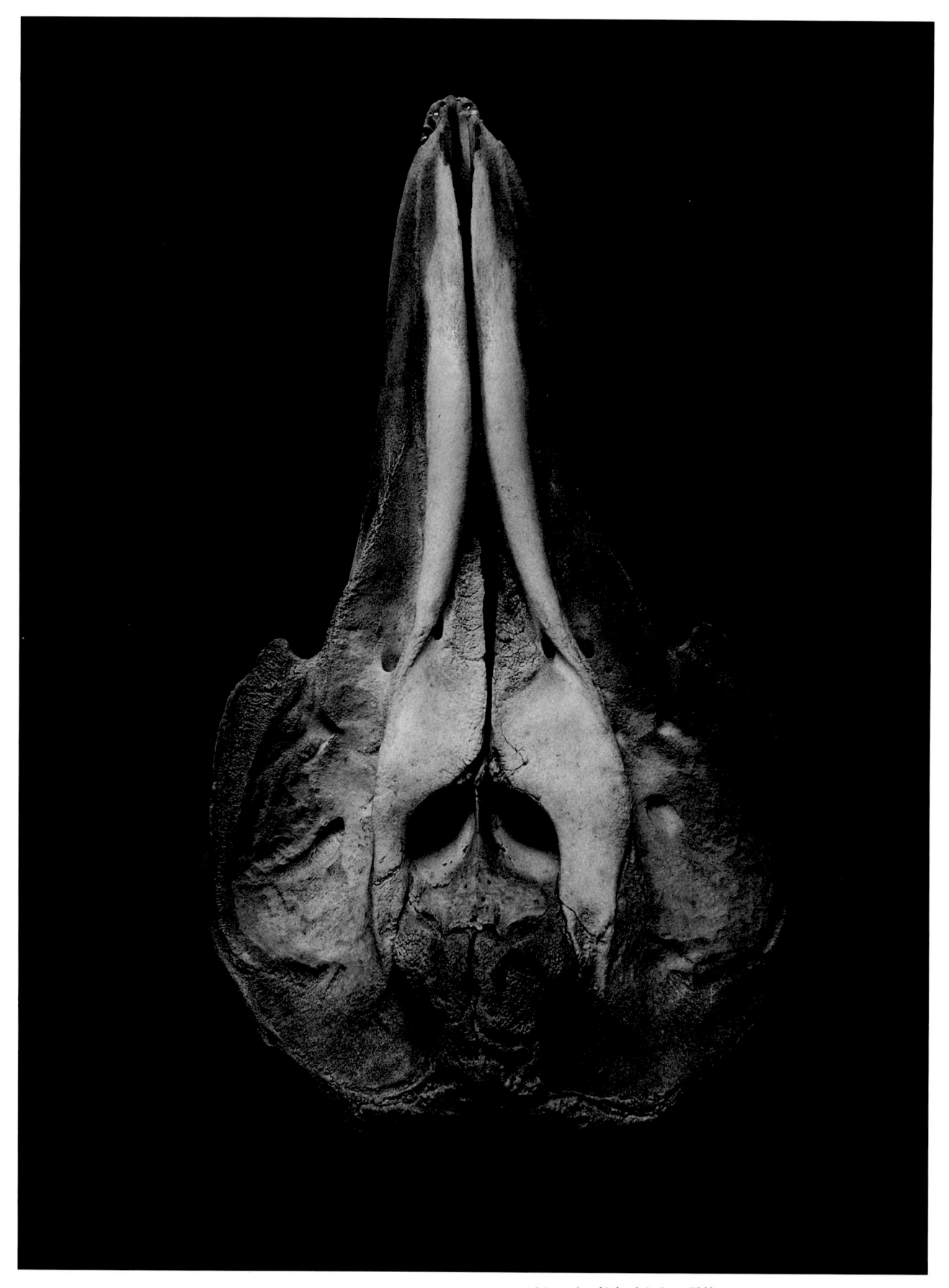

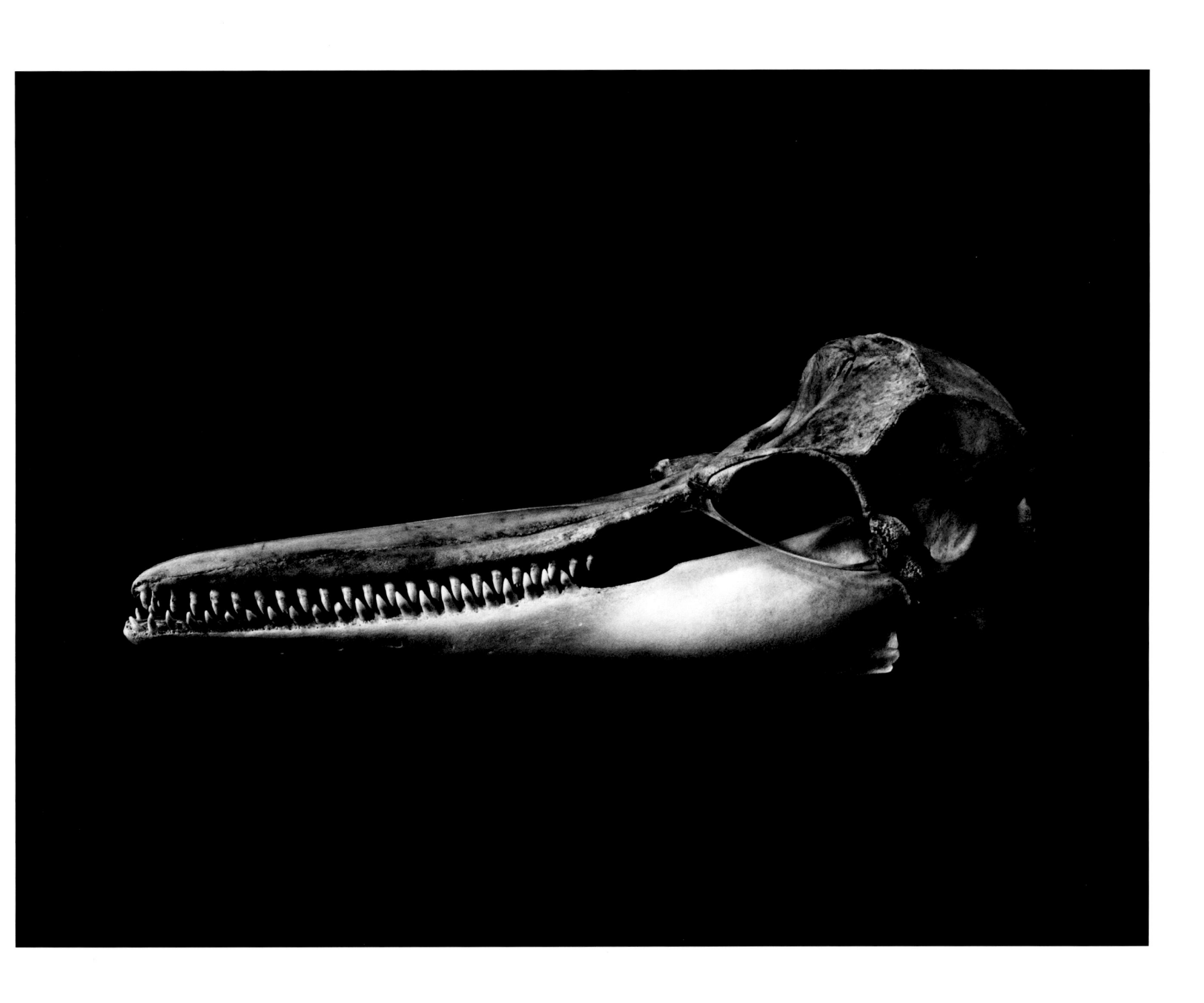

130　シワハイルカ　頭蓋　Rough-toothed dolphin　Skull

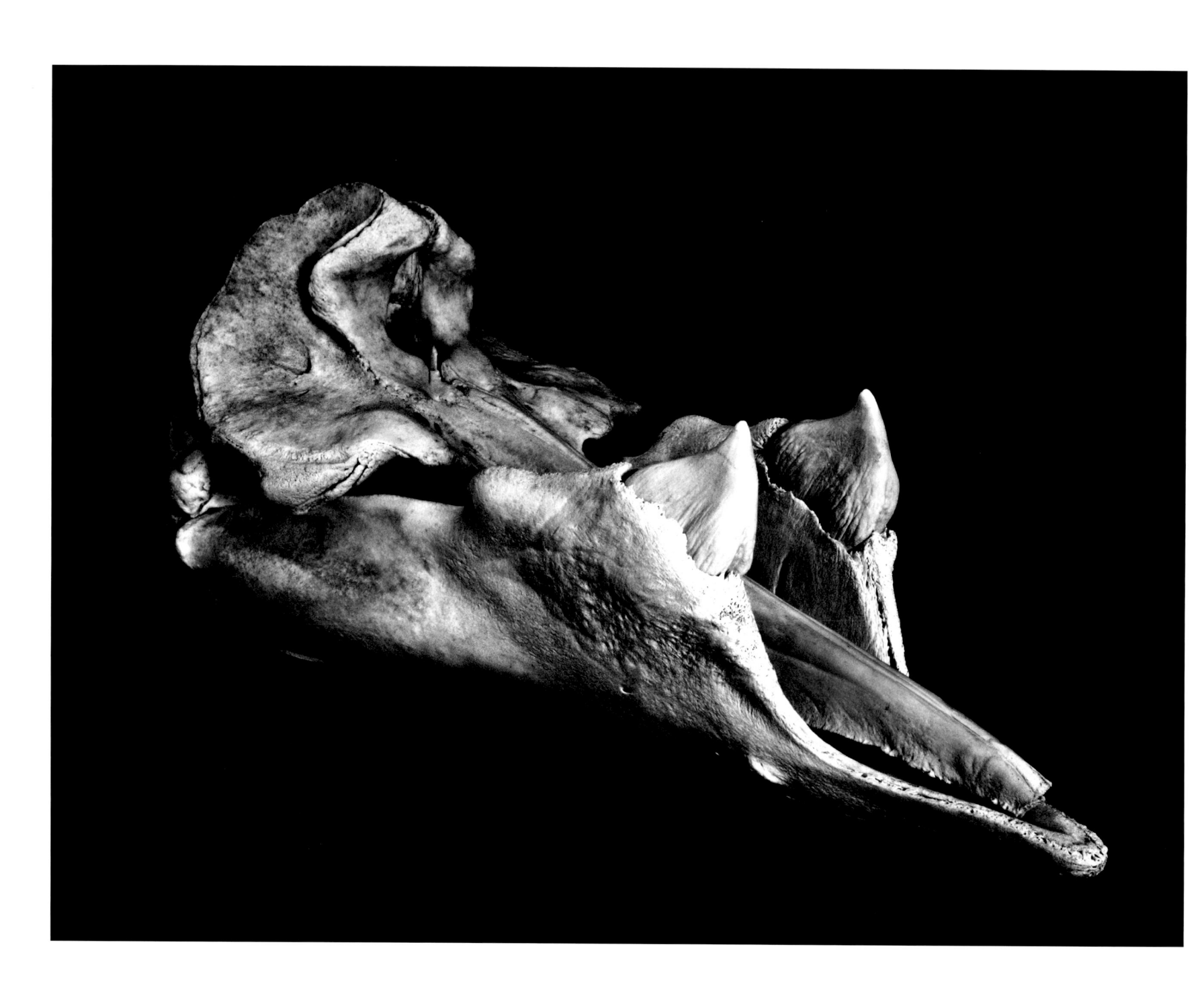

131　コブハクジラ　頭蓋　　Blainville's beaked whale　Skull

132　ミンククジラ　頭蓋　Minke whale　Skull

133　コビトカバ　頭蓋　Pygmy hippopotamus　Skull

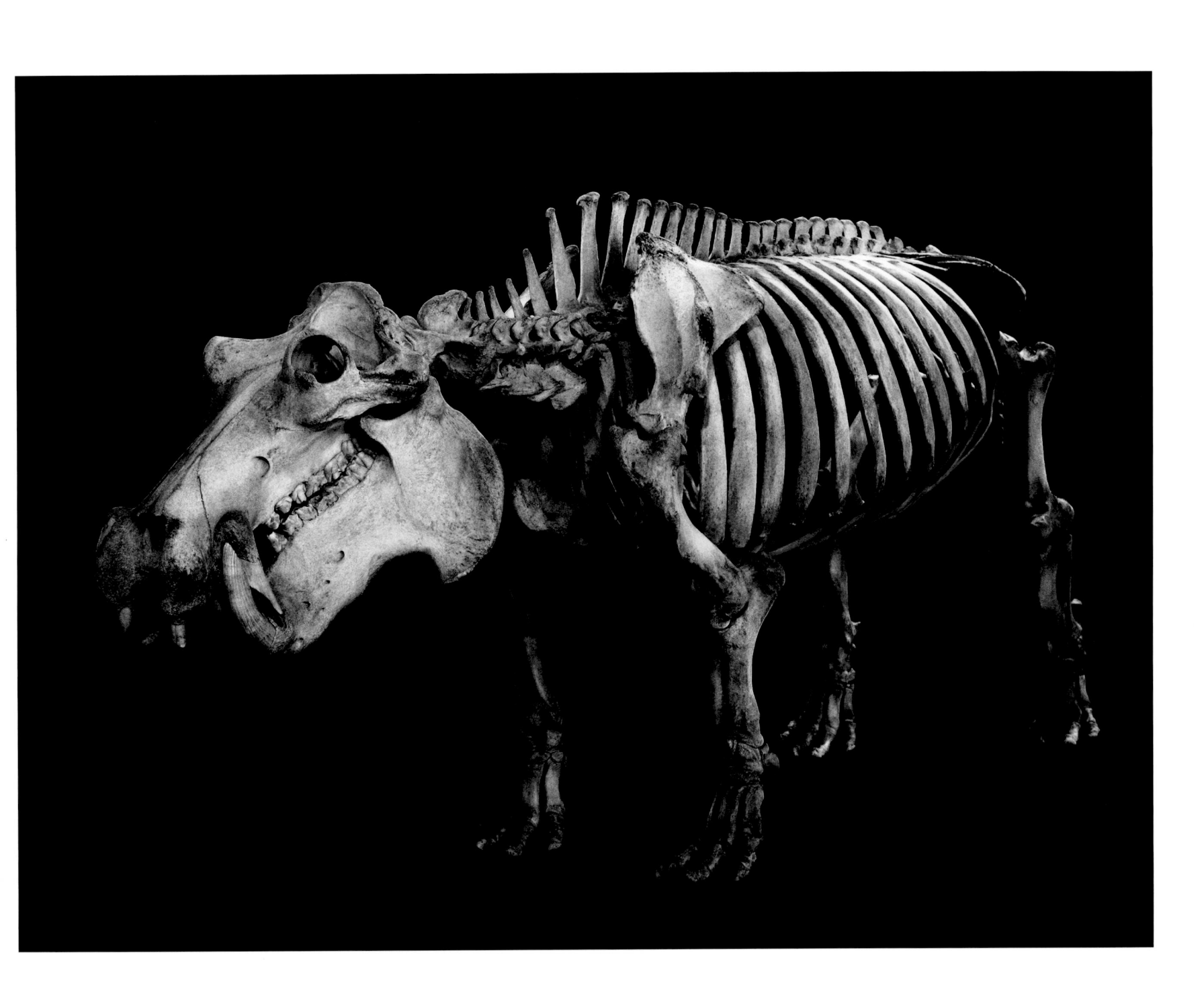

134 カバ 骨格　　Hippopotamus　Skeleton

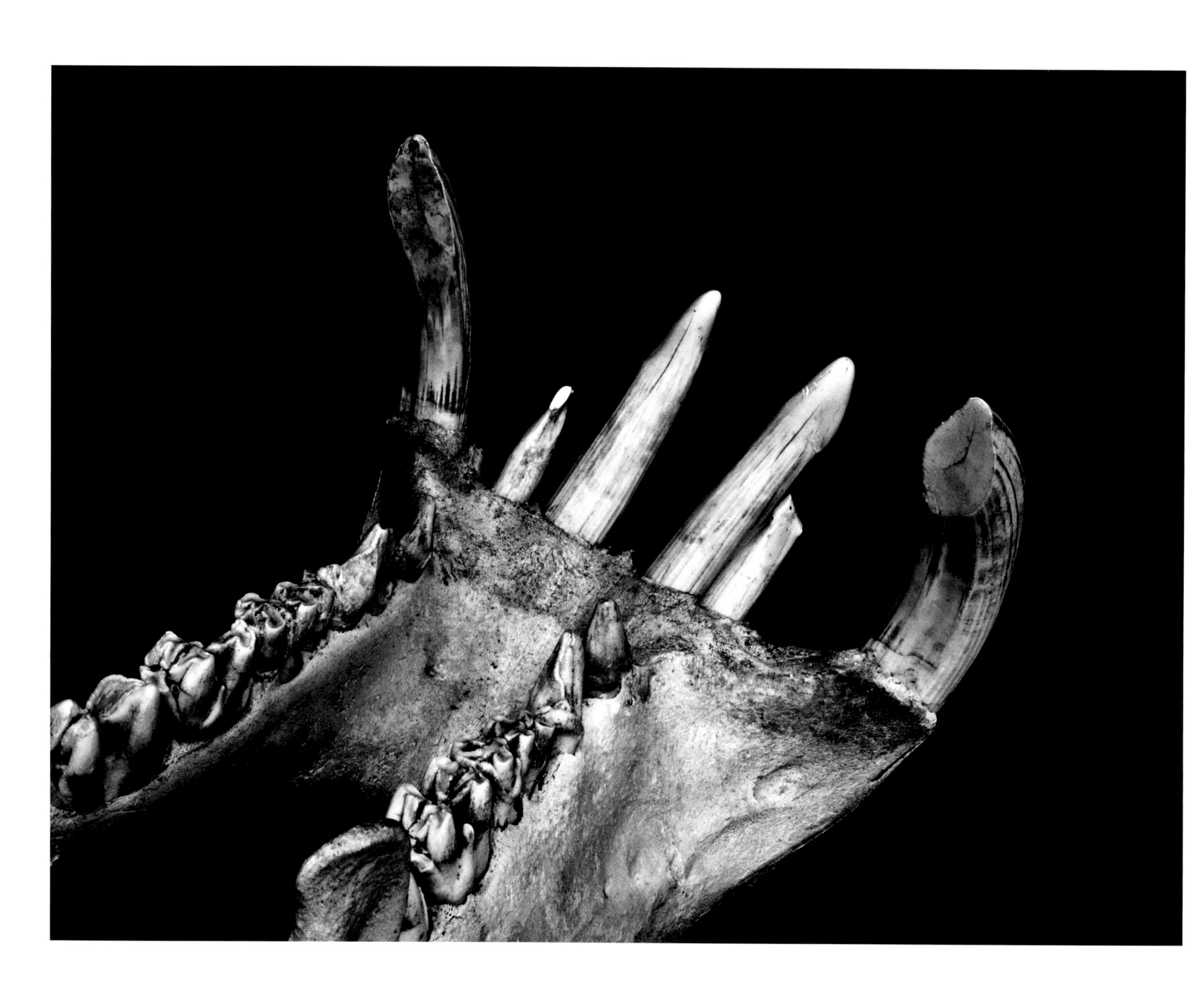

135 カバ 下顎骨　Hippopotamus Mandible

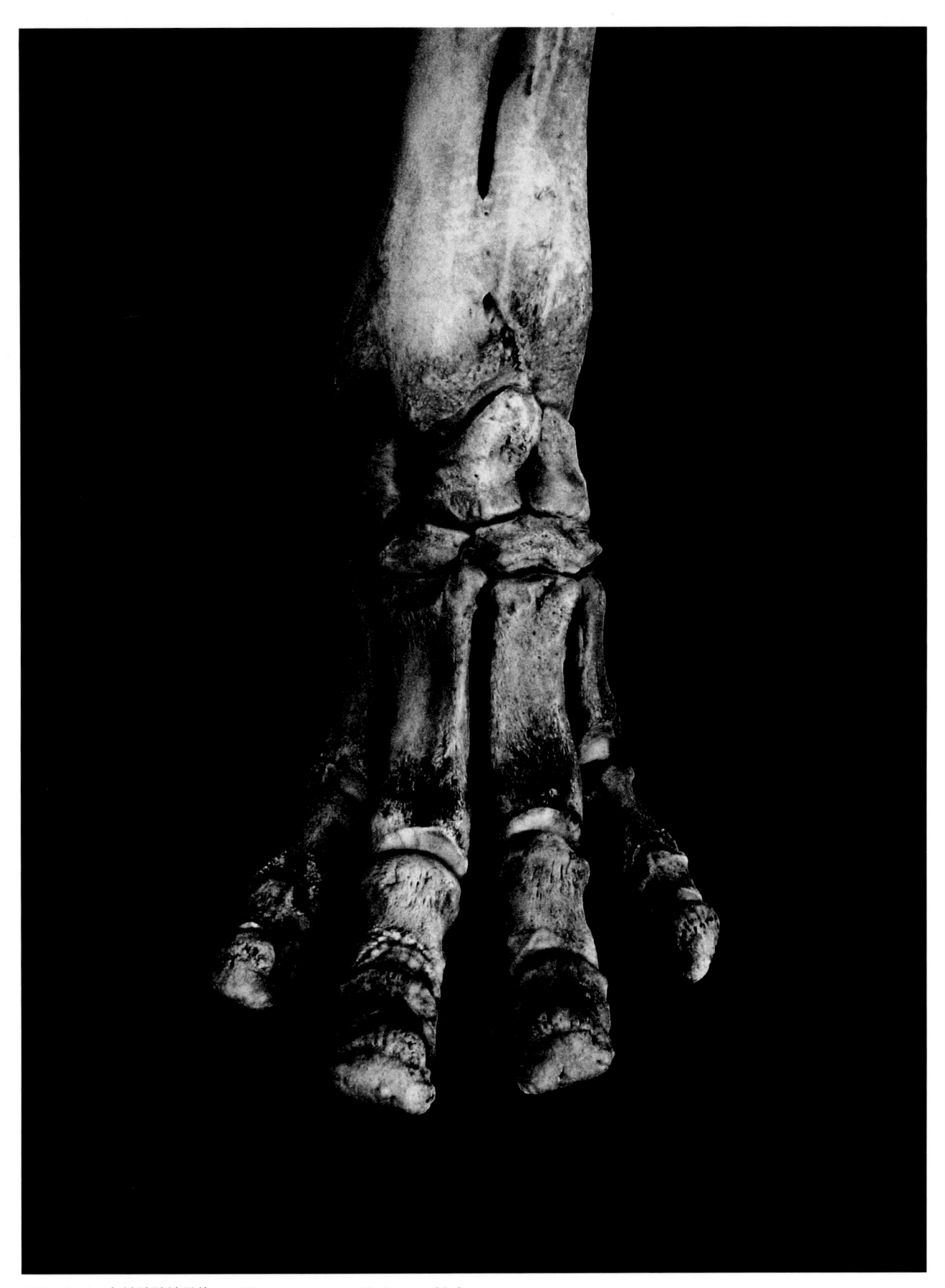

136　カバ　左前肢肢端骨格　　Hippopotamus　Skeleton of left manus

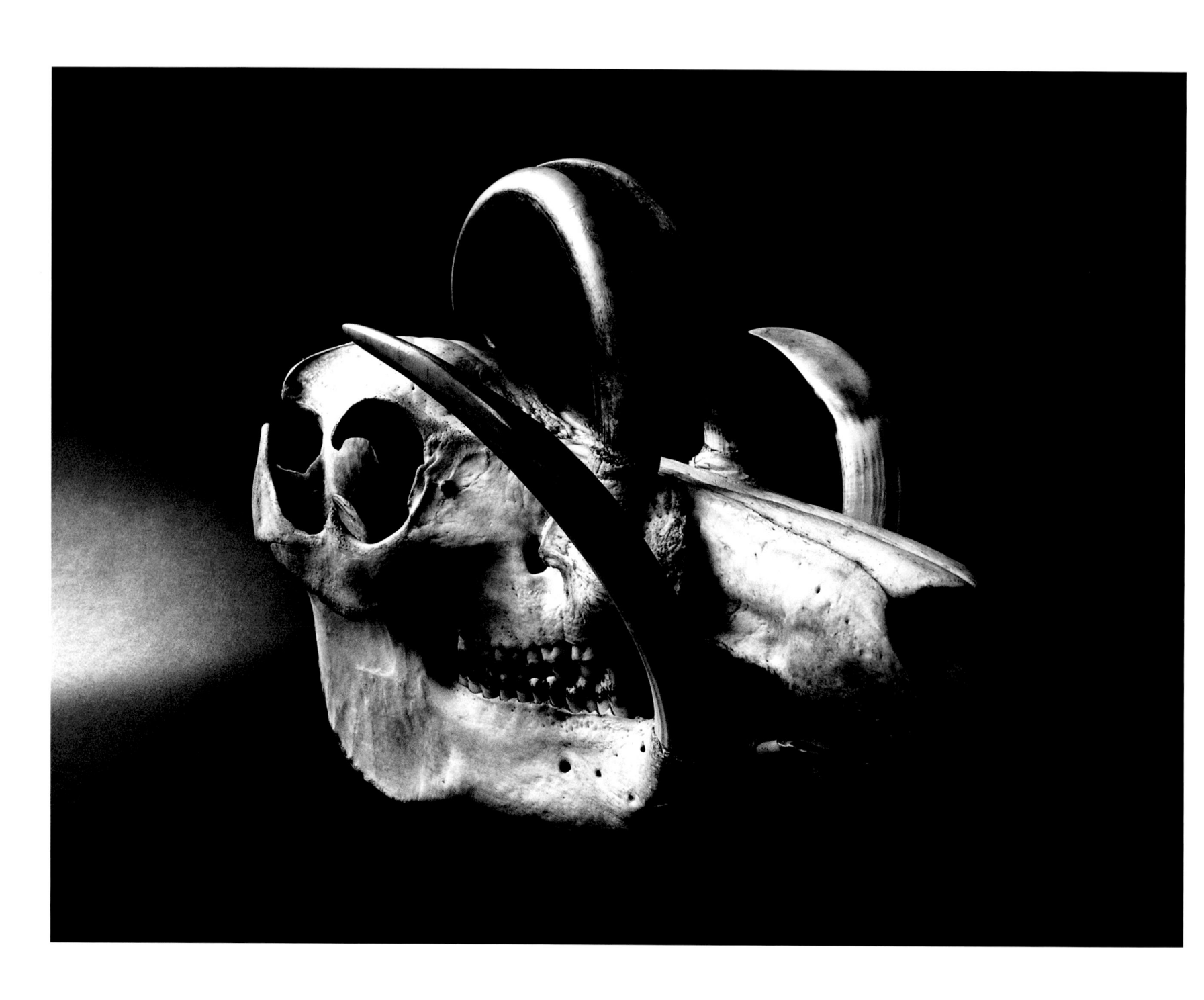

137 バビルサ 頭蓋　　Babiroussa Skull

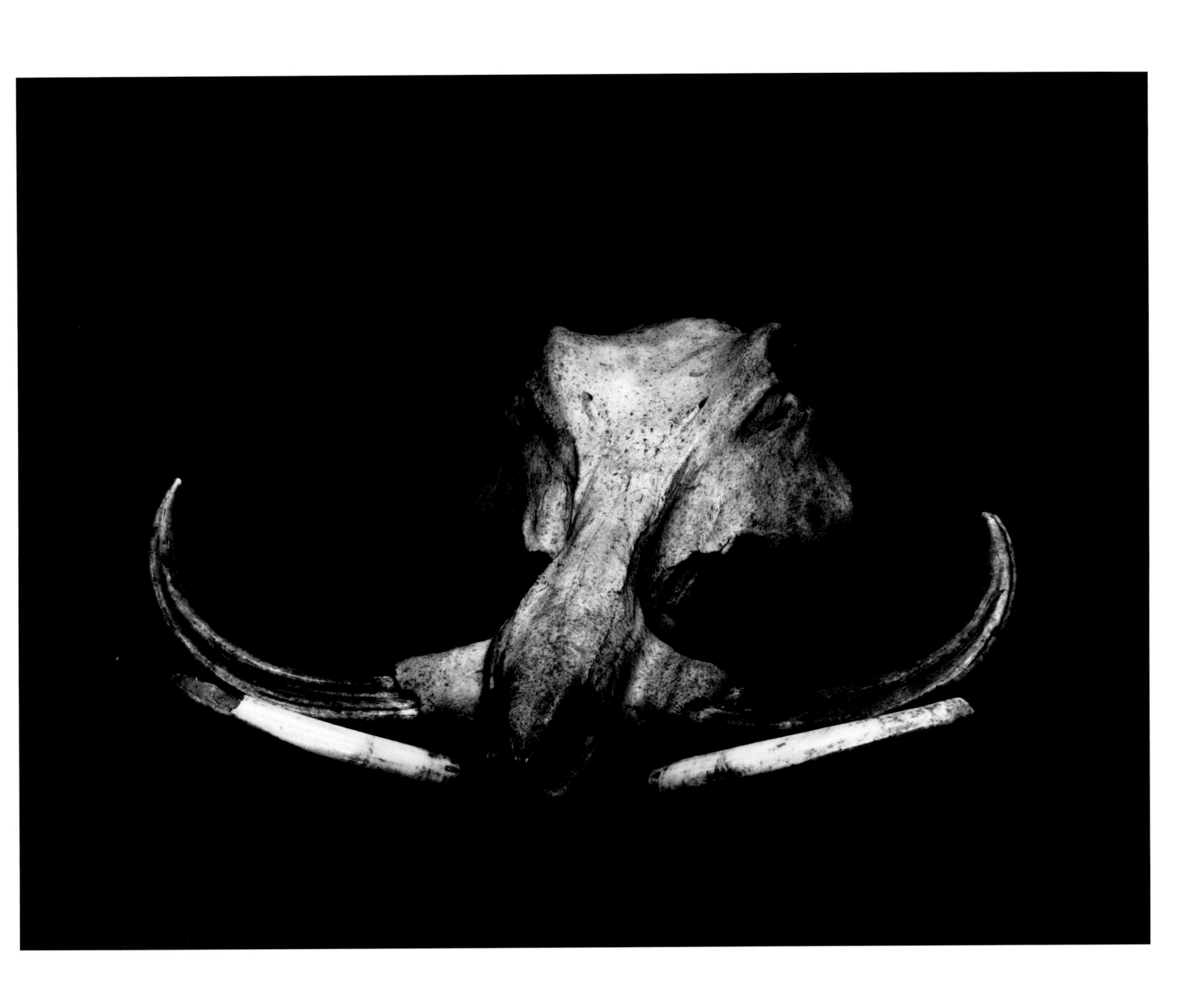

138　イボイノシシ　頭蓋　Desert warthog　Skull

139 イノシシ 下顎骨　　Wild boar　Mandible

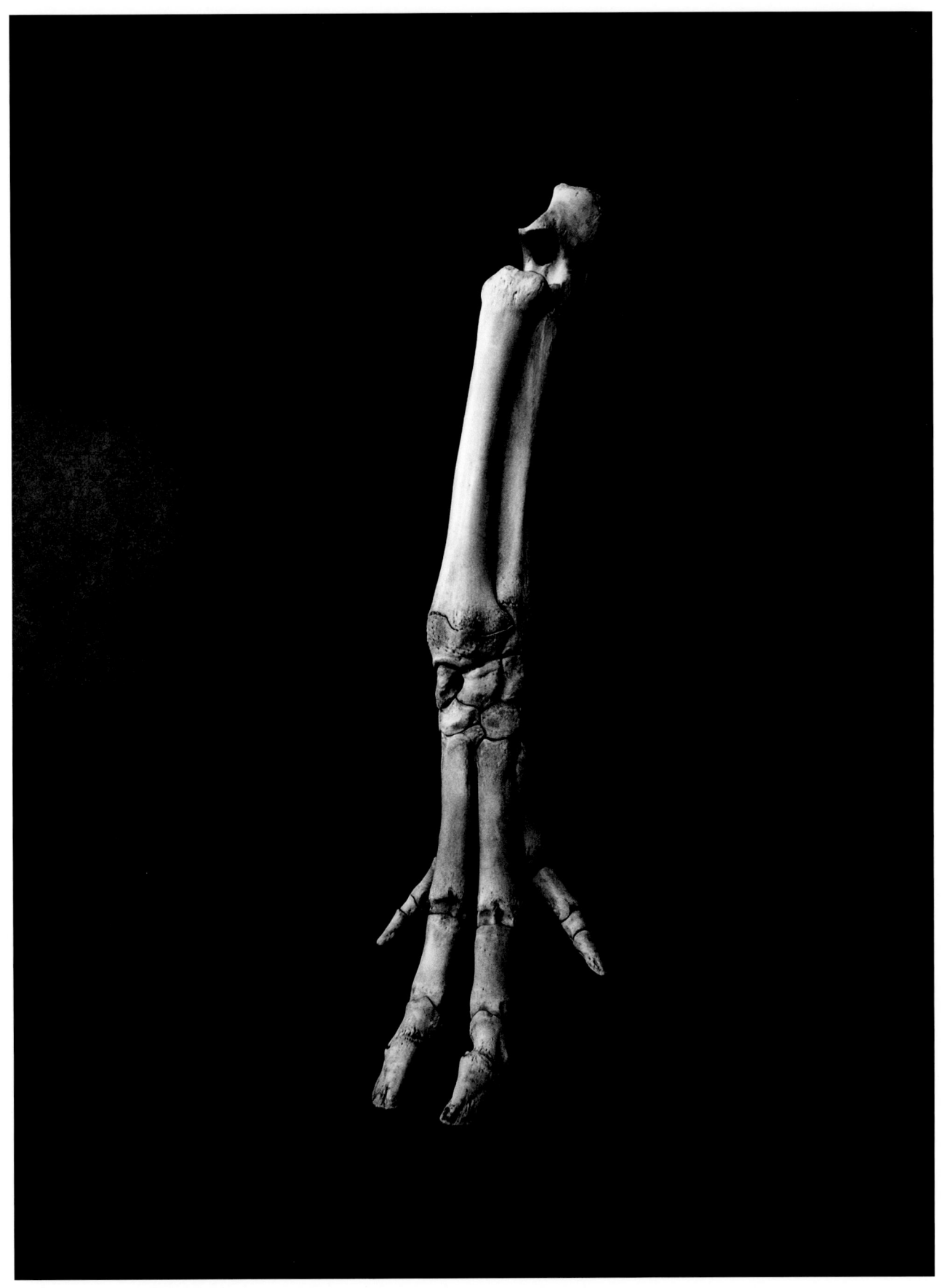

140 イノシシ　左前腕と肢端骨格　　Wild boar　Skeleton of left forearm and manus

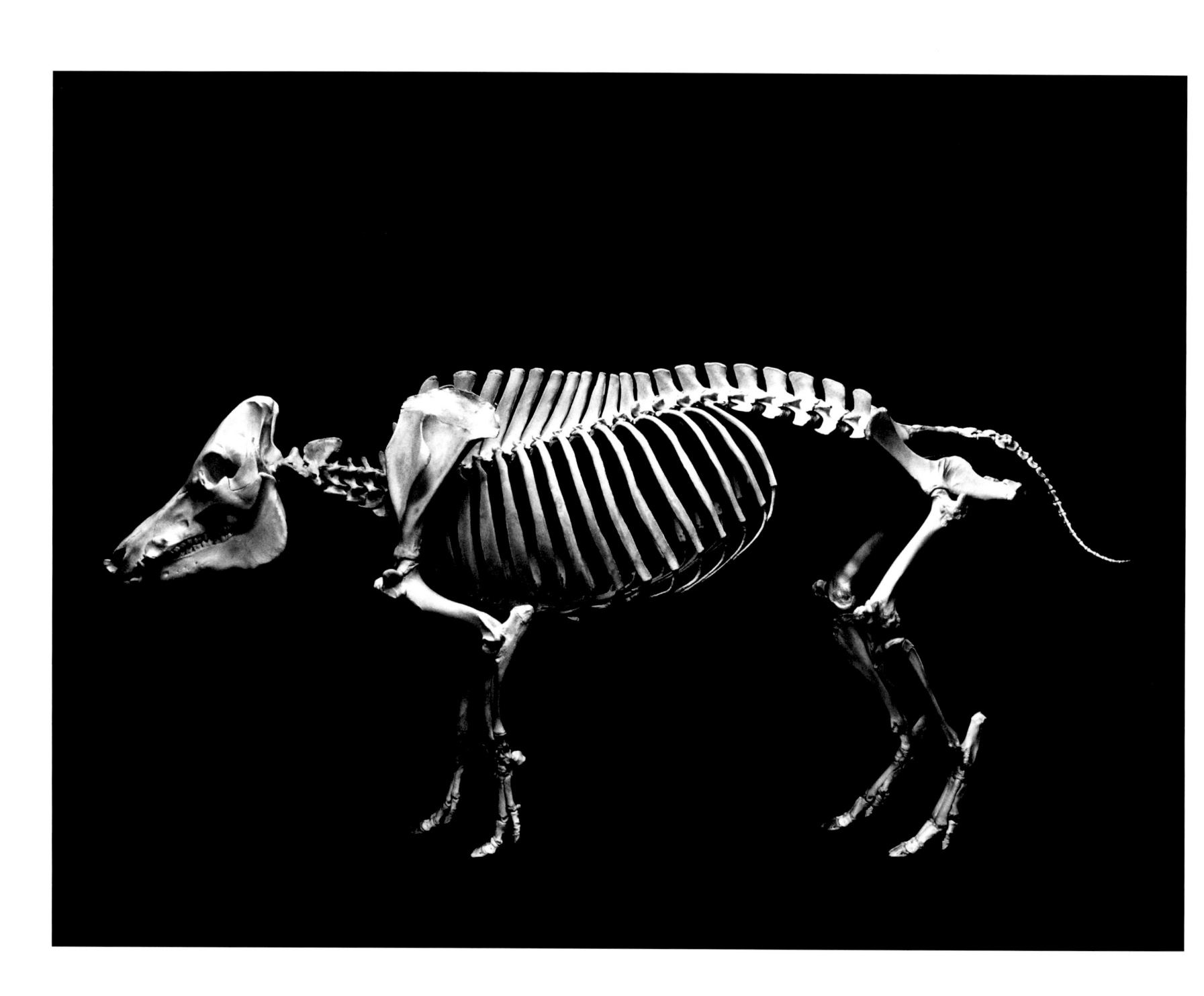

141 イノシシ 骨格　Wild boar Skeleton

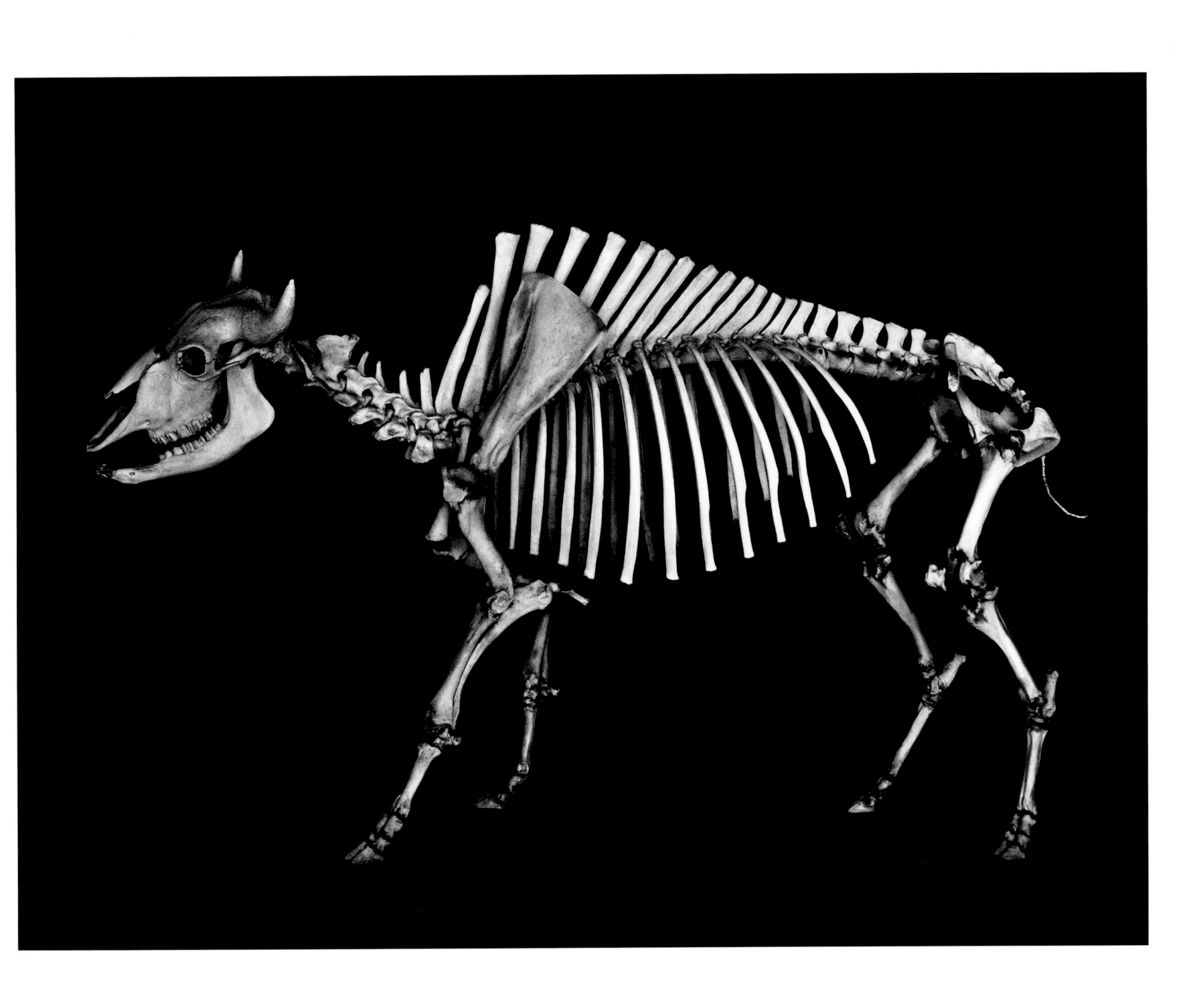

142 アメリカバイソン 骨格　　American bison　Skeleton

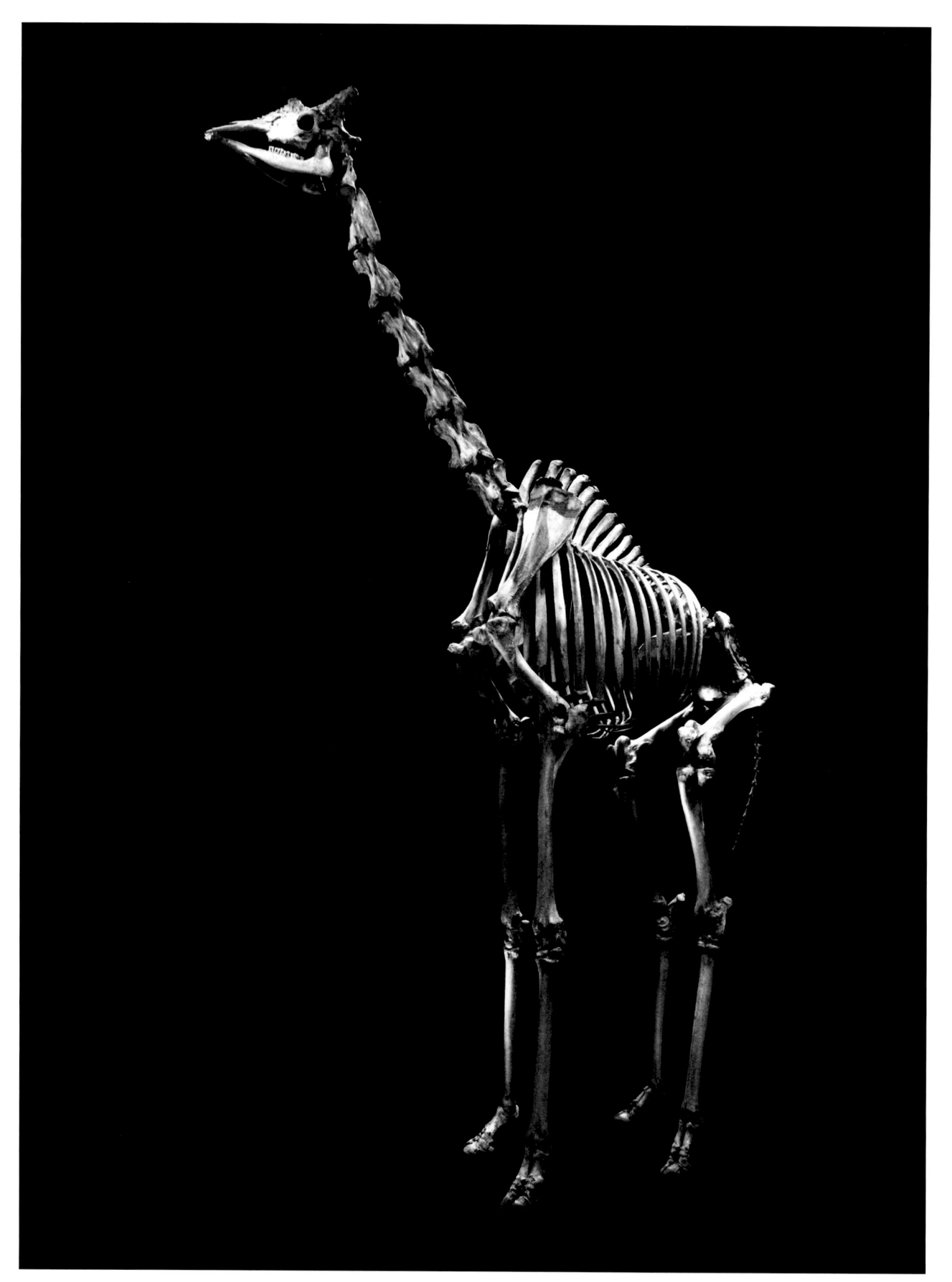

143 キリン 骨格　　Giraffe Skeleton

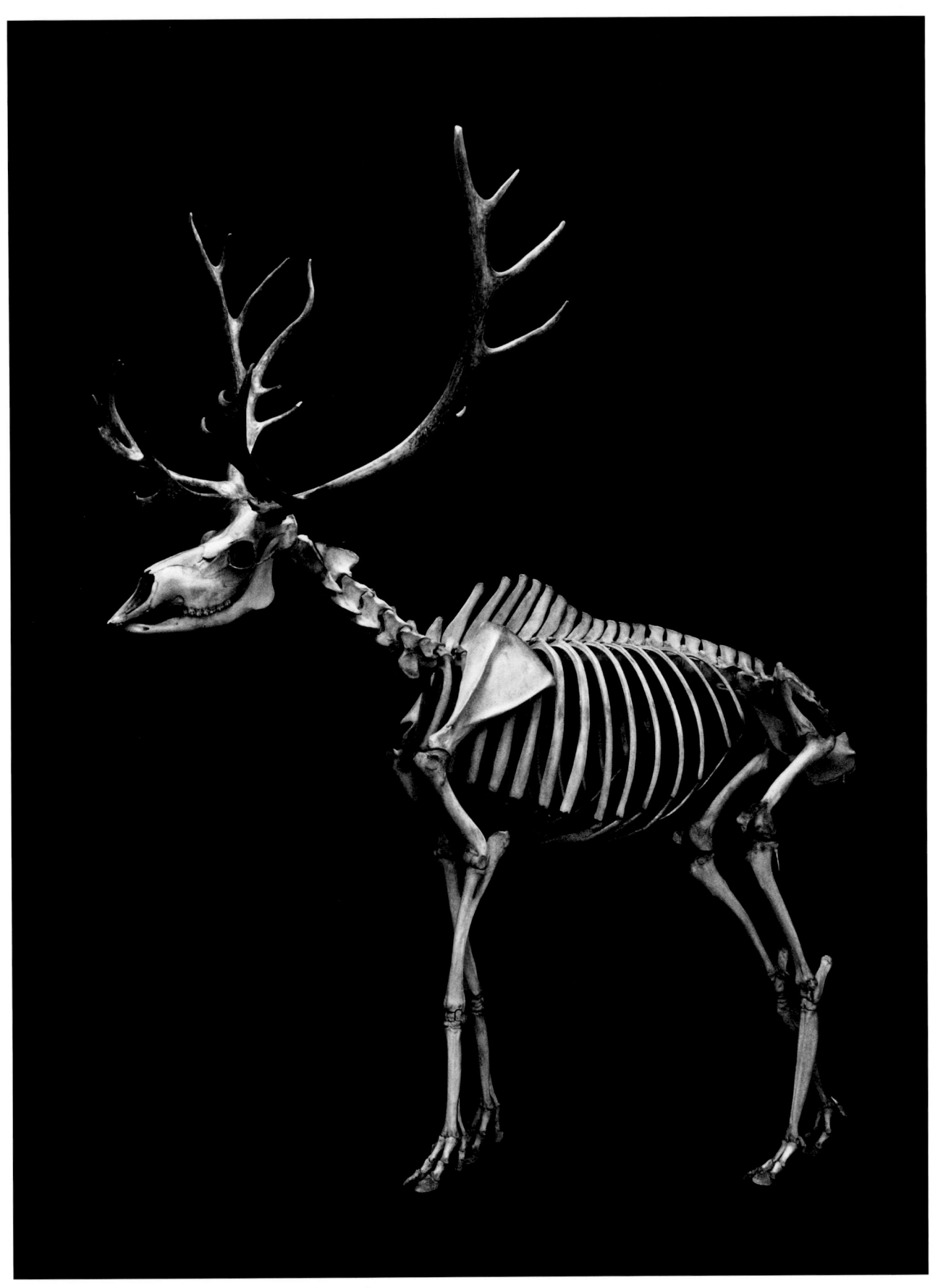

144 トナカイ 骨格　Reindeer Skeleton

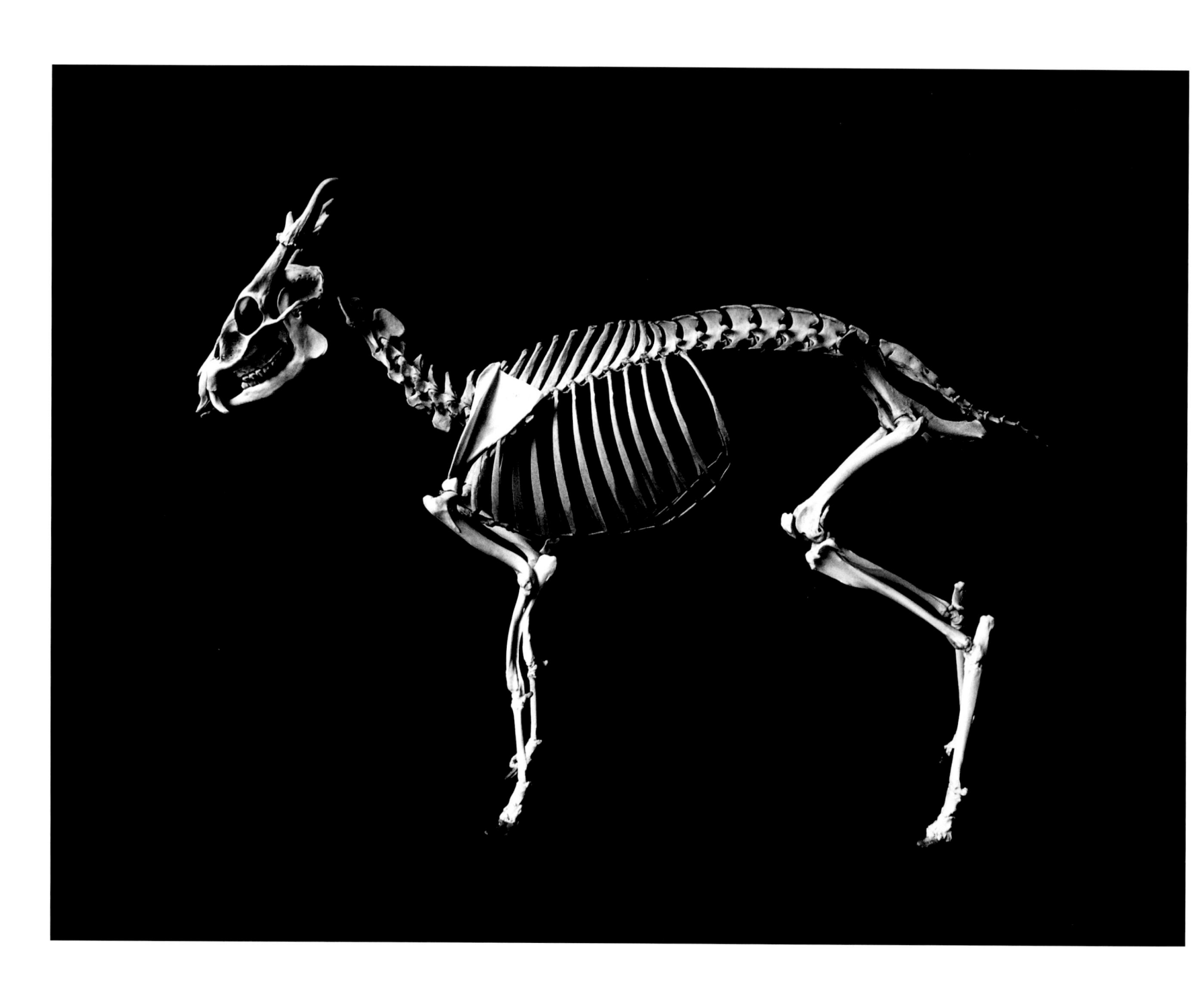

145　キョン　骨格　Reeves's muntjac　Skeleton

146　キョン　頭蓋と頚椎　　Reeves's muntjac　Skull and cervical vertebrae

147 ニホンジカ 頭蓋　Sika deer　Skull

148　プロングホーン　頭蓋　　Pronghorn　Skull

149　オオツノヒツジ　頭蓋　American bighorn sheep　Skull

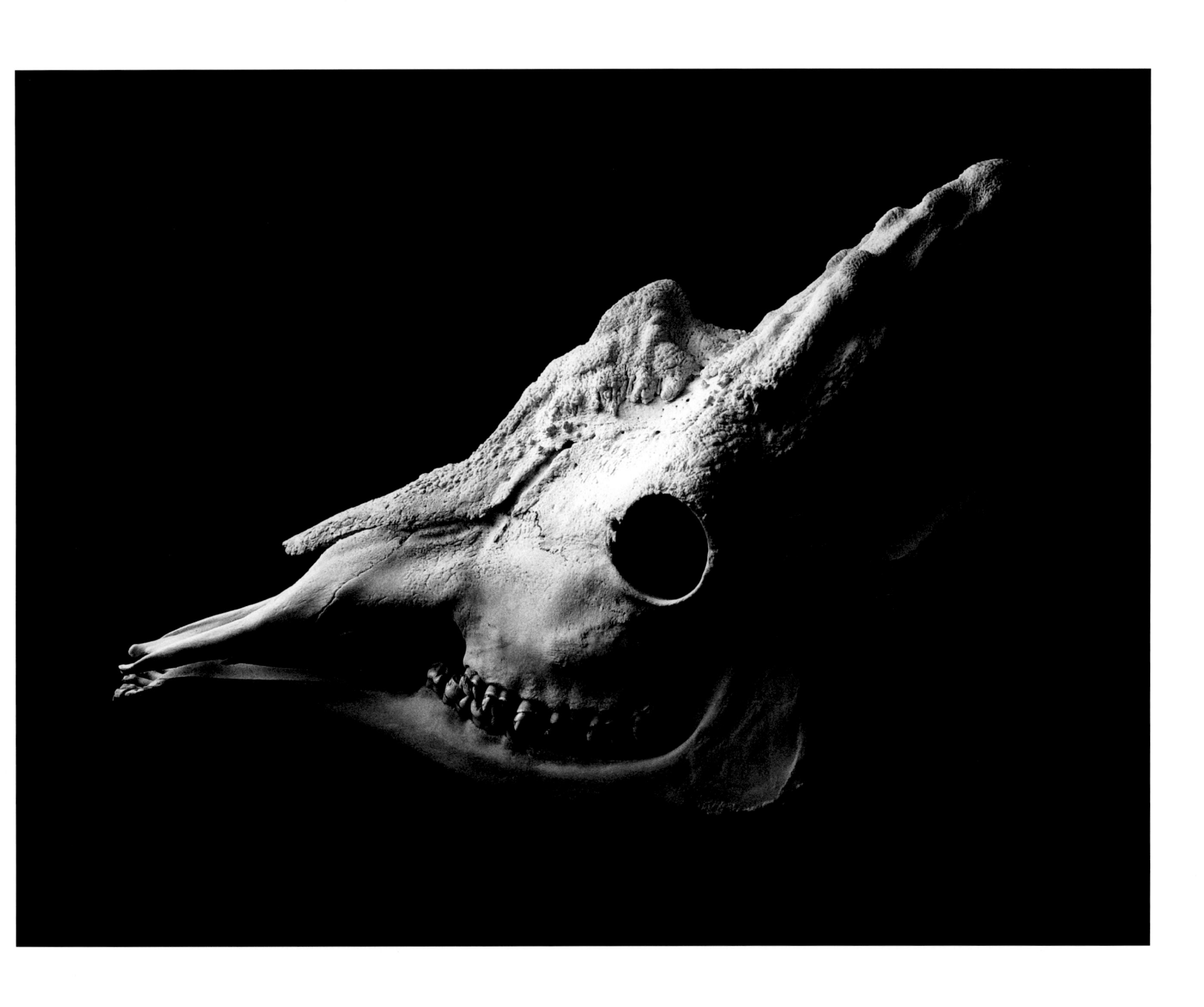

150　キリン　頭蓋　Giraffe Skull

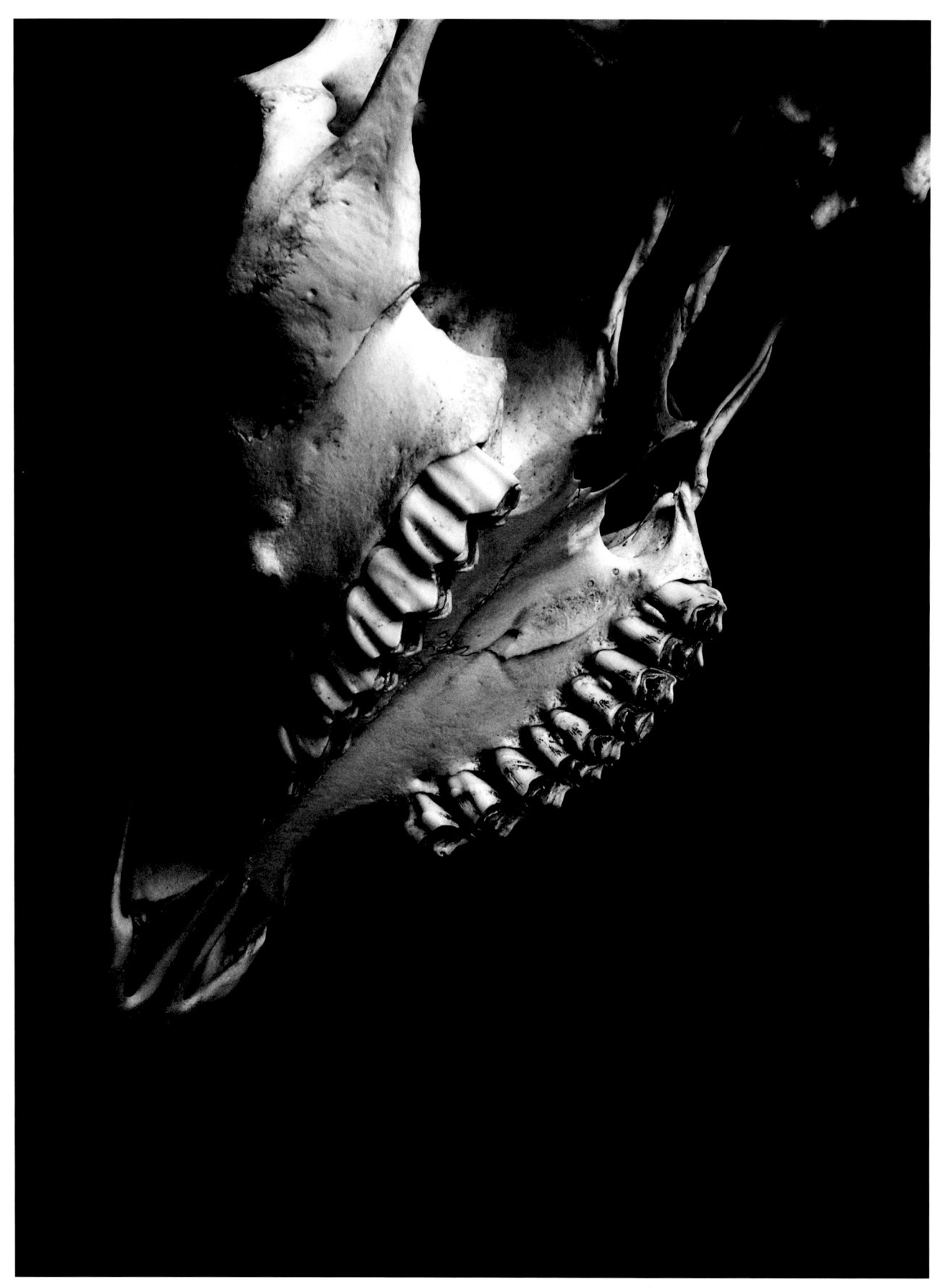

151　ニホンジカ　頭蓋　Sika deer　Skull

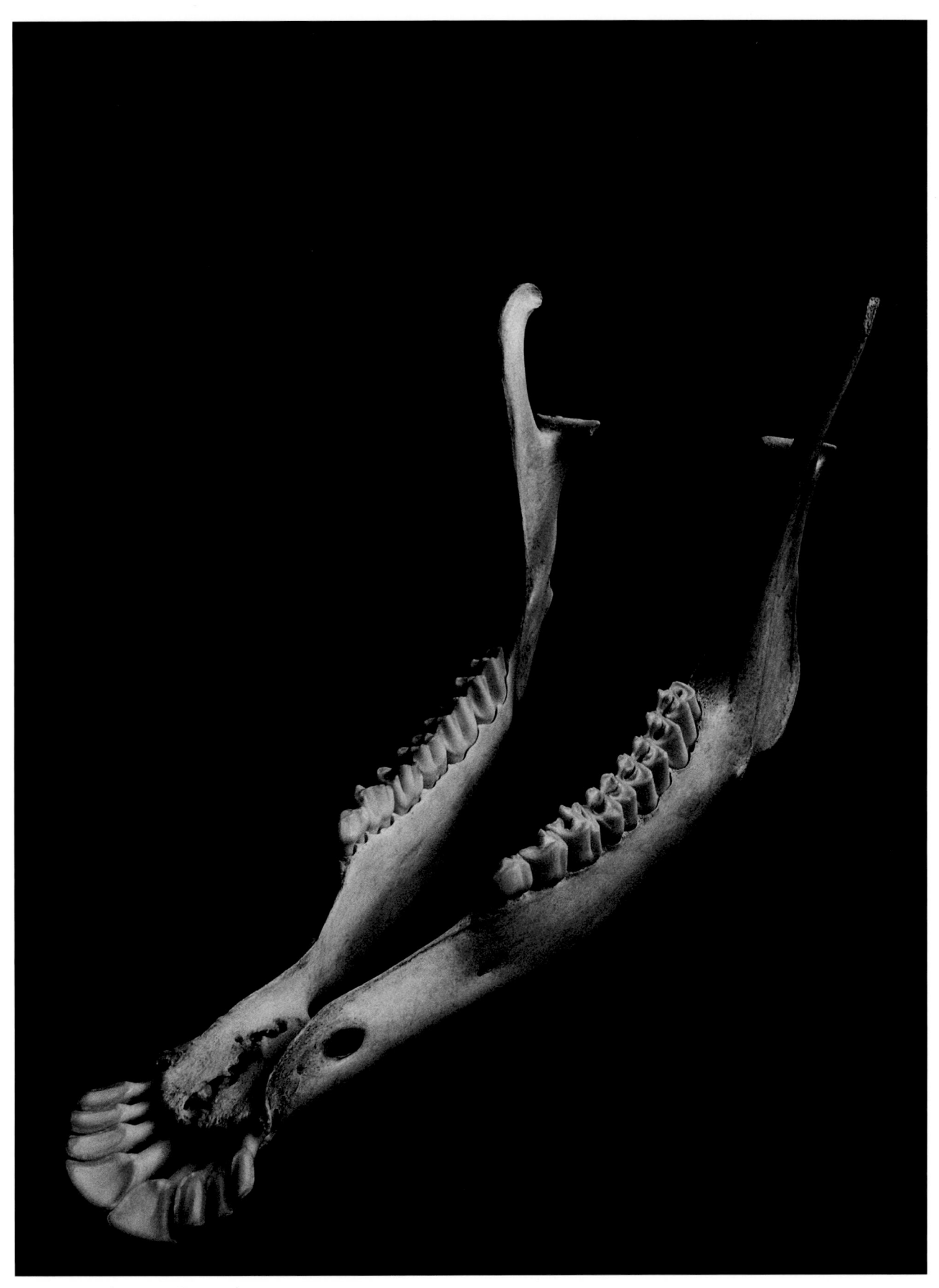

152　ニホンジカ　下顎骨　Sika deer　Mandible

153　ニホンジカ　左前肢肢端骨格　　Sika deer　Skeleton of left manus

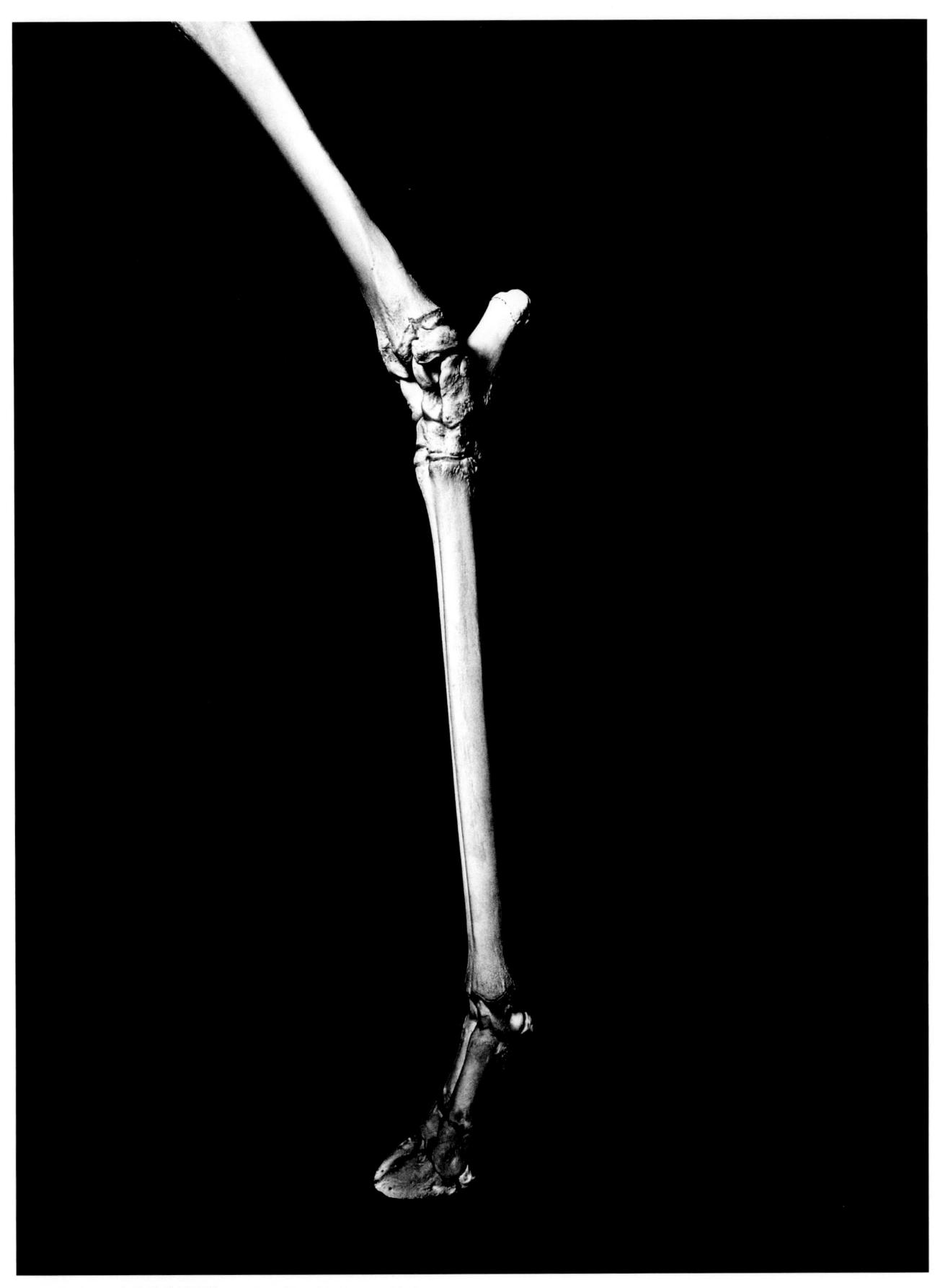

154　キリン　左後肢肢端骨格　　Giraffe　Skeleton of left pes

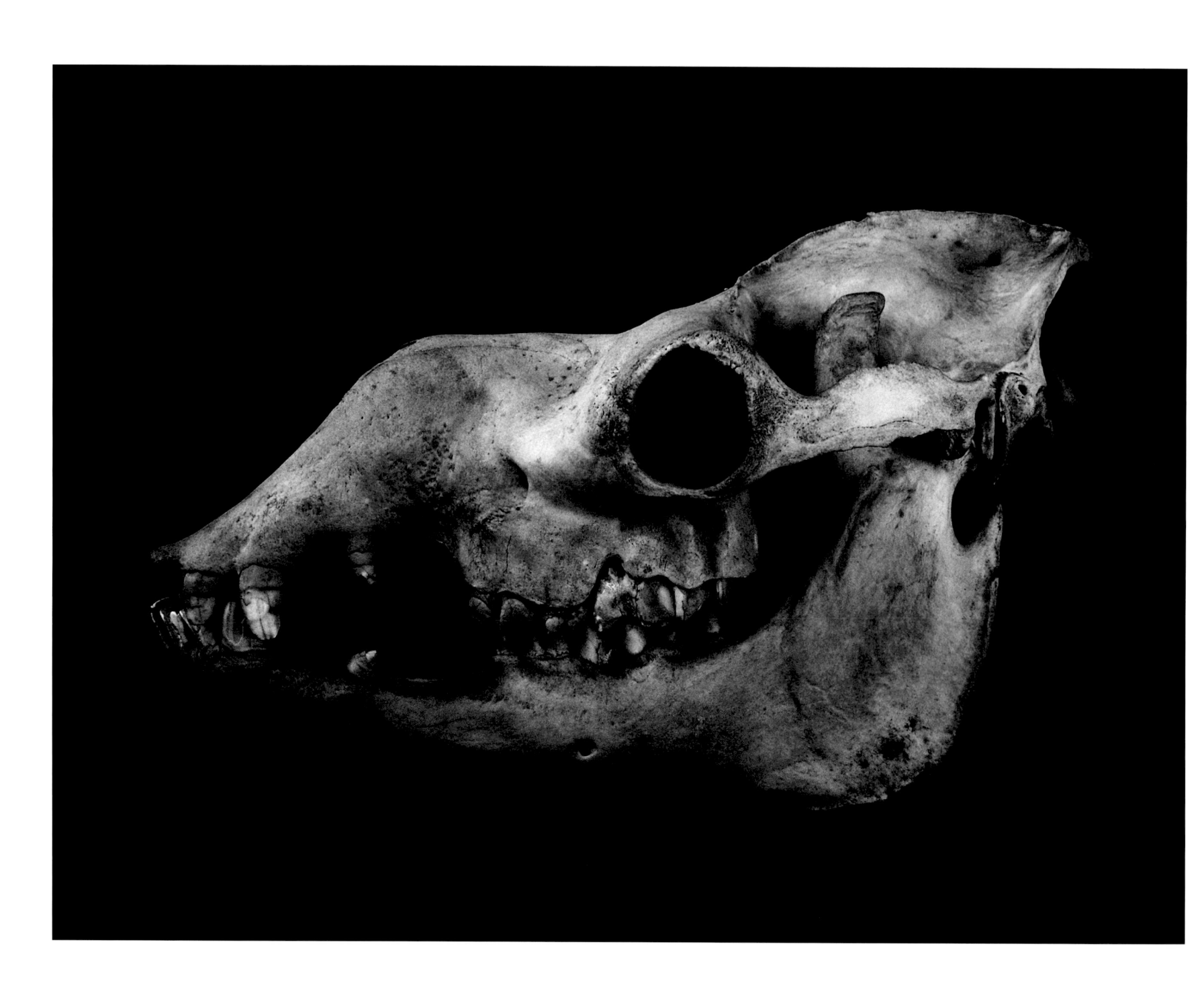

155　ヒトコブラクダ　頭蓋　　Dromedary Skull

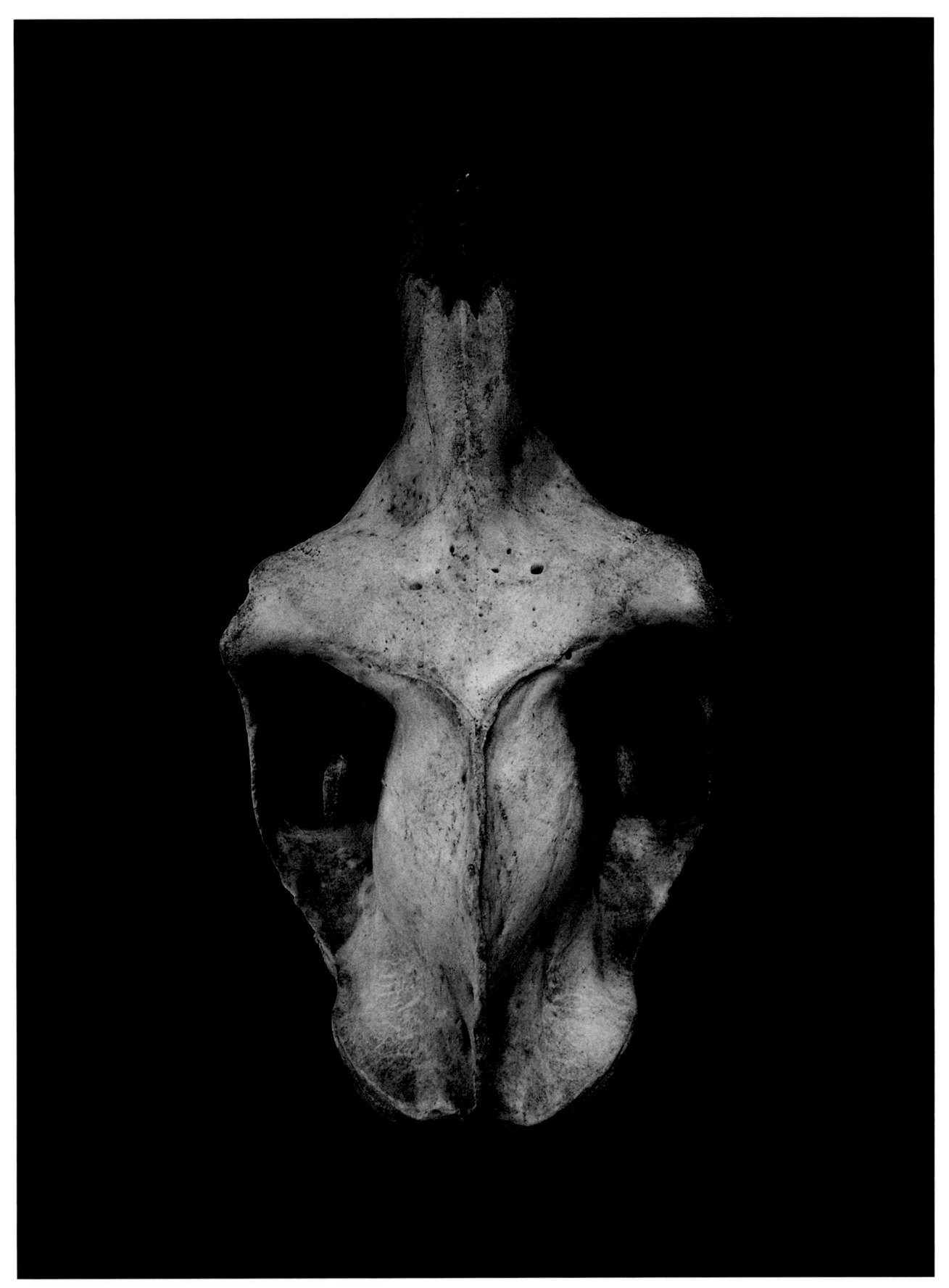

156　ヒトコブラクダ　頭蓋　　Dromedary　Skull

157　グレビーシマウマ　頭蓋　Grevy's zebra　Skull

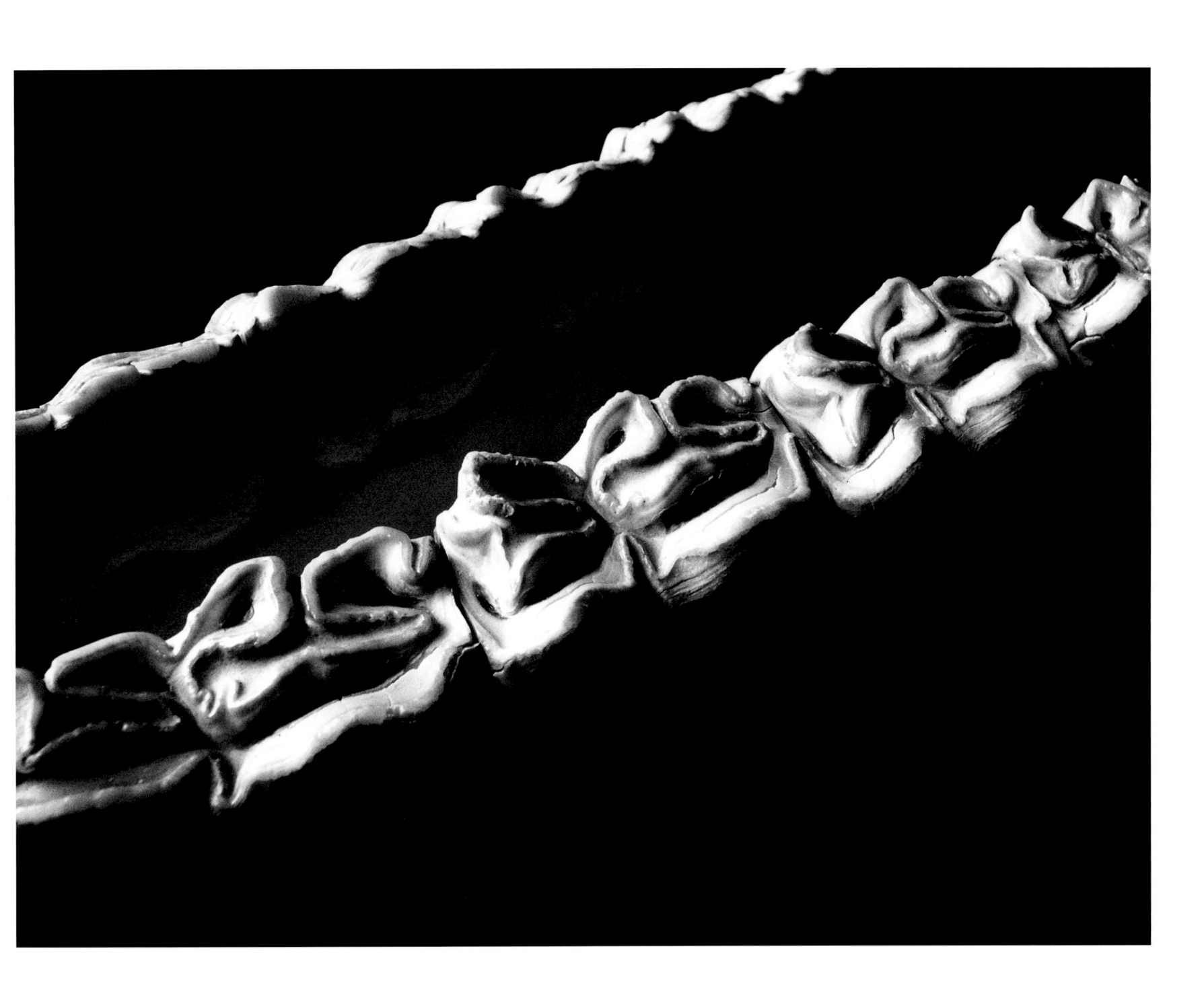

グレビーシマウマ　前臼歯と後臼歯　Grevy's zebra　Premolars and molars

159　グレビーシマウマ　右前肢肢端骨格　Grevy's zebra　Skeleton of right manus

160　グレビーシマウマ　右前肢肢端骨格　Grevy's zebra　Skeleton of right manus

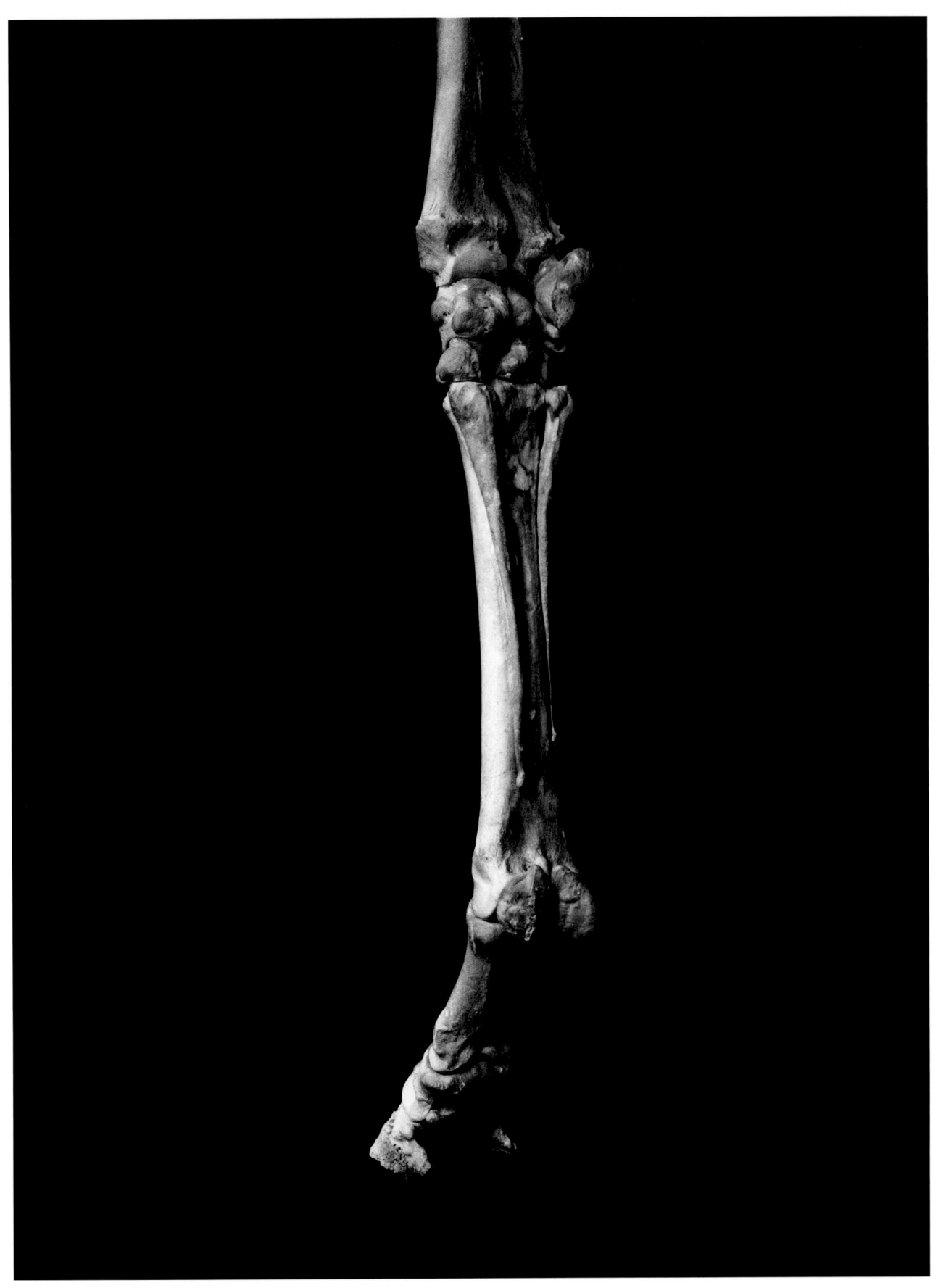

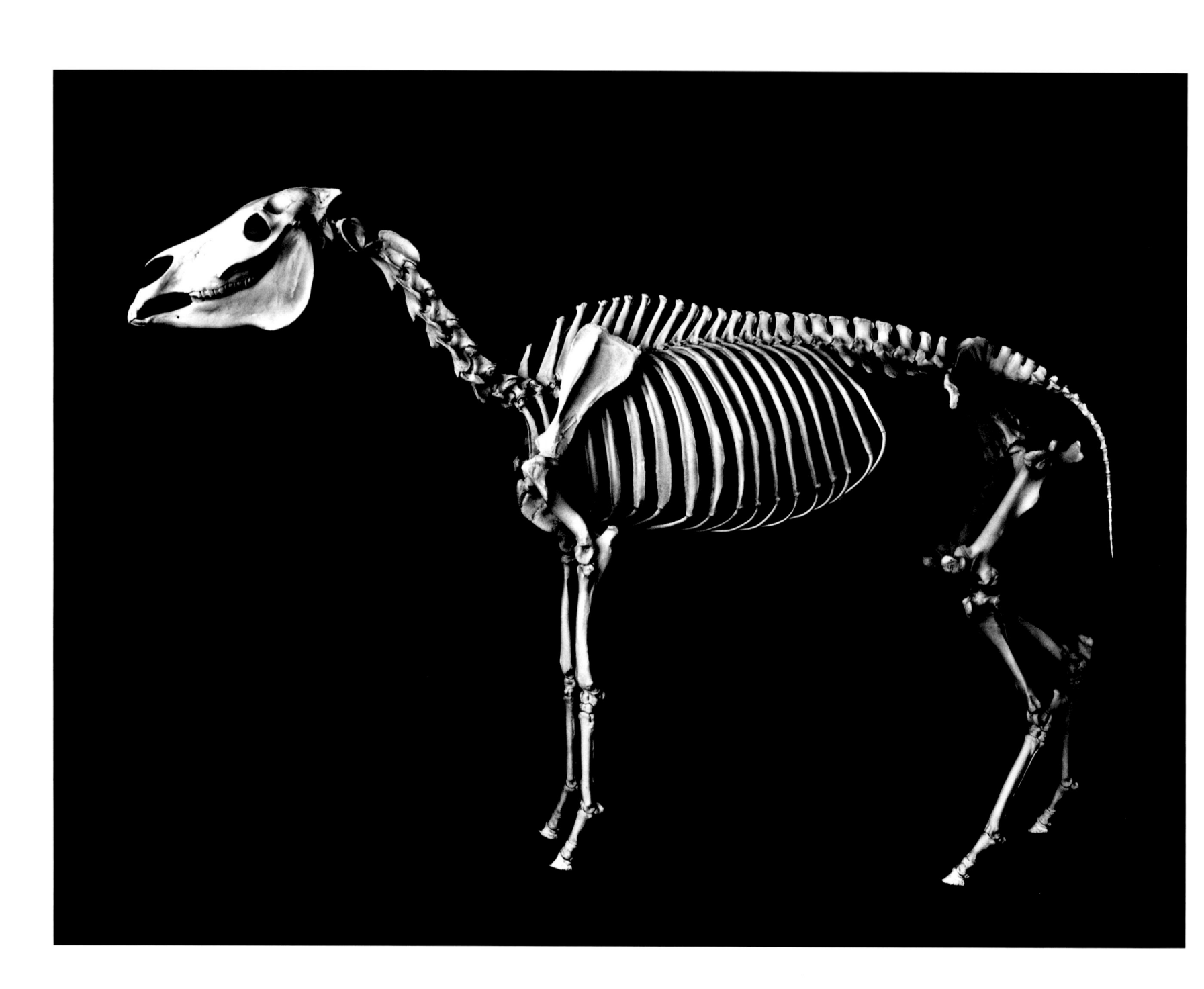

161　サバンナシマウマ　骨格　　Common zebra　Skeleton

162　クロサイ　骨格　Black rhinoceros　Skeleton

163 シロサイ 頭蓋　　White rhinoceros　Skull

164　クロサイ　左前肢肢端骨格　　Black rhinoceros　Skeleton of left manus

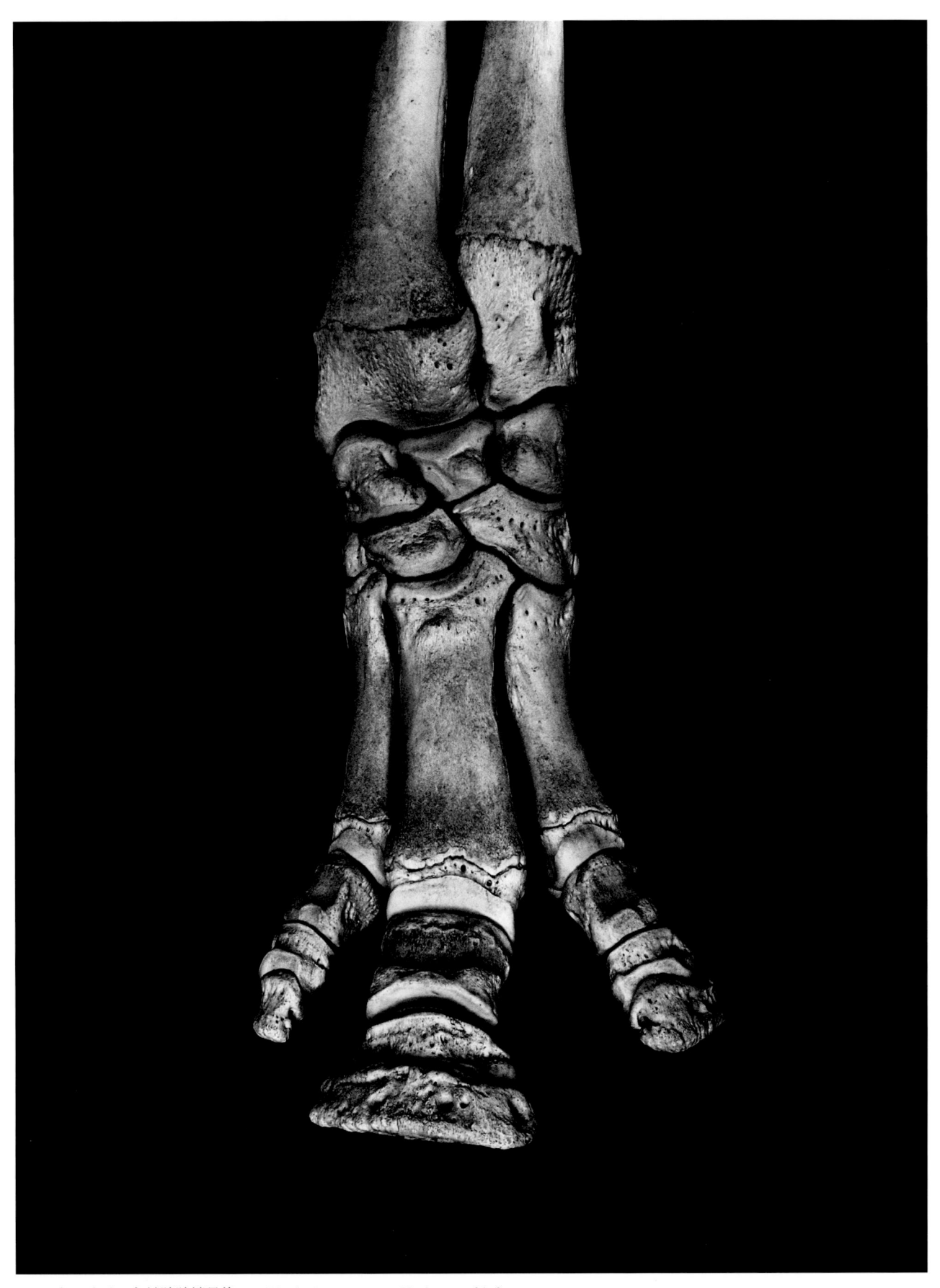

165　マレーバク　頭蓋　　Malayan tapir　Skull

166　マレーバク　右前腕と肢端骨格　　Malayan tapir　Skeleton of right forearm and manus

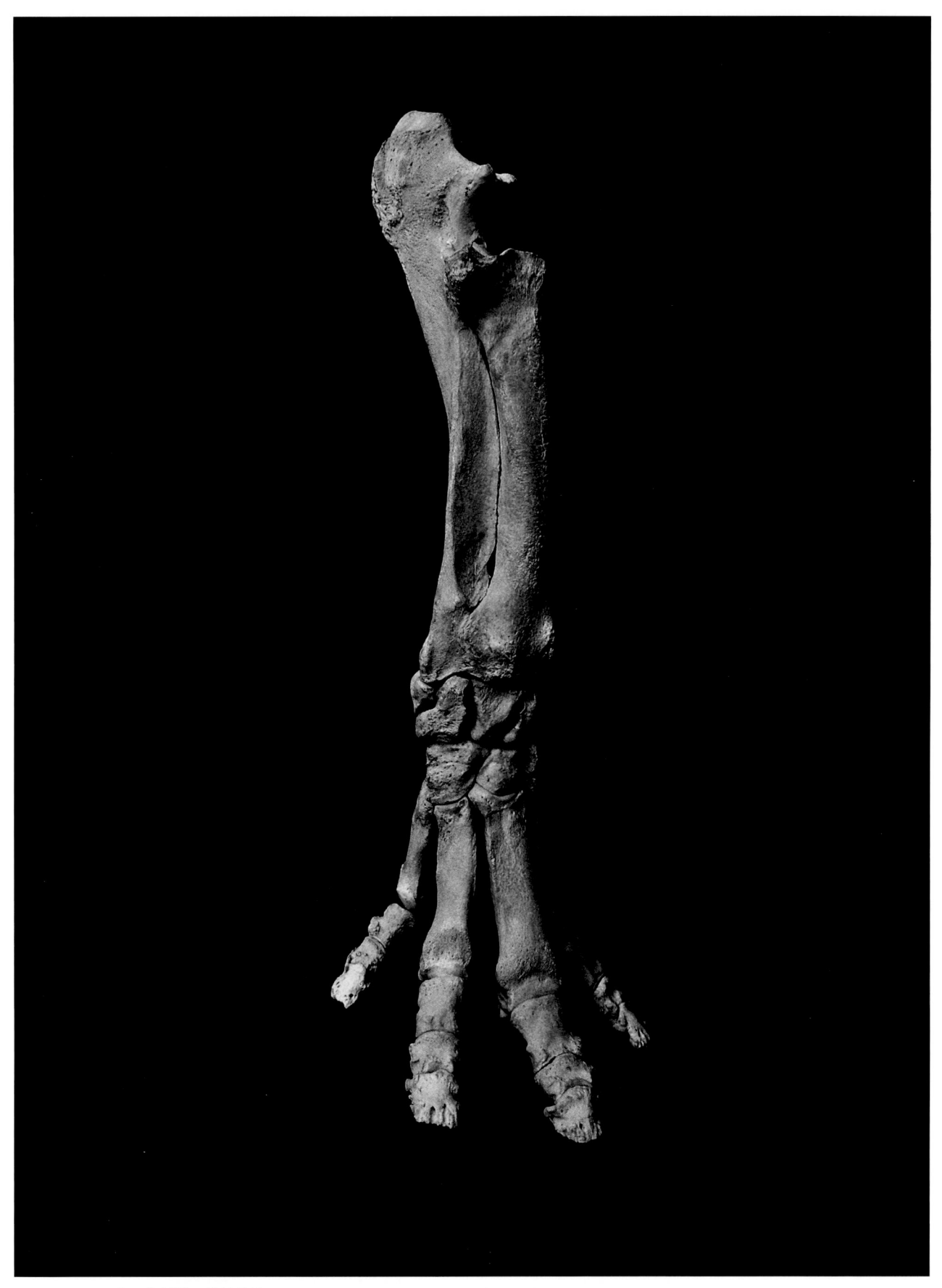

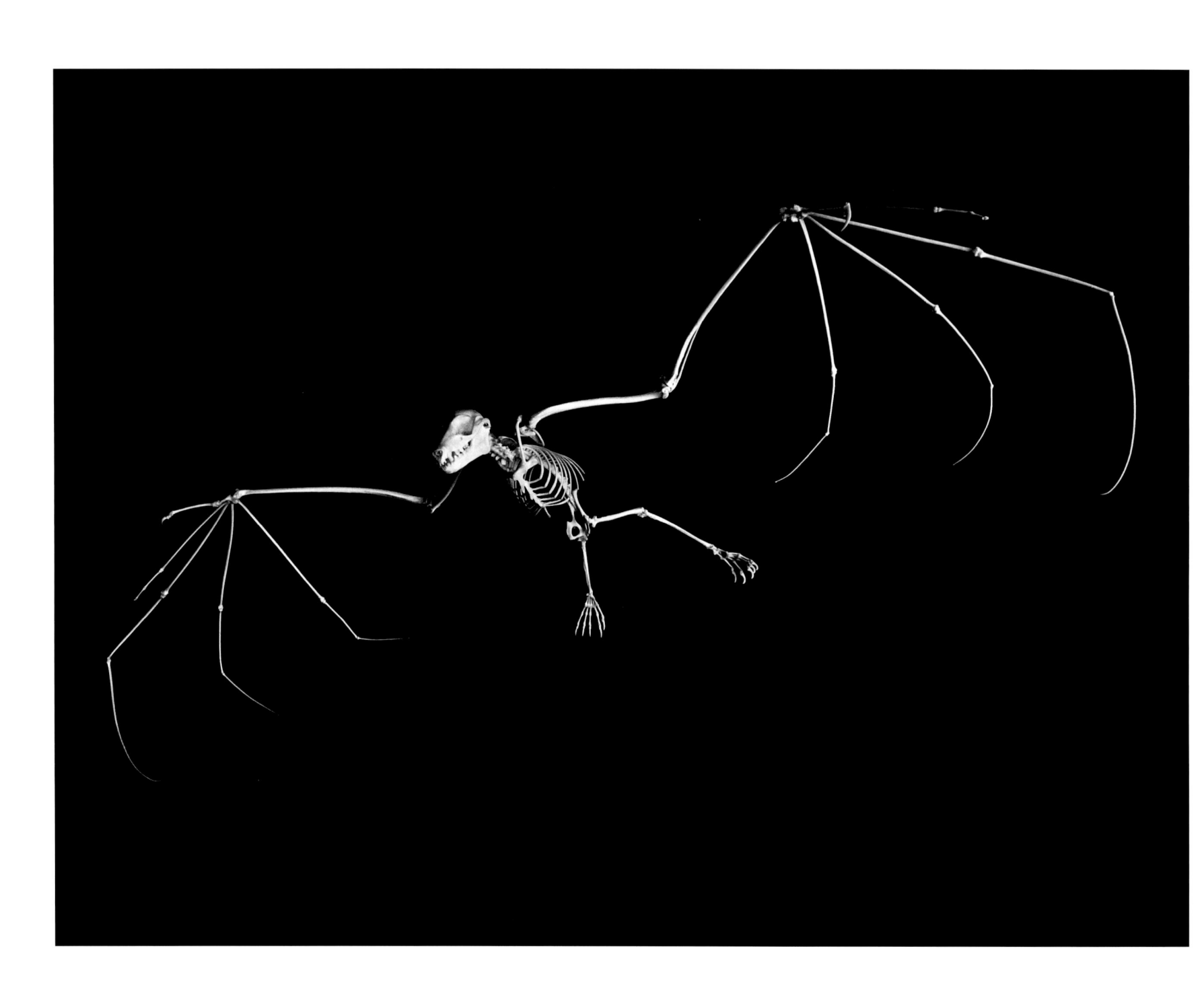

167　インドオオコウモリ　骨格　　Indian flying fox　Skeleton

168　インドオオコウモリ　右前肢肢端骨格　Indian flying fox　Skeleton of right manus

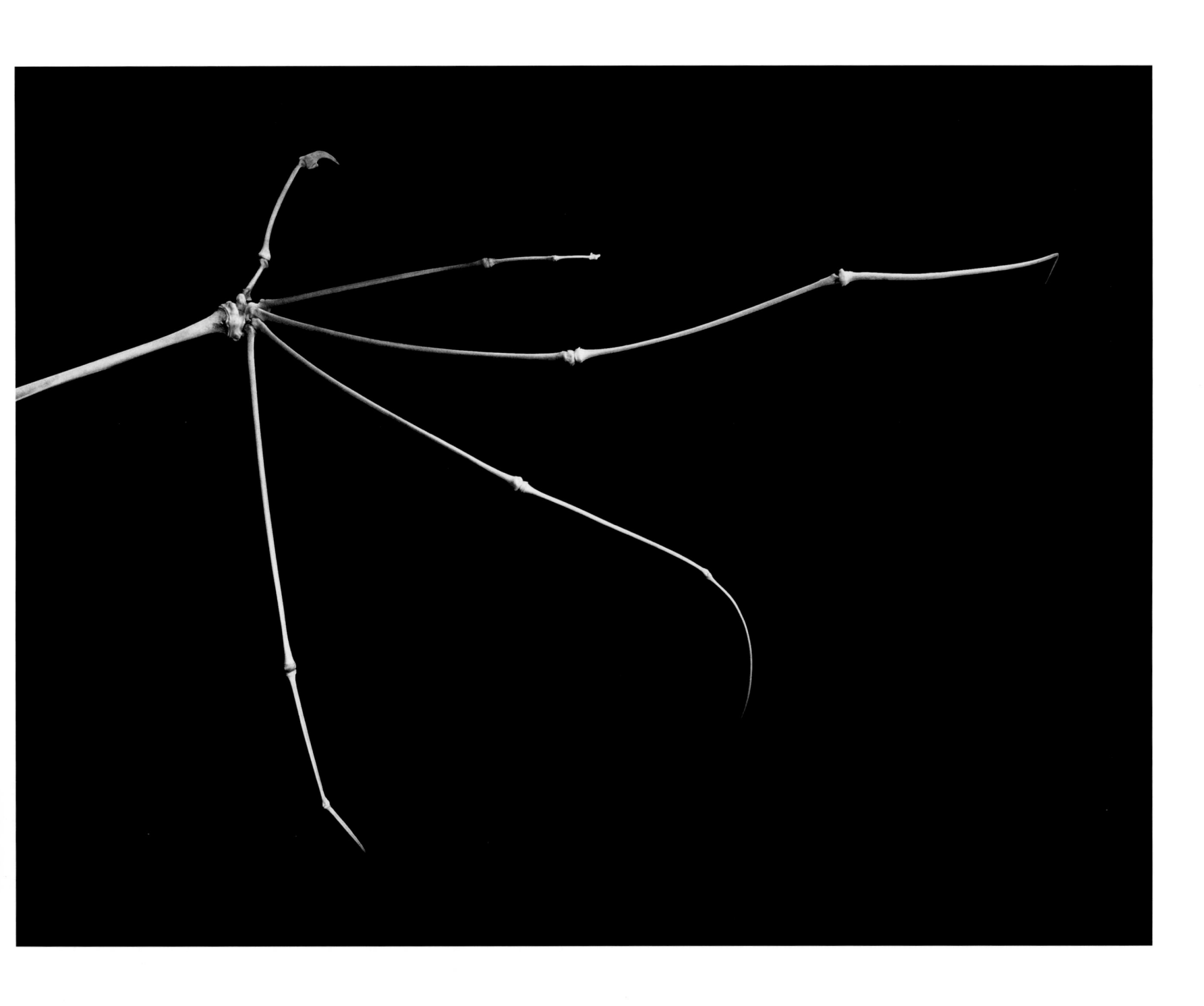

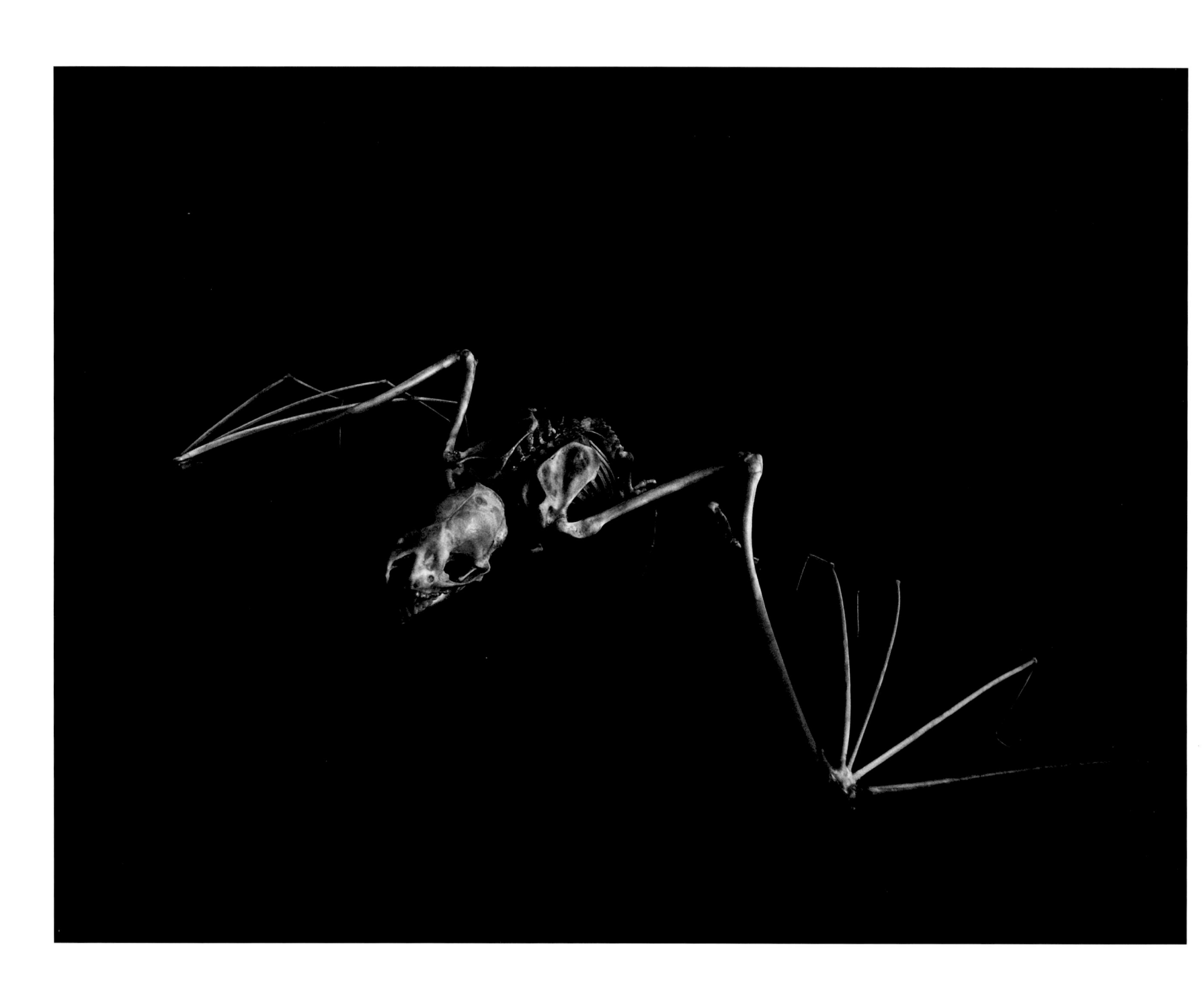

169　ヒナコウモリ　骨格　　Asian parti-colored bat　Skeleton

170　リスザル　骨格　　Common squirrel monkey　Skeleton

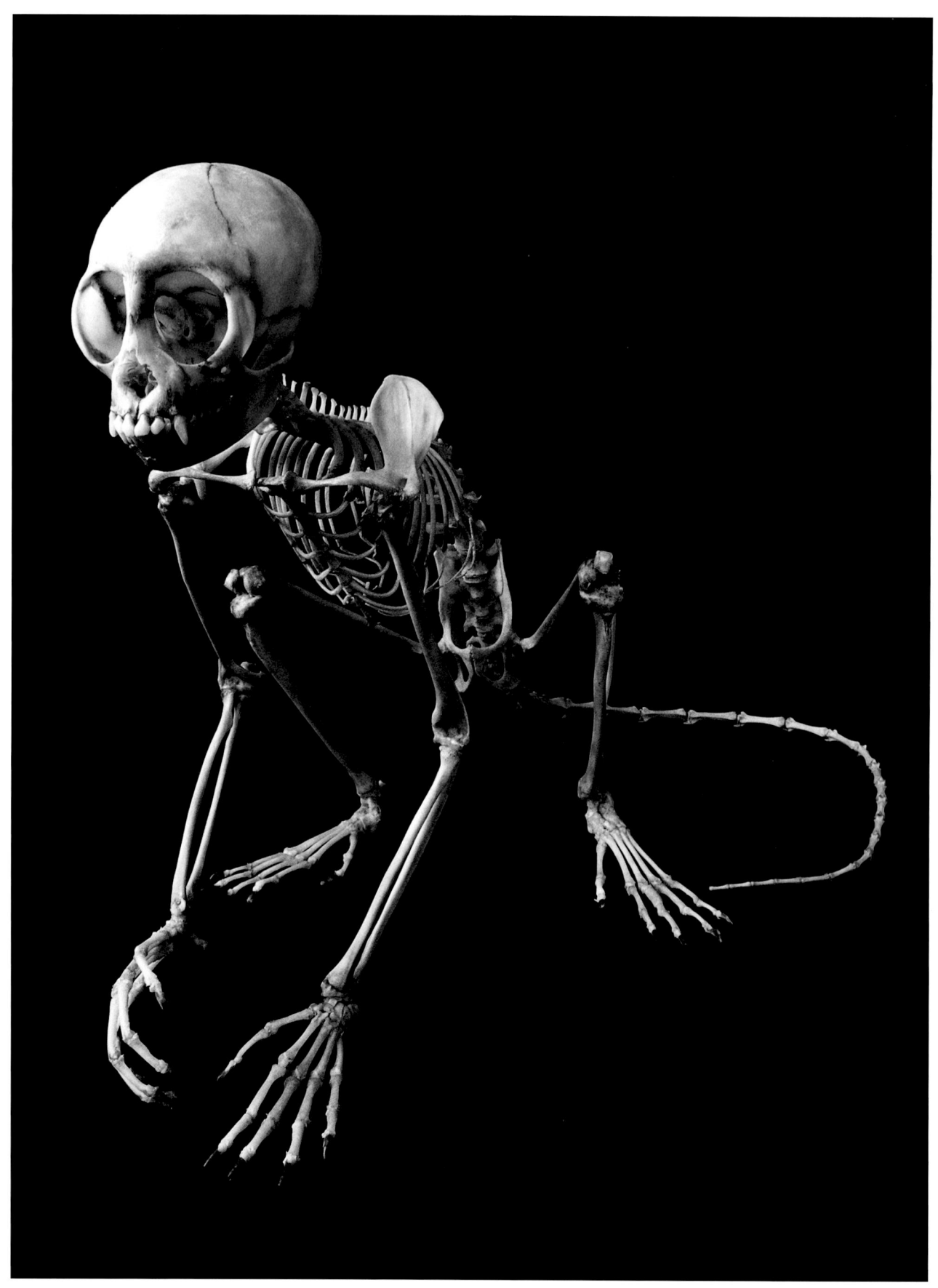

171　リスザル　骨格　　Common squirrel monkey　Skeleton

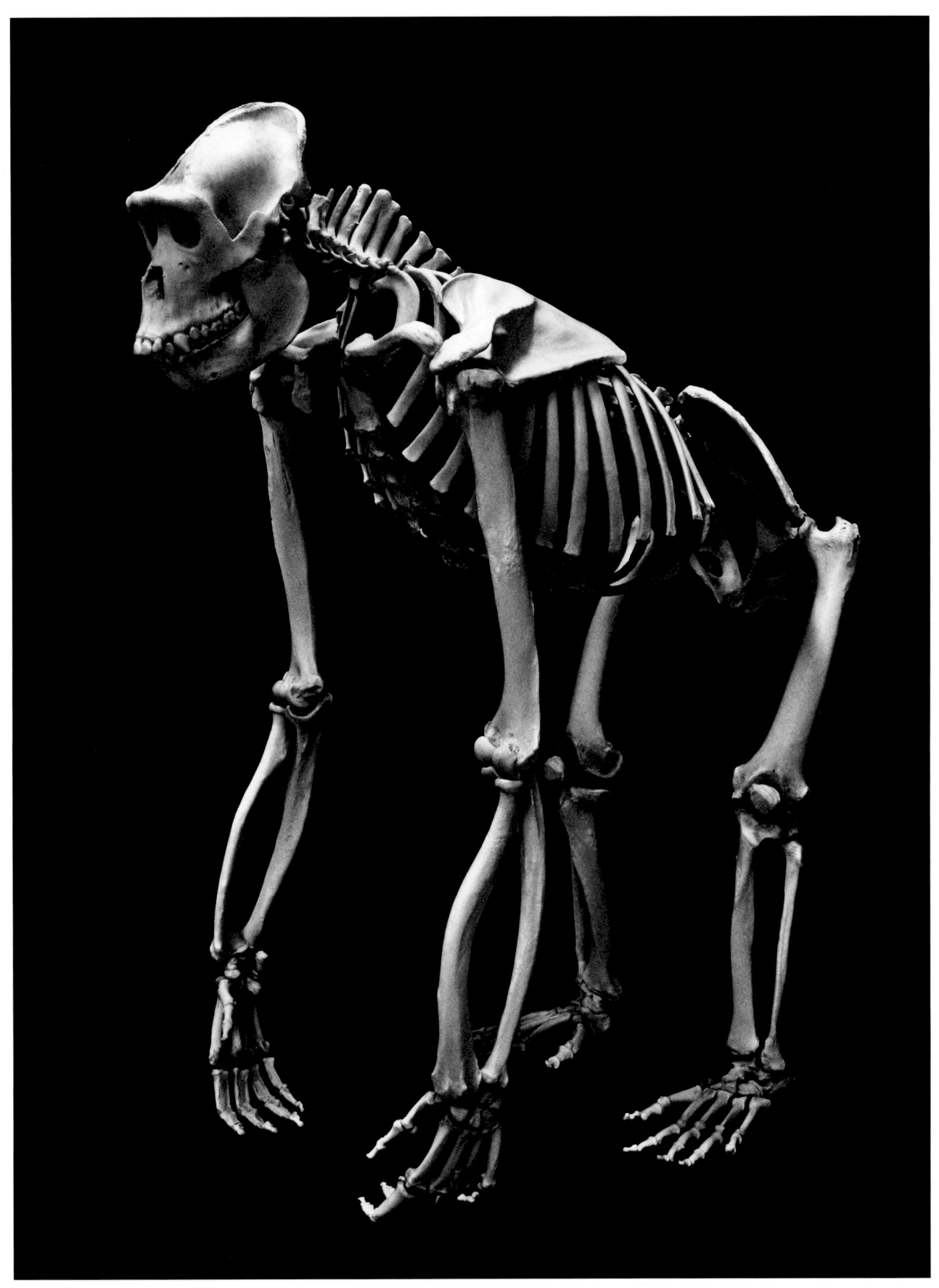

172 ゴリラ 骨格　Gorilla Skeleton

173 オランウータン 雄 頭蓋　Orangutan Male Skull

174　オランウータン　雌　頭蓋　　Orangutan　Female　Skull

175　オランウータン　頭蓋　Orangutan Skull

176　オランウータン　下顎骨　Orangutan　Mandible

177 オランウータン　右前腕と肢端骨格　　Orangutan　Skeleton of right forearm and manus

178　オランウータン　左後肢肢端骨格　　Orangutan　Skeleton of left pes

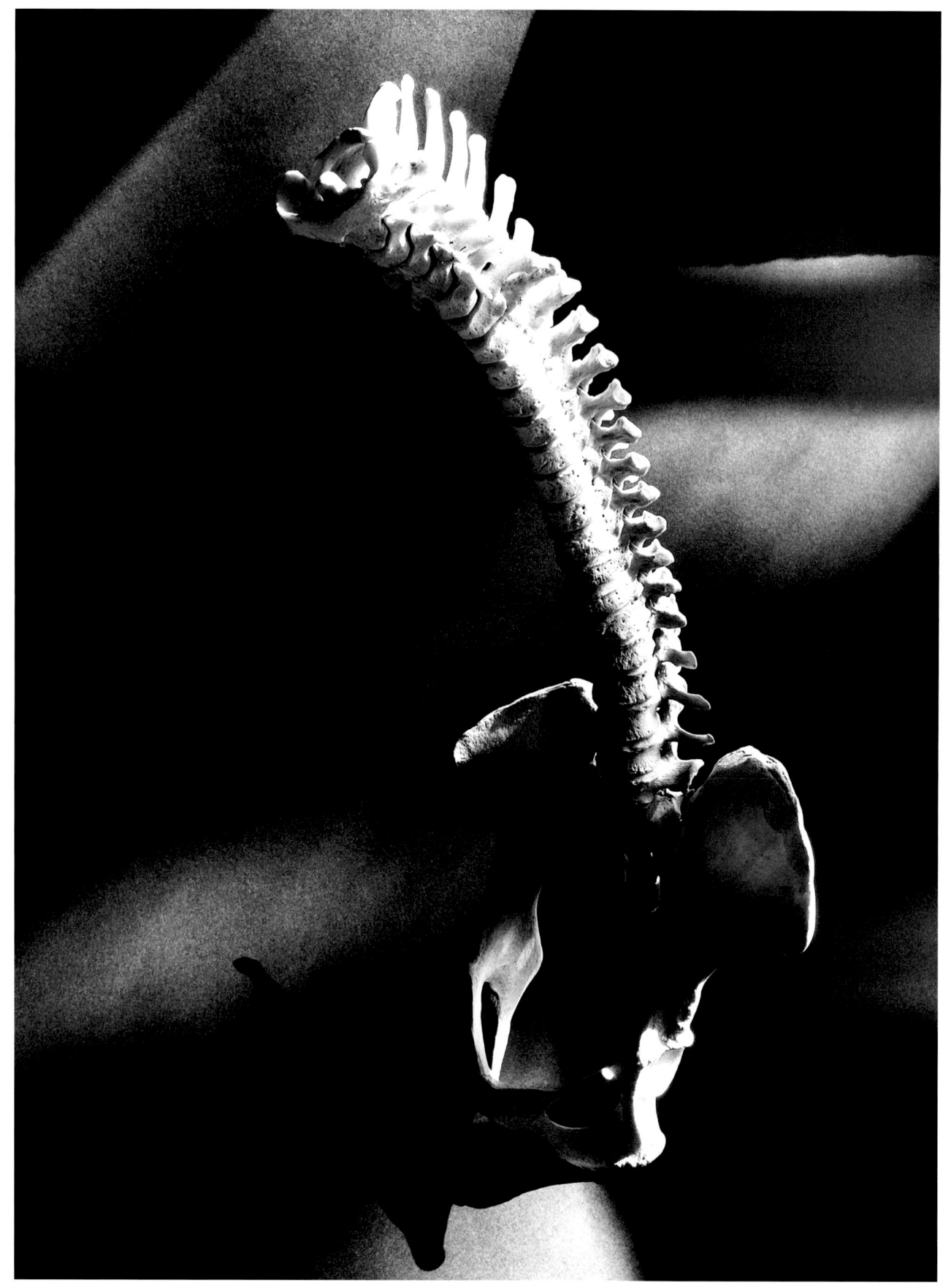

179　オランウータン　脊柱と寛骨　Orangutan　Vertebral column and hip bone

180　ボウシテナガザル　骨格　Pileated gibbon　Skeleton

181 ワオキツネザル 頭蓋　Ring-tailed lemur　Skull

182　ワオキツネザル　下顎骨　Ring-tailed lemur　Mandible

183 ニホンザル 右前肢肢端骨格　Japanese macaque　Skeleton of right manus

184 ニホンザル 右後肢肢端骨格　　Japanese macaque　Skeleton of right pes

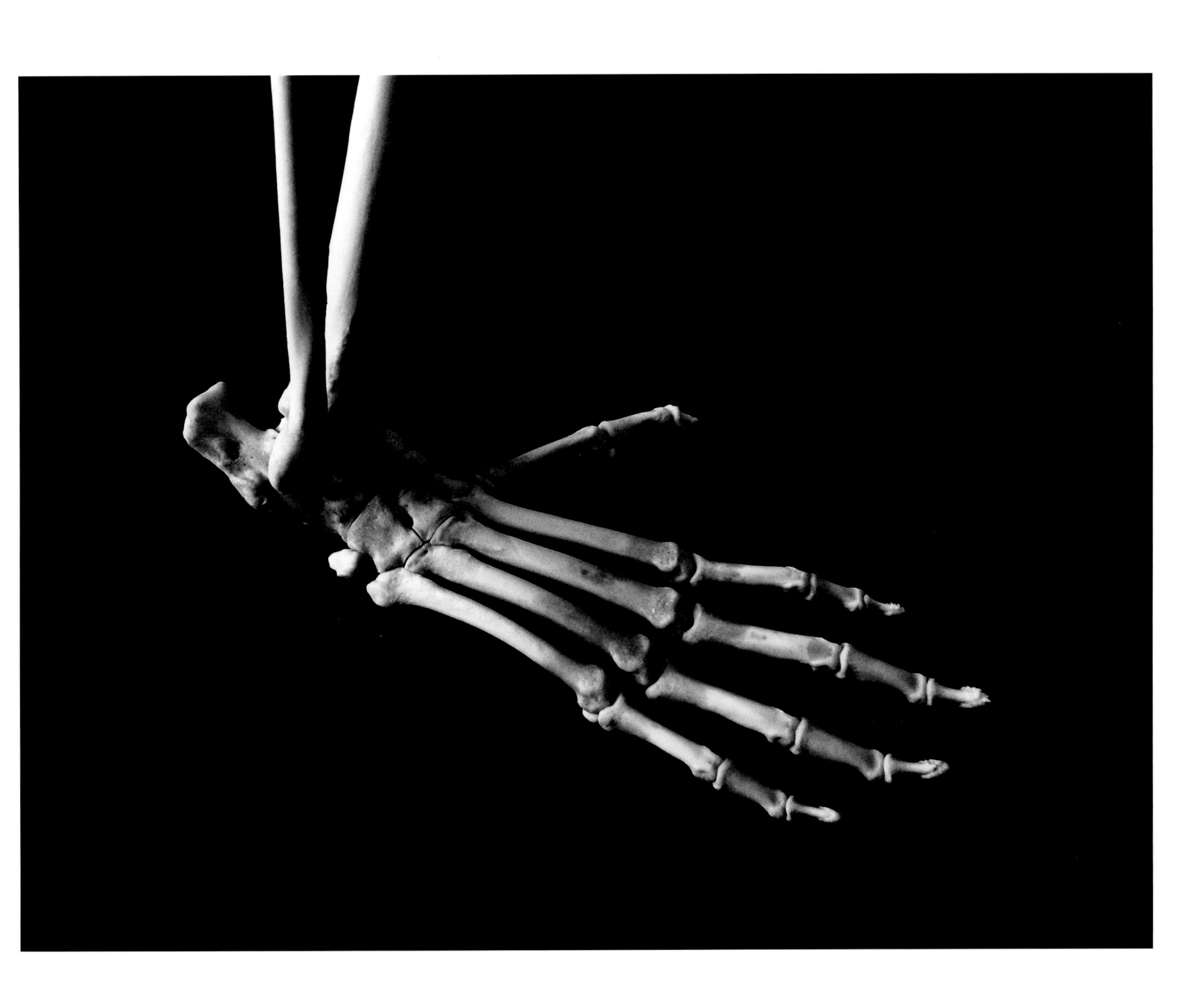

185 アヌビスヒヒ 頭蓋 Olive baboon Skull

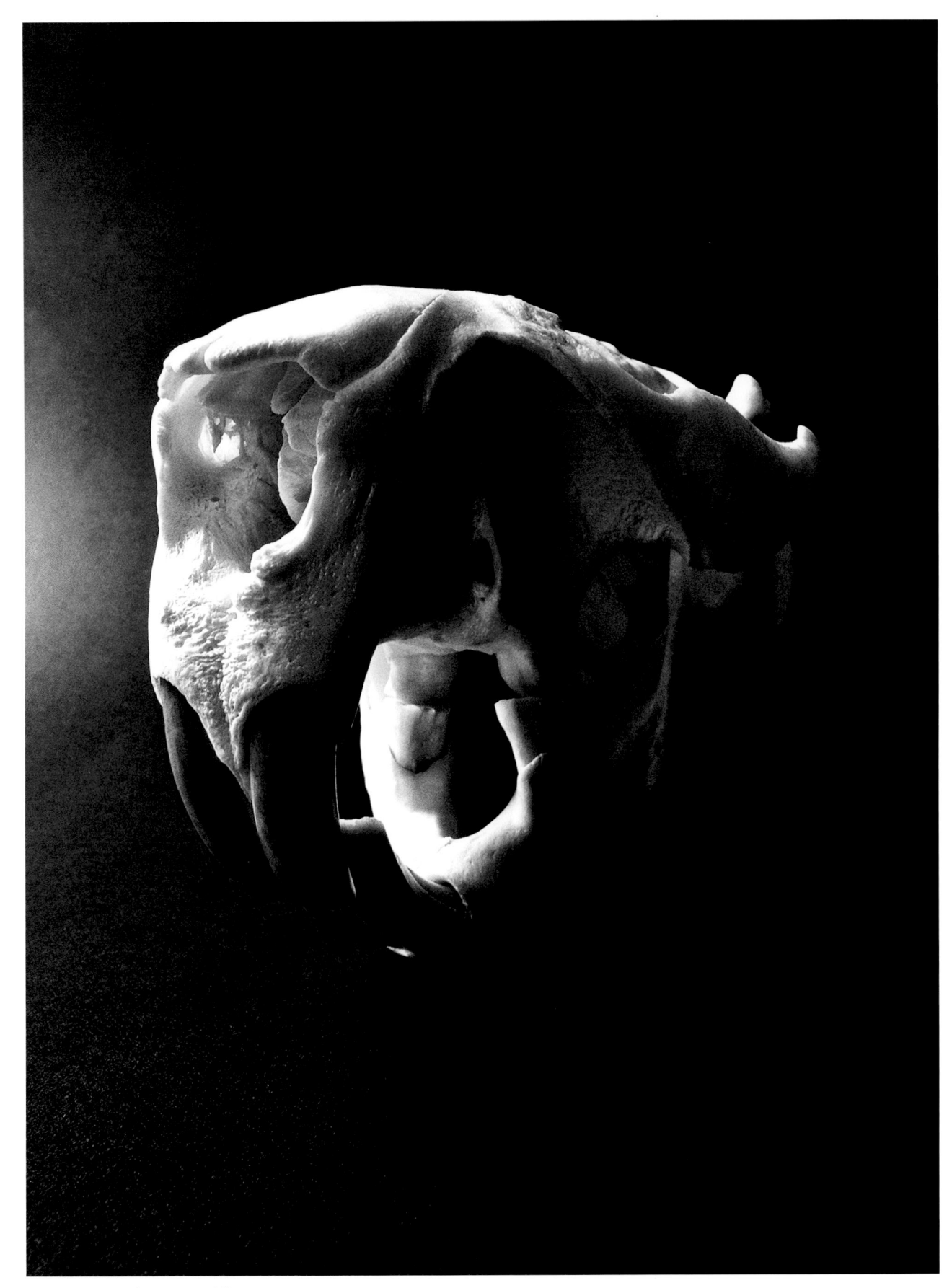

186　アメリカビーバー　頭蓋　North American beaver　Skull

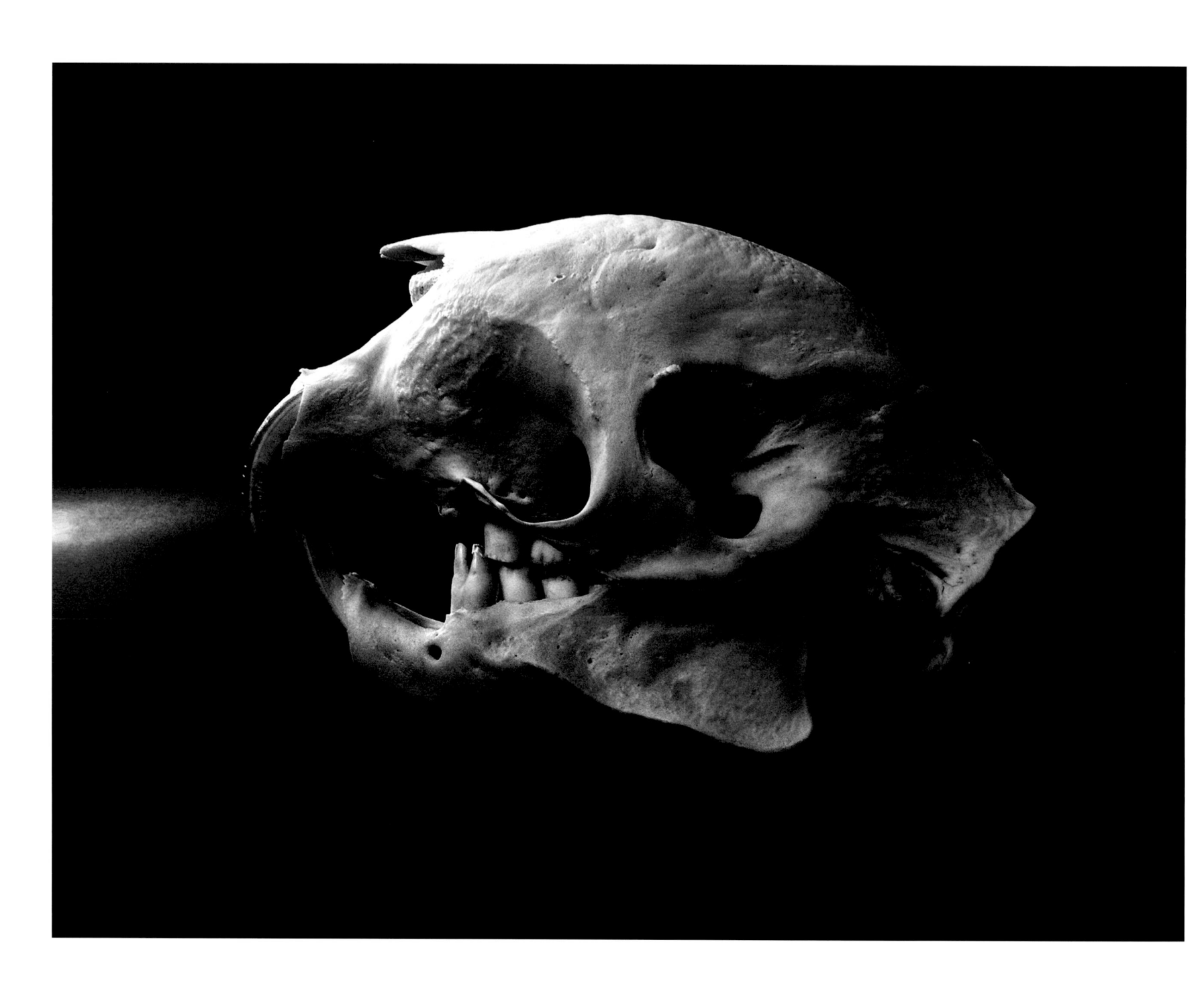

187　アフリカタテガミヤマアラシ　頭蓋　Crested porcupine　Skull

188　アフリカタテガミヤマアラシ　下顎骨　Crested porcupine　Mandible

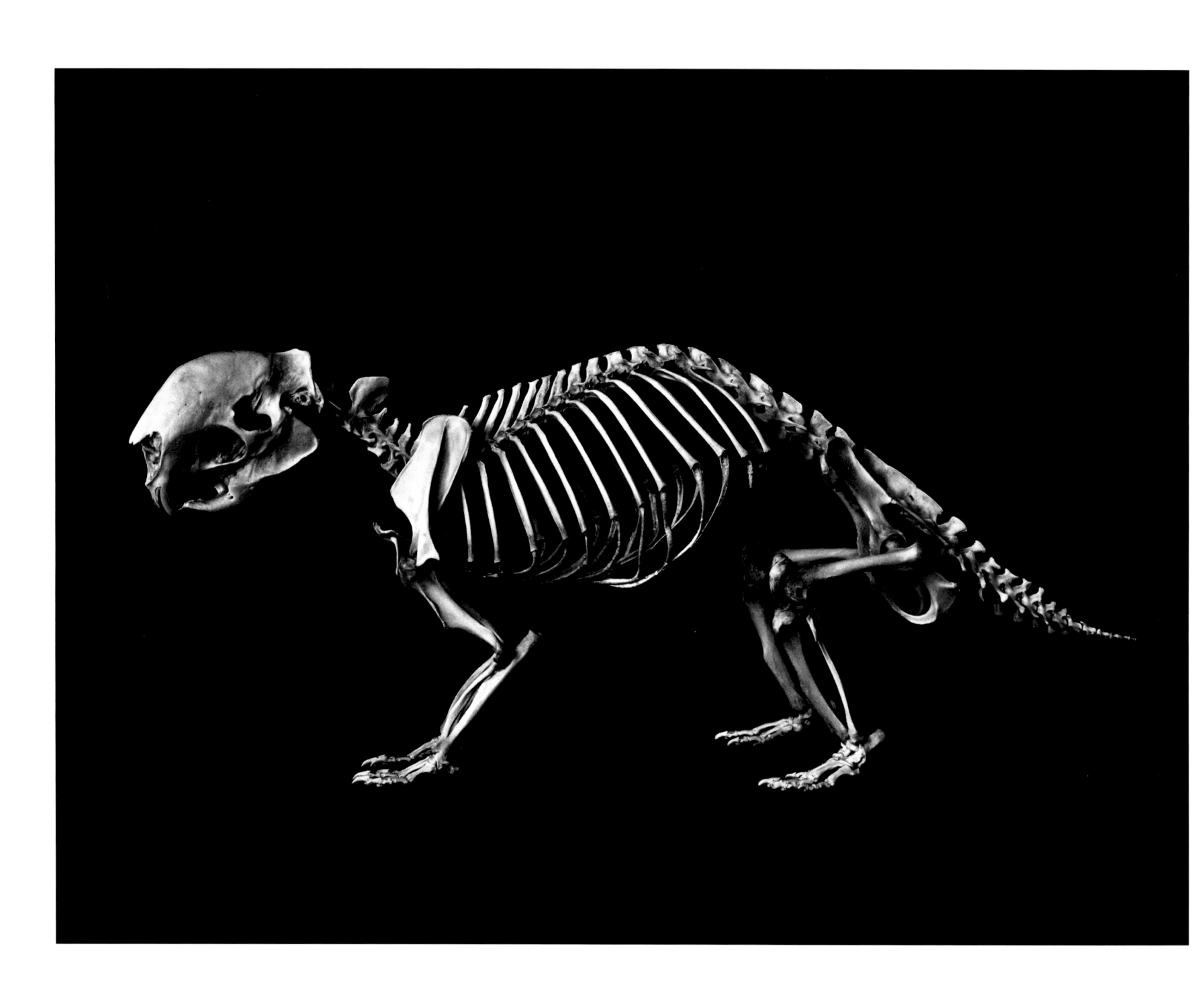

189　アフリカタテガミヤマアラシ　骨格　Crested porcupine　Skeleton

190　クリハラリス　骨格　　Pallas's squirrel　Skeleton

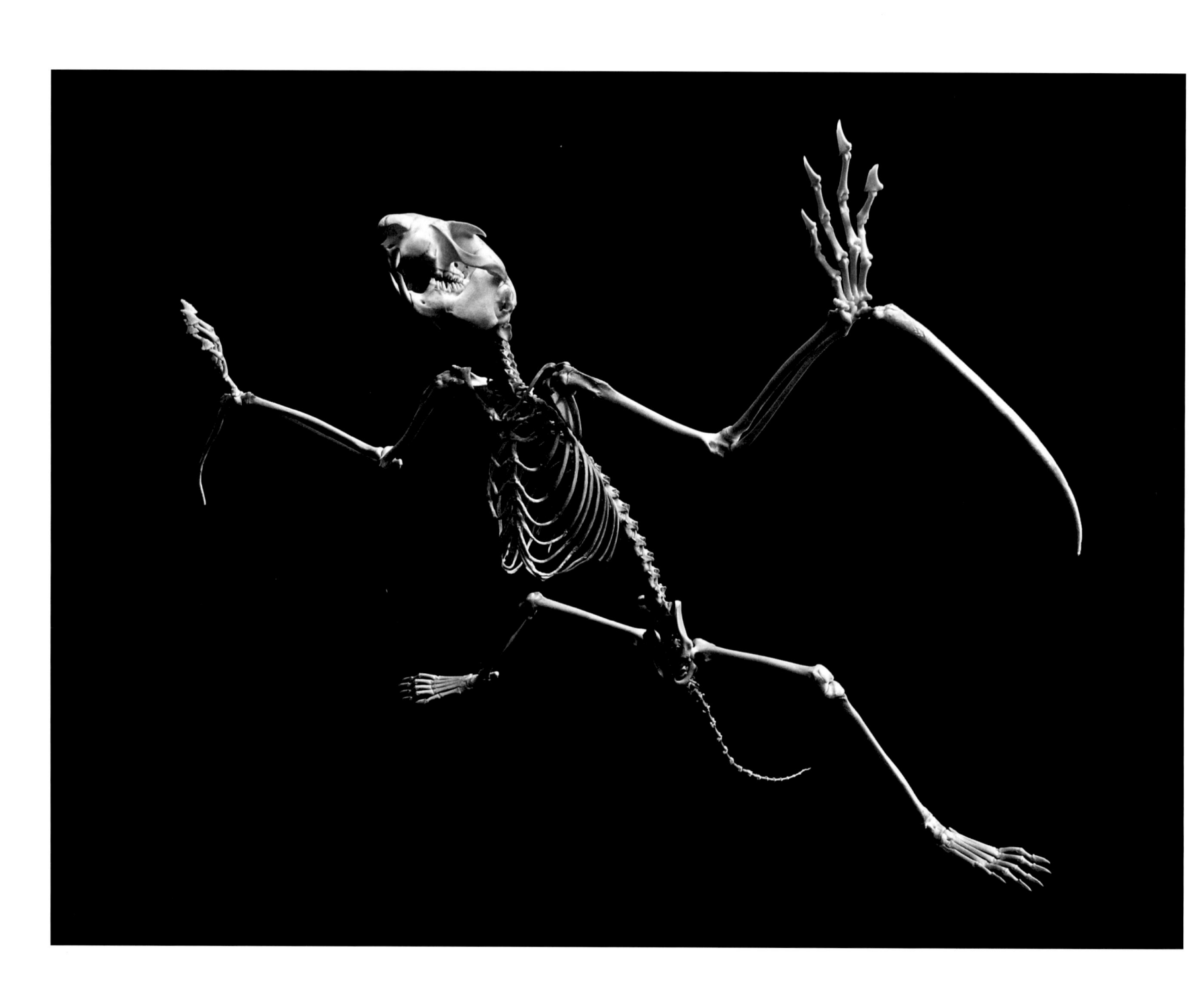

191　ムササビ　骨格　Japanese giant flying squirrel　Skeleton

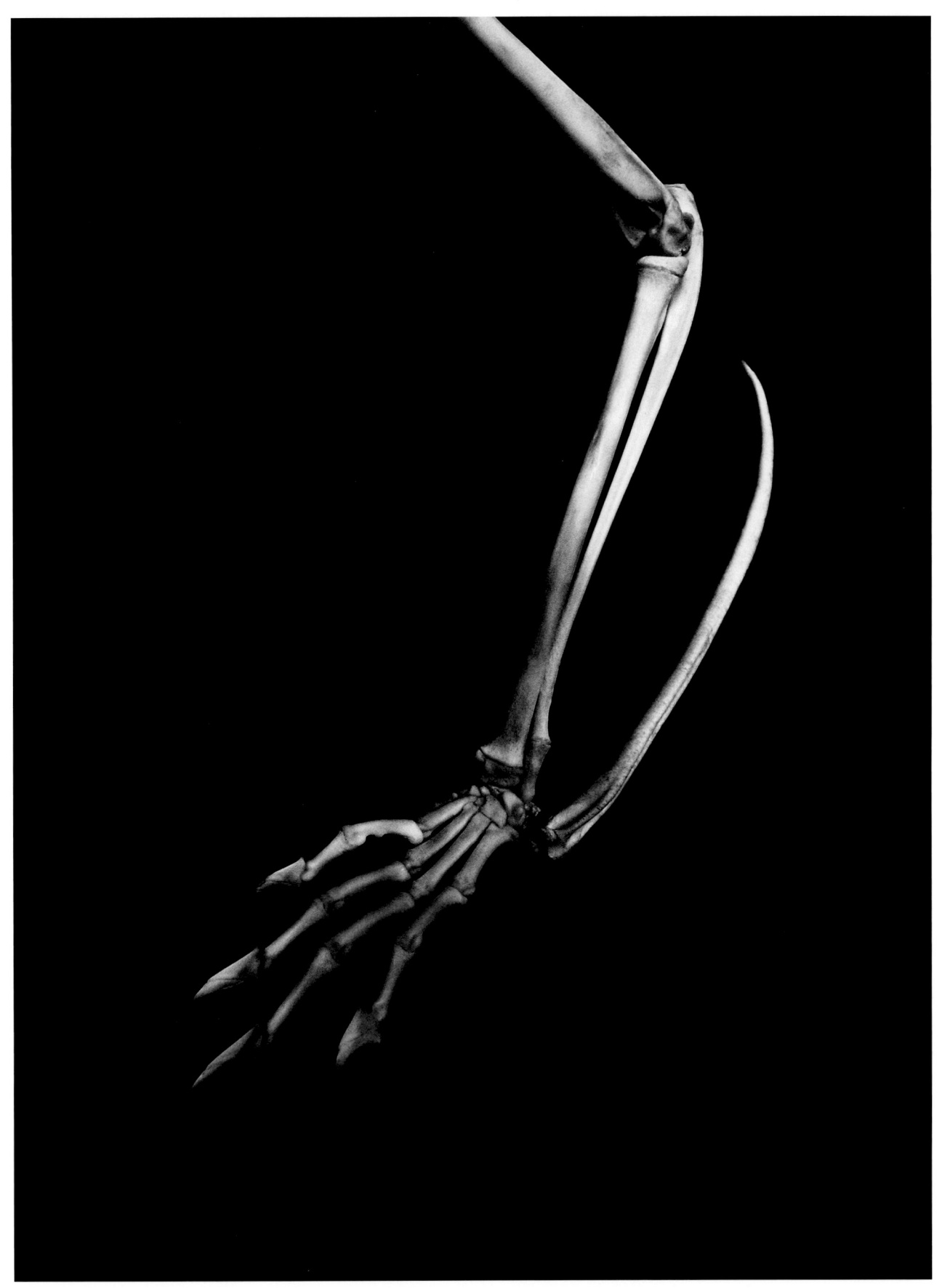

192　ムササビ　左前腕と肢端骨格　Japanese giant flying squirrel　Skeleton of left forearm and manus

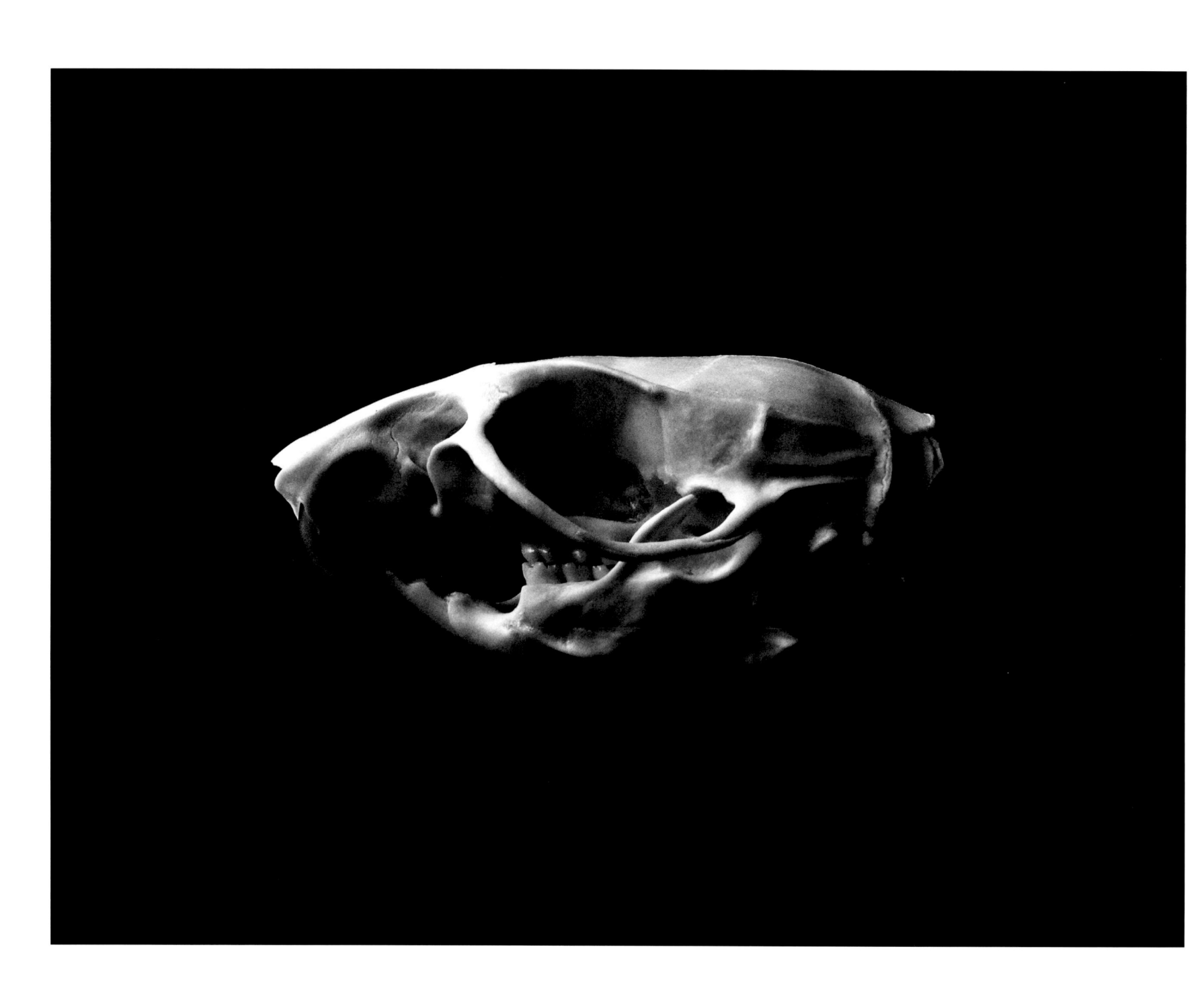

193 クマネズミ 頭蓋　Roof rat　Skull

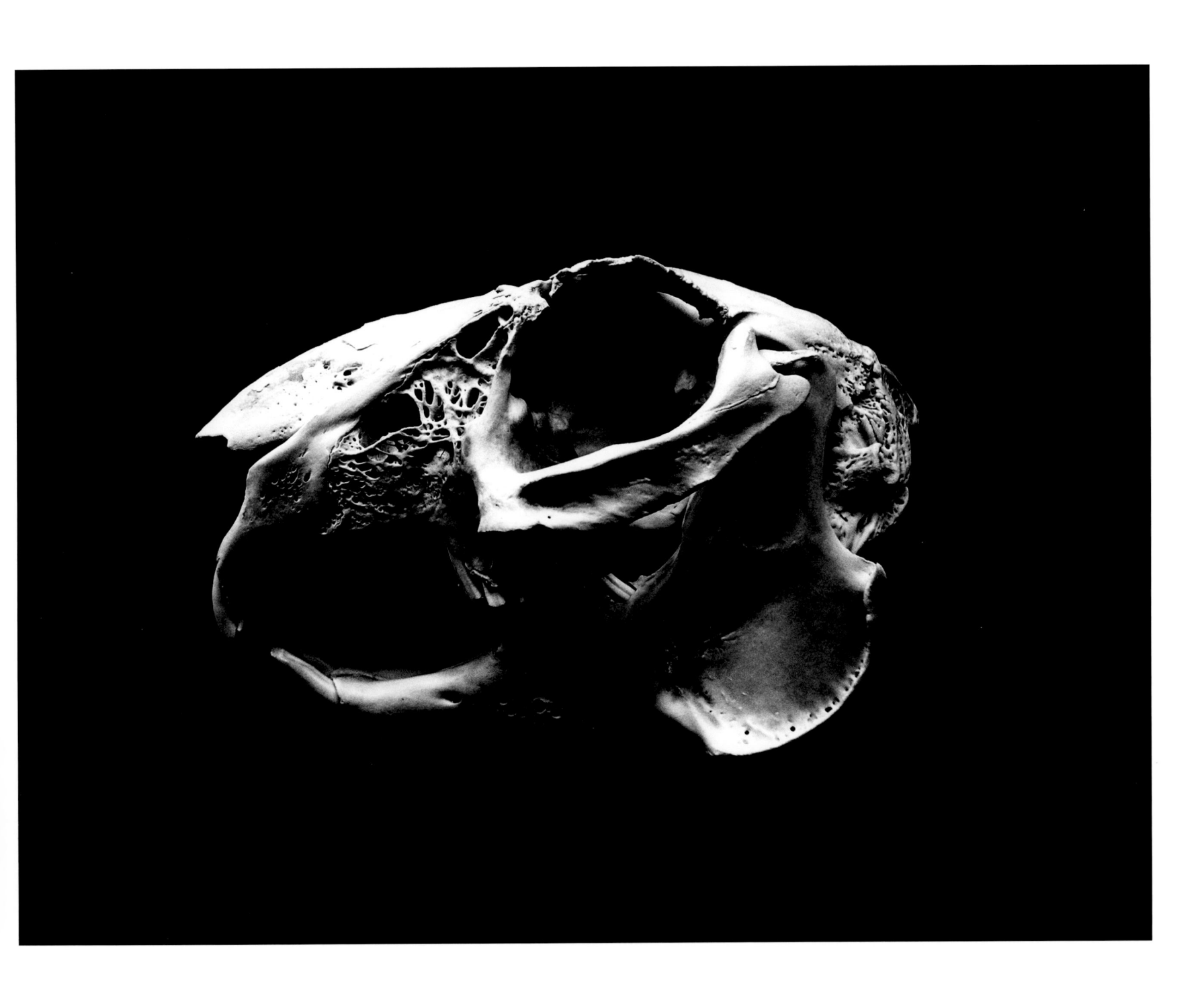

194　ユキウサギ　頭蓋　Mountain hare　Skull

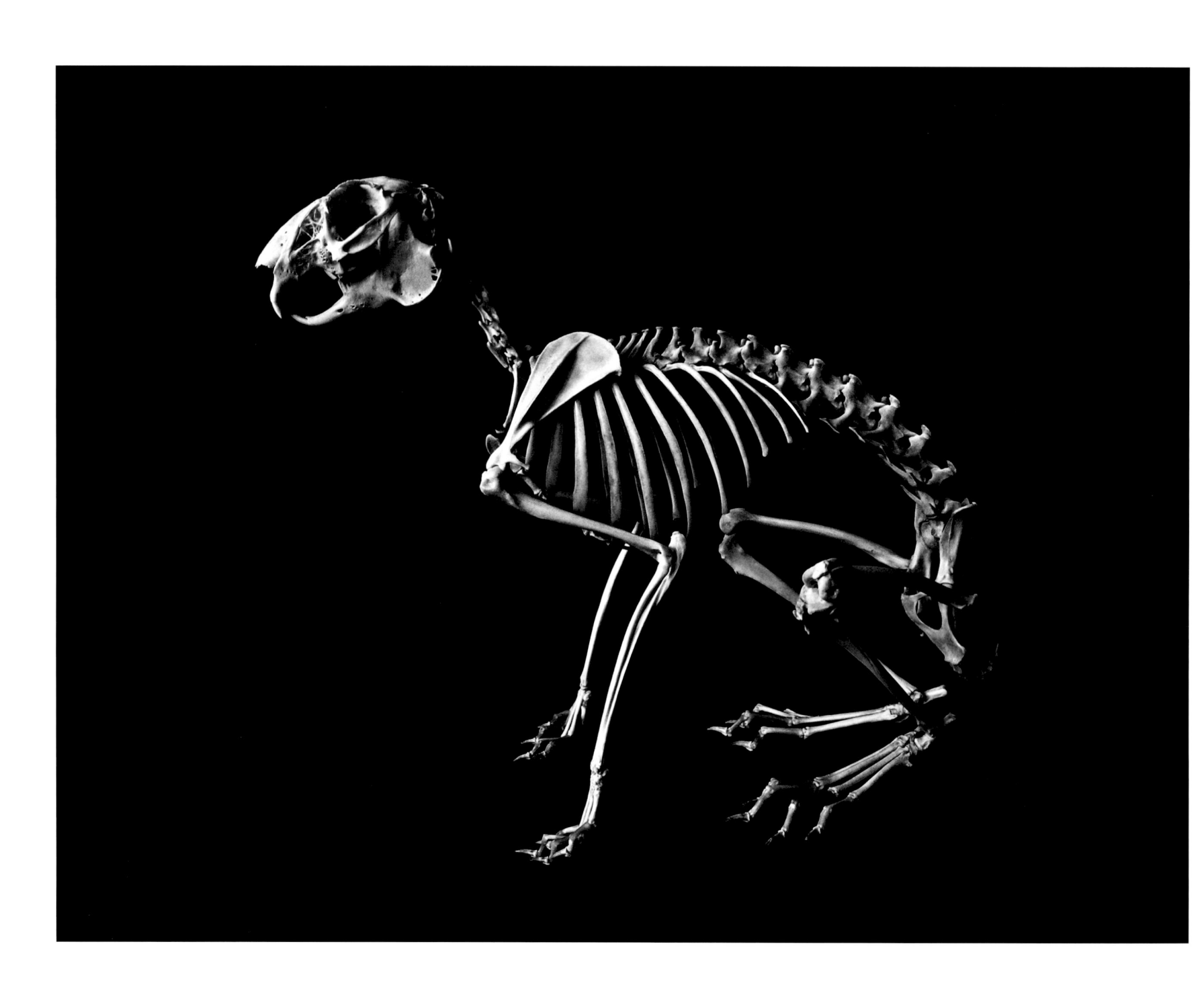

195 ユキウサギ 骨格　　Mountain hare　Skeleton

196　ケープノウサギ　後肢骨　Cape hare　Skeleton of hindlimb

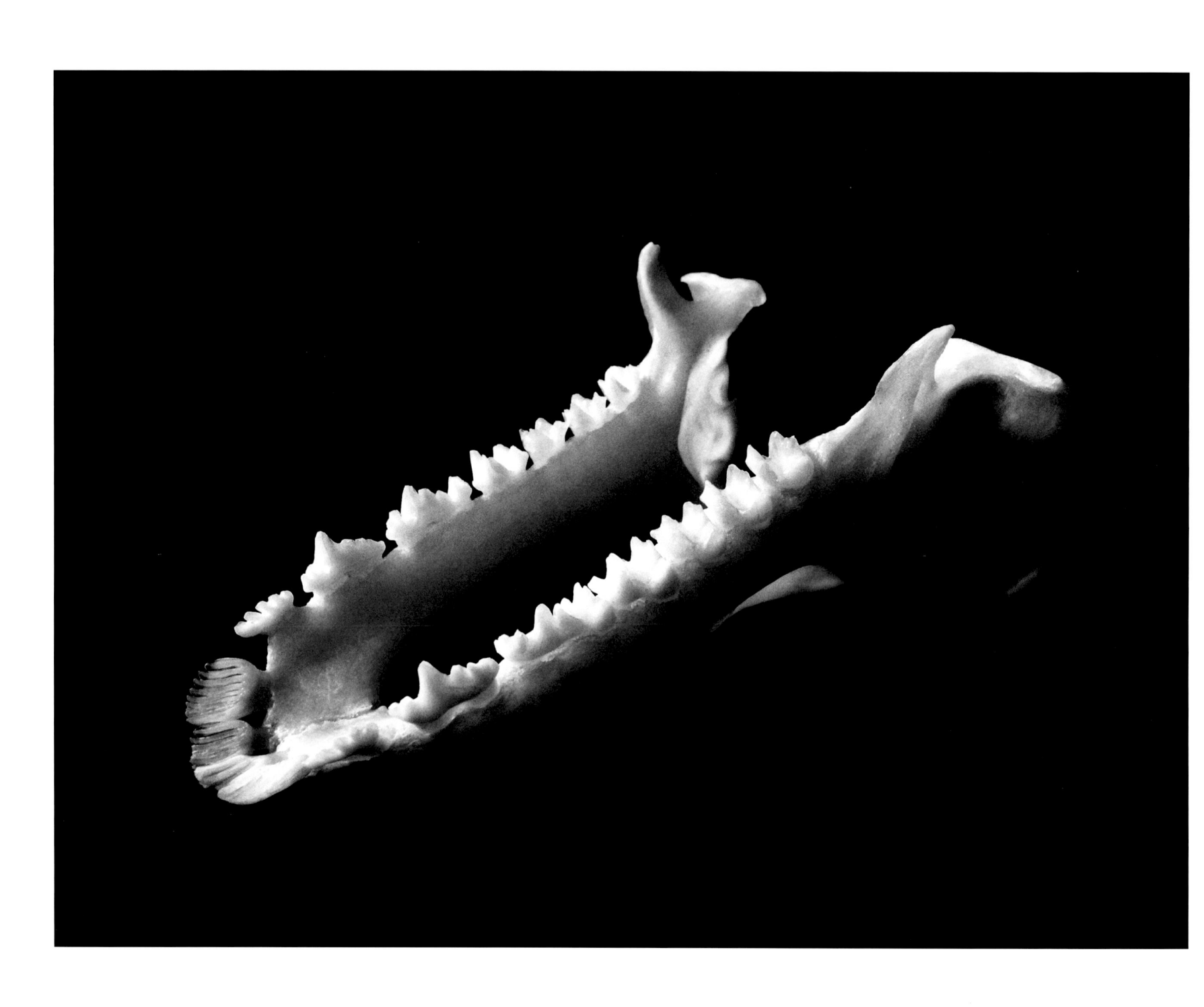

197　マレーヒヨケザル　下顎骨　Sunda flying lemur　Mandible

198　マレーヒヨケザル　骨格　　Sunda flying lemur　Skeleton

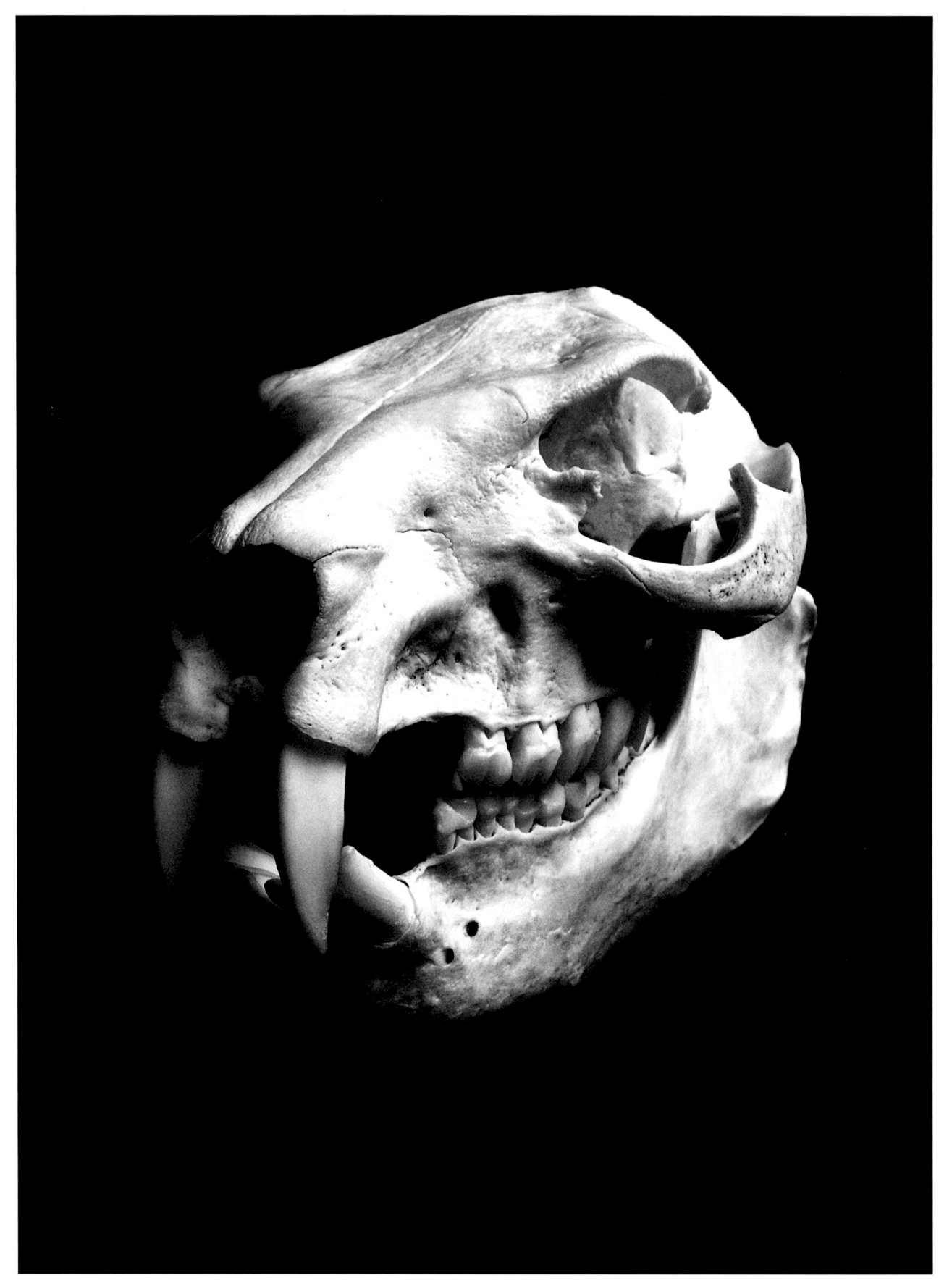

199 ケープハイラックス 頭蓋 Cape hyrax Skull

200　ケープハイラックス　骨格　　Cape hyrax　Skeleton

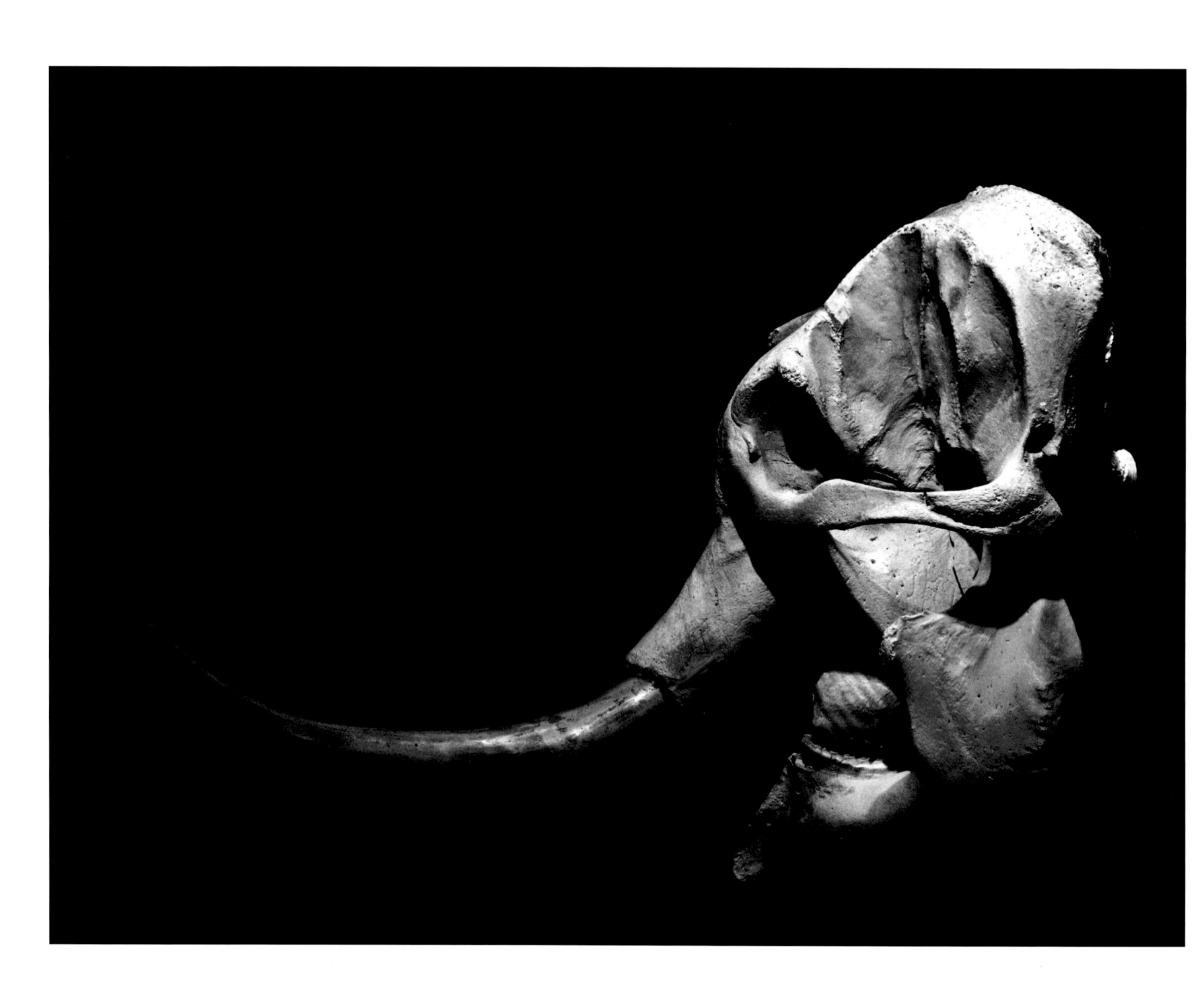

201　アジアゾウ　頭蓋　Asian elephant　Skull

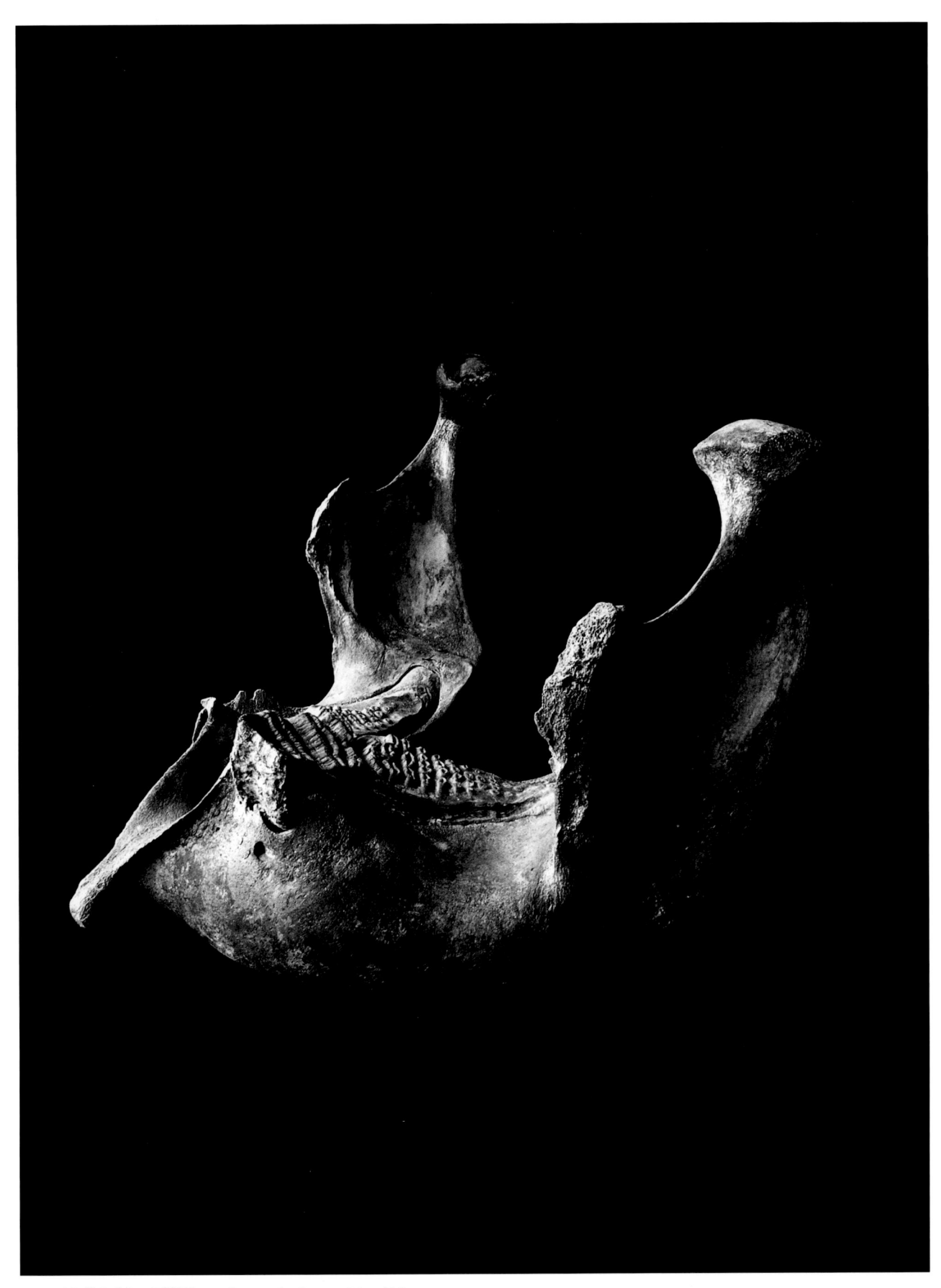

202　アジアゾウ　下顎骨　Asian elephant　Mandible

203　アジアゾウ　臼歯　Asian elephant　Molar

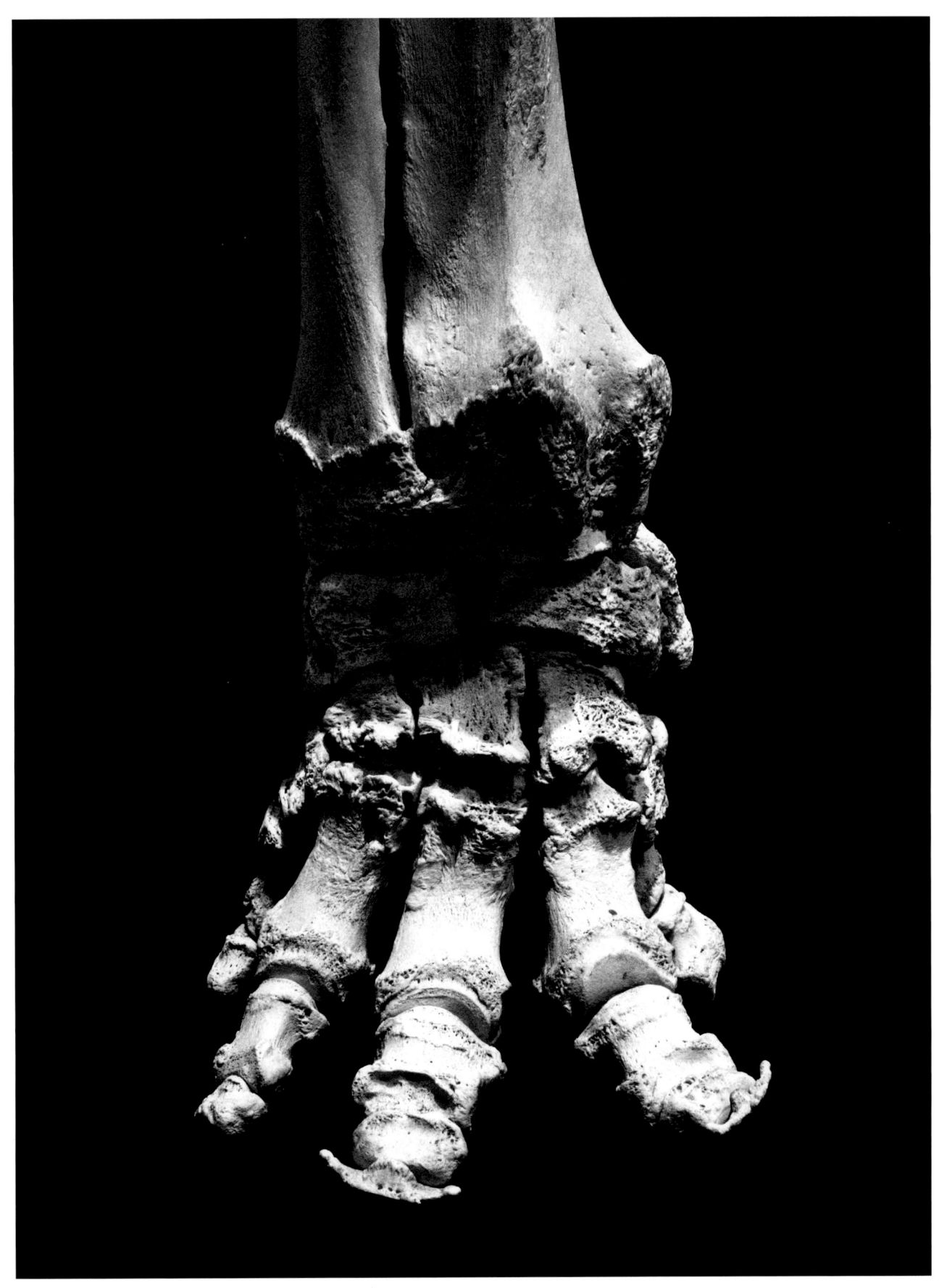

204　アジアゾウ　左前肢肢端骨格　Asian elephant　Skeleton of left manus

205　アジアゾウ　骨格　　Asian elephant　Skeleton

206　アメリカマナティー　骨格　West Indian manatee　Skeleton

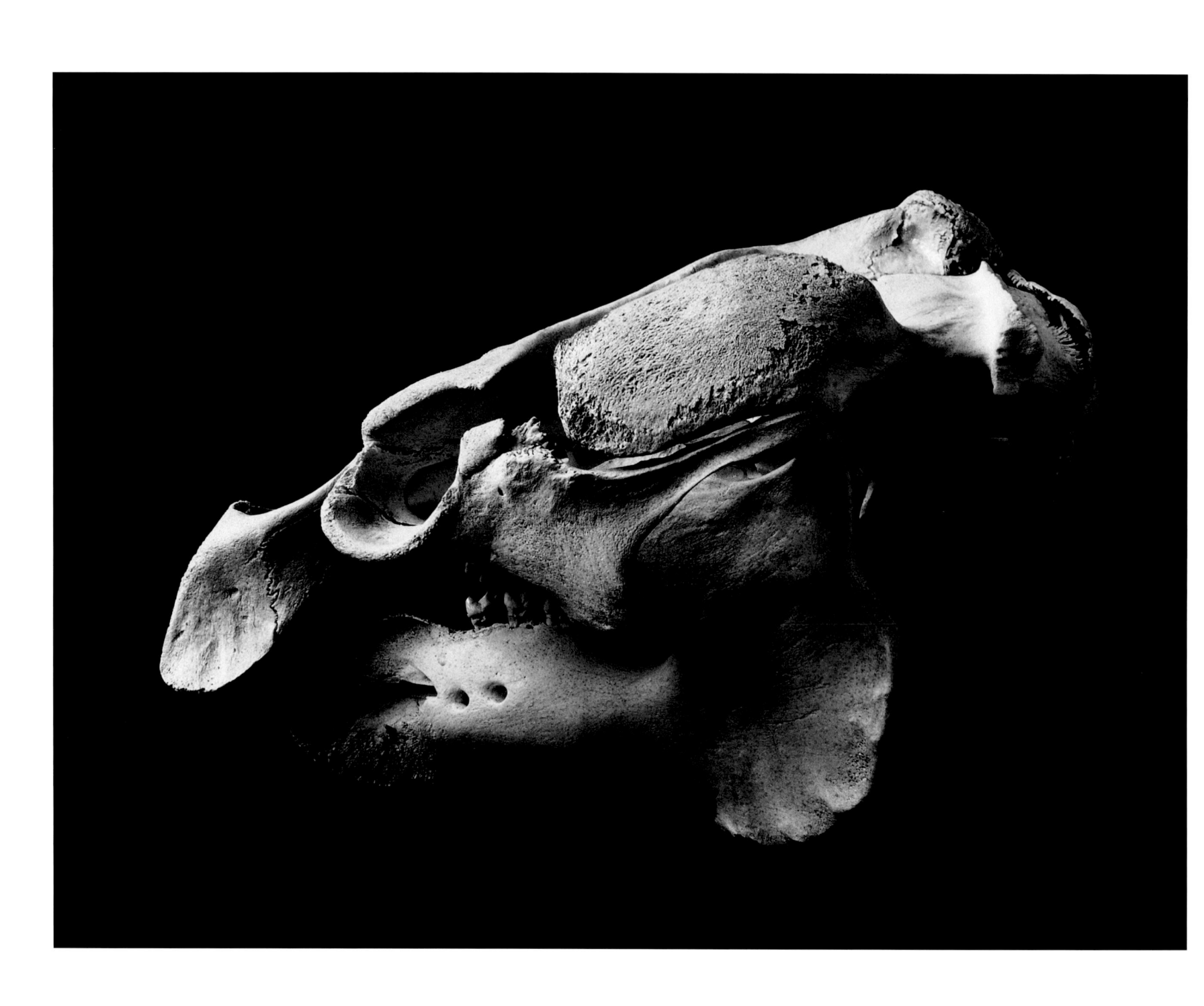

207 アメリカマナティー 頭蓋　West Indian manatee　Skull

208 アメリカマナティー 下顎骨　West Indian manatee　Mandible

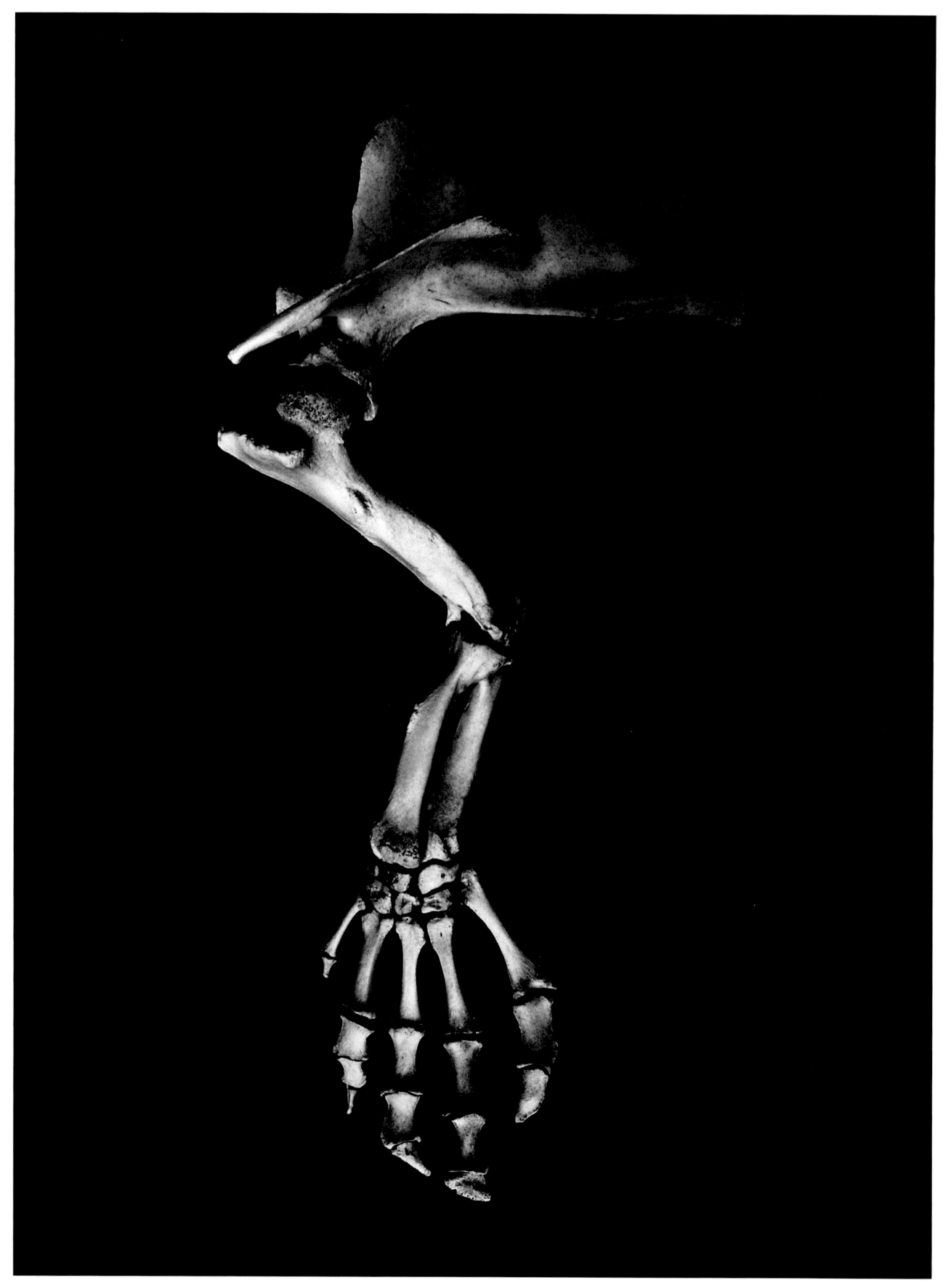

209 アメリカマナティー 左前肢骨　　West Indian manatee Skeleton of left forelimb

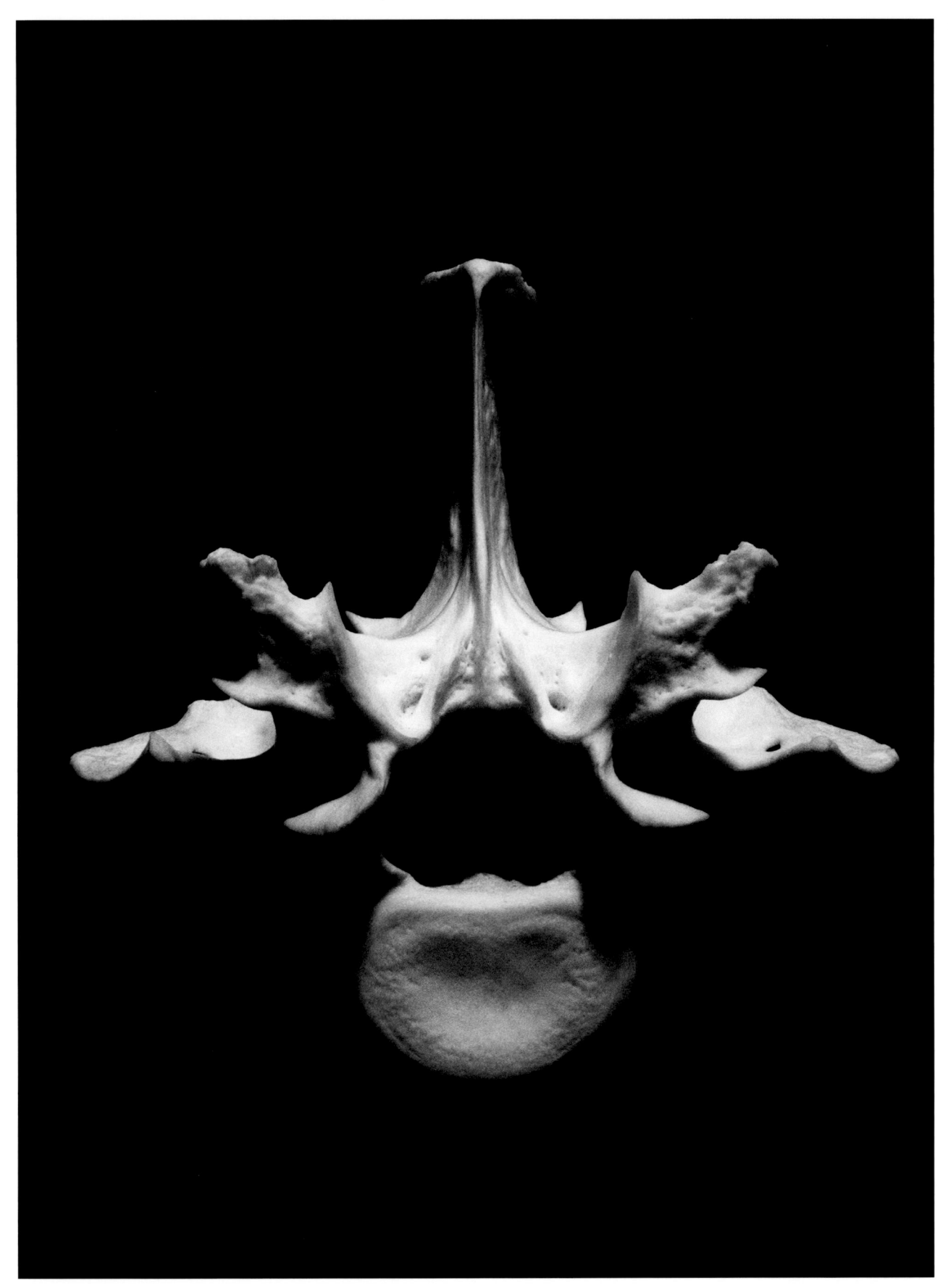

210　オオアリクイ　腰椎　Giant anteater　Lumbar vertebra

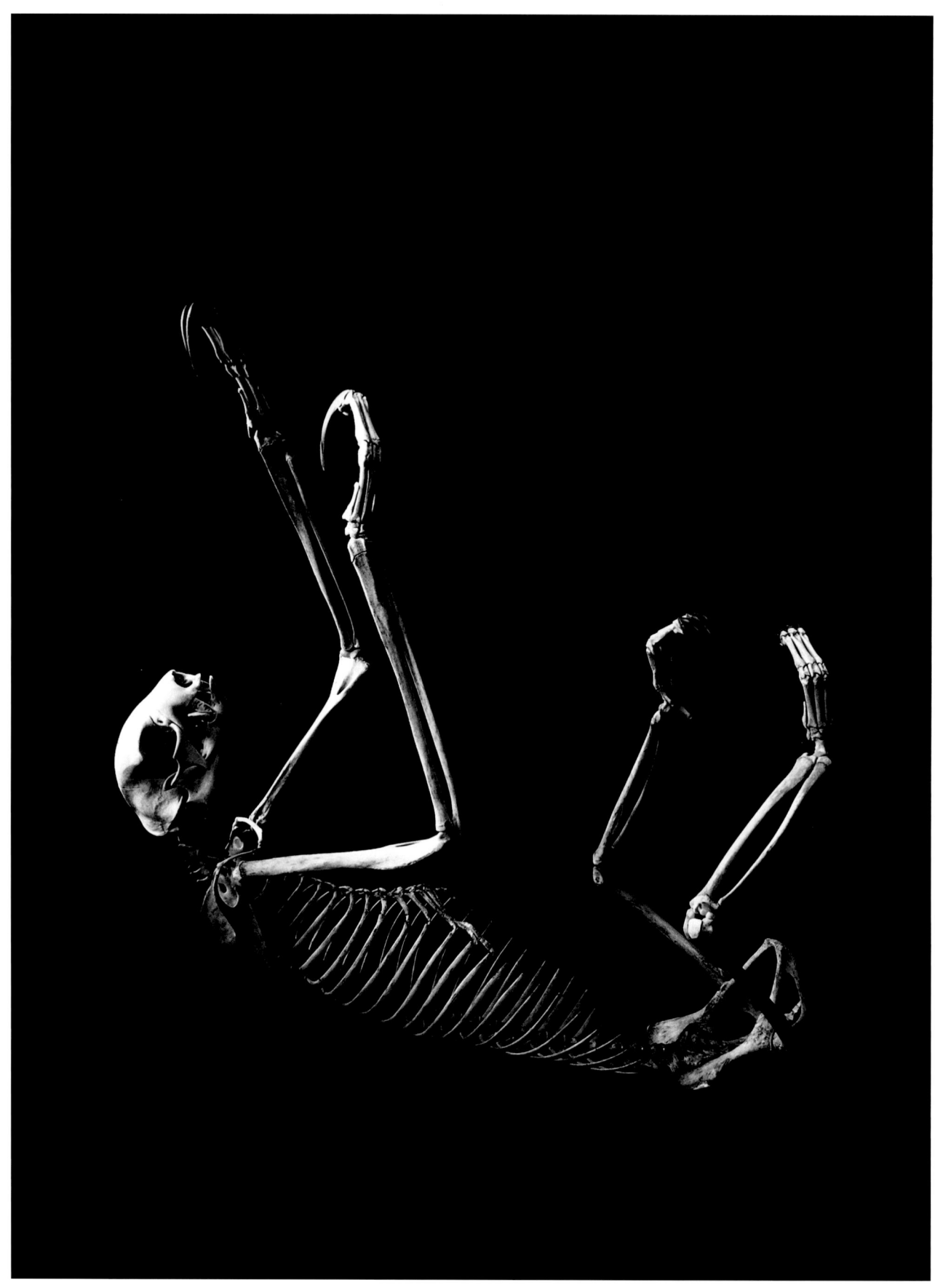

211 フタユビナマケモノ 骨格　　Linnaeus's two-toed sloth　Skeleton

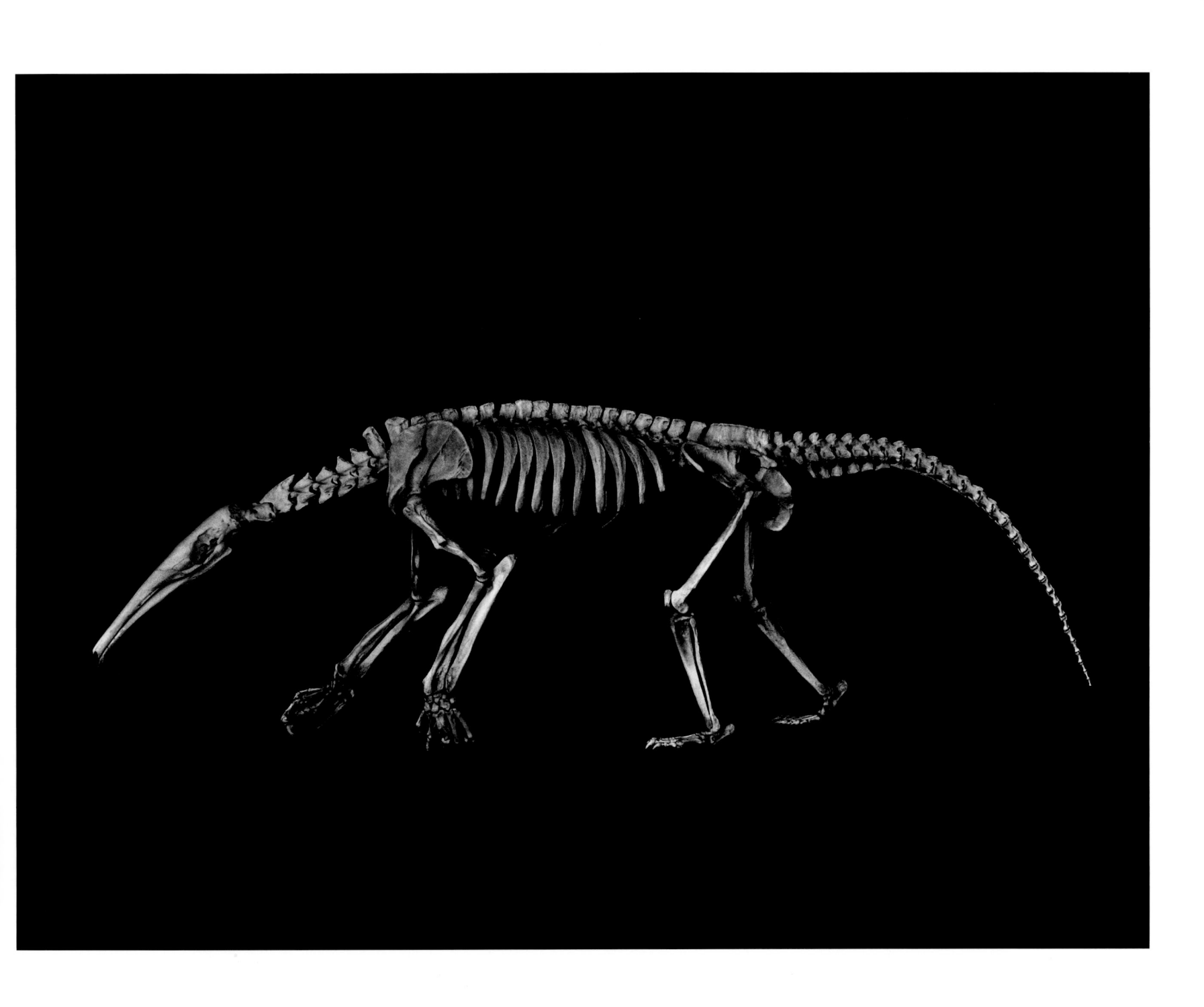

212　オオアリクイ　骨格　Giant anteater　Skeleton

213 オオアリクイ 右前肢骨　　Giant anteater　Skeleton of right forelimb

214 オオアリクイ　右前肢肢端骨格　　Giant anteater　Skeleton of right manus

215 オオアリクイ 頭蓋　　Giant anteater　Skull

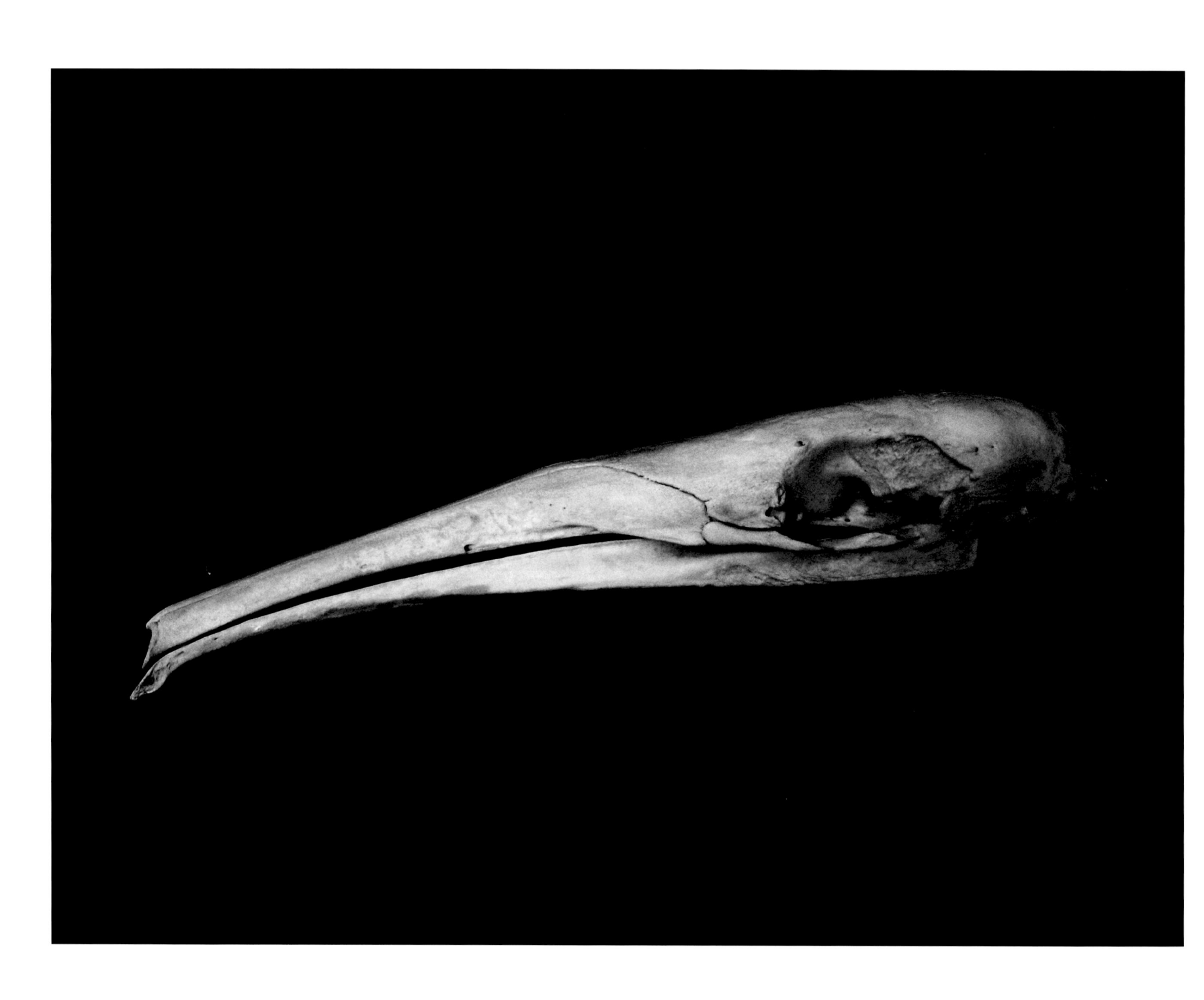

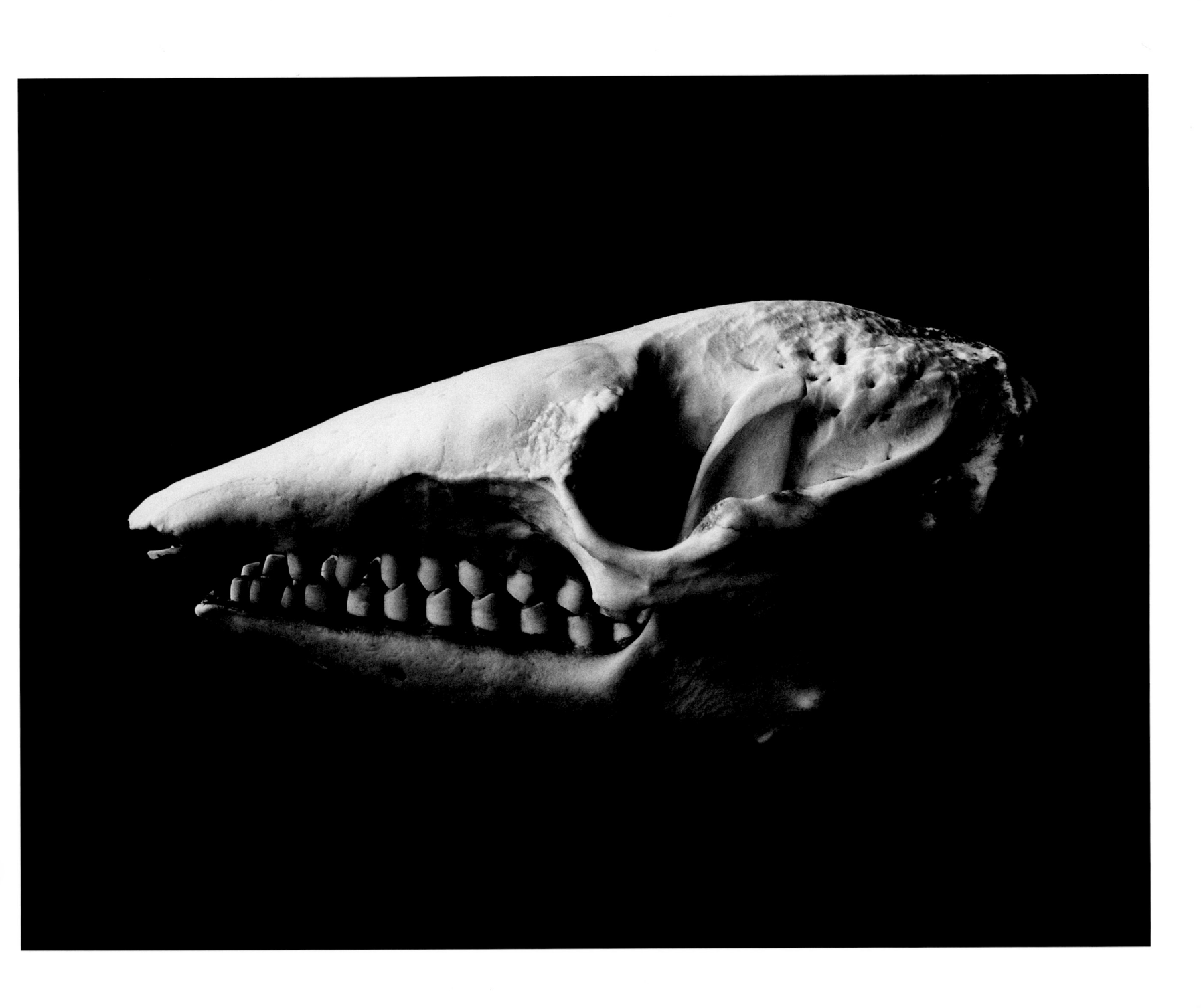

216　ムツオビアルマジロ　頭蓋　Six-banded armadillo　Skull

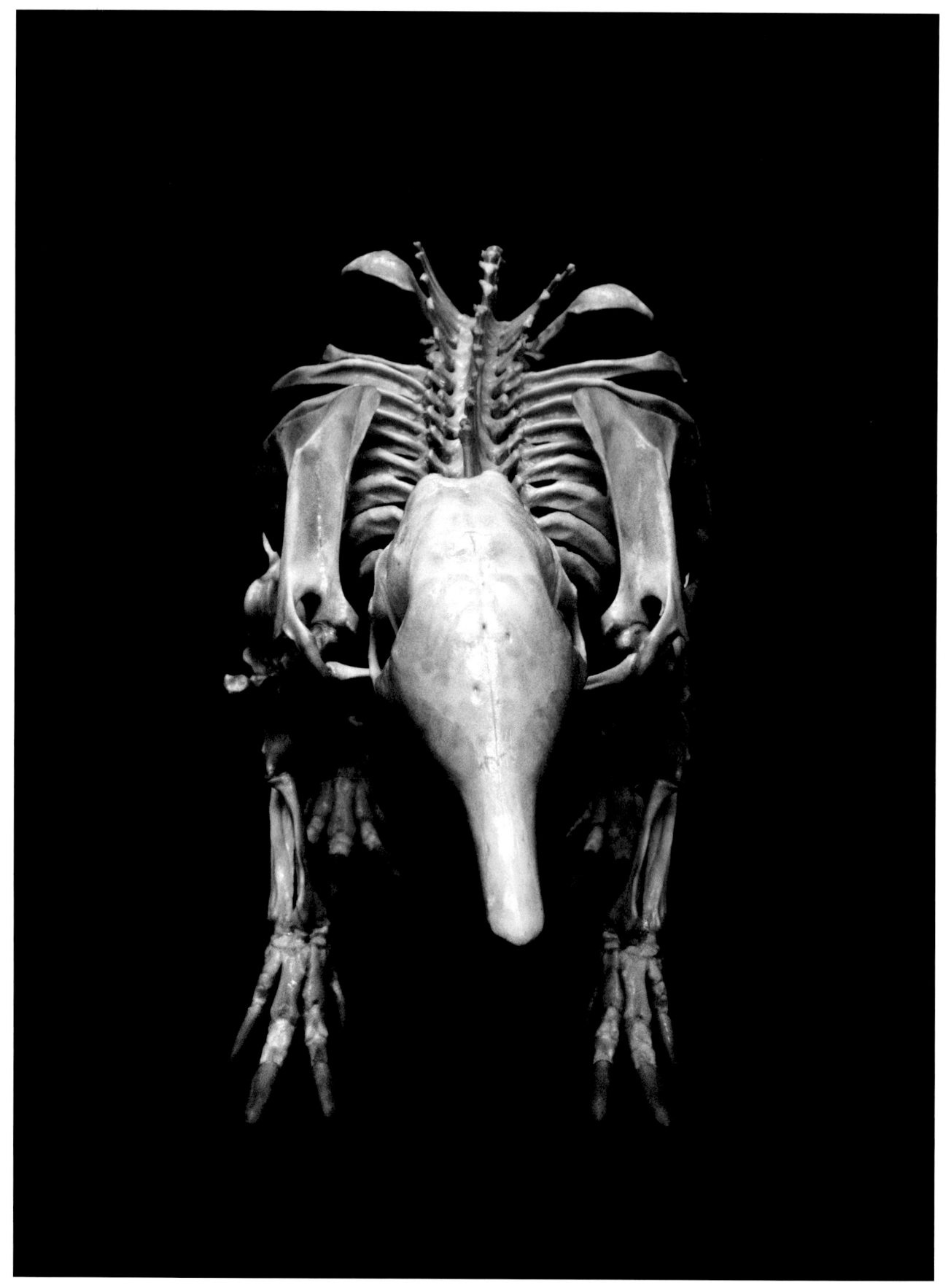

217　ココノオビアルマジロ　骨格　　Nine-banded armadillo　Skeleton

218　ムツオビアルマジロ　鱗甲板　Six-banded armadillo　Scutes

解　説
軟骨魚綱

001　メジロザメ目　シュモクザメ科　アカシュモクザメ　頭蓋　前・腹・側面

サメは肉食性であり、一部の種においては人を襲うこともあるため、凶暴な動物であるという印象をもたれることが多い。鋭い歯がむき出しになった大きな顎は、その象徴のひとつといえる。サメの口は頭部の先端にあるのではなく、腹側にある。獲物を捕らえるためには不便にもみえるが、顎の骨格の頭蓋からの独立性が高いため、顎を前方に突き出すことができ、短く幅広い顎は想像以上の破壊力をもつ。このような摂食装置として機能する顎は、現生のほとんどの脊椎動物に備わっているが、脊椎動物の初期のボディプランには顎は組み込まれていなかった。海に現れた初期の脊椎動物の口は開いたままの状態で、運動性の高い大きな獲物を捕捉・破壊することが困難だった。しかし、進化の過程で「顎」という捕食のために動く開閉装置が口に備わった。このことにより、脊椎動物は積極的に獲物を捕らえることのできる活発な捕食動物へと姿を変えたのである。顎の獲得は、その後の脊椎動物の進化と繁栄に大きな影響を与えたと考えられ、脊椎動物の歴史においてもっとも重要な進化のひとつであったといえる。サメの顎には、脊椎動物の顎の起源について想像することができる特徴がみられる。顎の起源は鰓を支える鰓弓骨格の一部が変形し発達したものだといわれている。

ほとんどの外洋性のサメは紡錘形の体型をしているが、シュモクザメ科は例外的な形態をもつ。目と鼻が左右に離れていて、まるでハンマーのような形の頭部をもつ奇妙なサメである。ほかのサメよりも頭部を上下に大きく動かすことができ、この頭部で舵取りをすることで、遊泳時の旋回能力を上げていると考えられている。また、サメの鼻先には「ロレンチーニ器官」という獲物の発する生体電流を感知する器官がある。シュモクザメはこの頭部の形態のために、ロレンチーニ器官の分布する範囲が広く、砂の中に潜む獲物を金属探知器のように効率よく探知することができる。なぜこの仲間だけがこのような形態になったのかは、よくわかっていない。

002　ネズミザメ目　ネズミザメ科　アオザメ　口蓋方形軟骨と下顎軟骨　背面
003　ツノザメ目　ヨロイザメ科　ヨロイザメ　歯　舌側
004　ネコザメ目　ネコザメ科　ネコザメ　歯　咬合面

脊椎動物の歯の起源は、原始的な魚類の体表にあった象牙質からなる突起（象牙質結節）だと考えられている。サメにはそのような歯の進化を想像させる原始的な特徴が受け継がれている。実際、サメの体表は楯鱗と呼ばれる歯と同じ構造をもつ鱗のような組織で覆われている（一般にいうサメ肌のことである）。口腔内にも楯鱗と同じものが存在し、これらは粘膜歯と呼ばれている。進化の過程で、象牙質結節や粘膜歯が顎の発達とともに顎上に固定され、歯として進化したといわれている。しかし同時に、サメの歯は捕食装置として洗練された特徴ももちあわせている。彼らの歯は一生の間に何度も生えかわる。顎の内側でつくられた歯がエスカレーター式に移動してきて、顎の端までくると起き上がり、獲物を捕らえるための道具として機能する。歯は使うたびに折れたり、切れ味が悪くなったりするが、定期的に脱落して新しい歯と交換されていく。捕食に必要な歯を次々と用意することができる、特殊な交換様式を発達させているのだ。

魚類、両生類、爬虫類は基本的に顎上に並ぶ歯がすべて同じ形をしている。哺乳類のように咀嚼機能を高めた多様な歯の形態はみられないが、それぞれの生態に合わせた形態の歯を備えている。アオザメは魚やイカを主食とするサメで、その歯は鋭くとがっており、獲物を突き刺して捕らえるのに適している。ヨロイザメは自分よりも大きな魚の体から肉を食いちぎって食べることがある。そのため肉を削り取ることができるノコギリ状に並んだ歯をもち、さらに歯冠の辺縁もノコギリ状となっている。貝類や甲殻類などを好んで食べるネコザメは例外的に顎の前部と後部で歯の形態が異なっている。顎の前部の歯が棘状であるのに対して、後部の歯は貝などの硬い殻を割るのに適した、敷石状に並ぶ直方体の歯をもつ。

005　ネズミザメ目　ネズミザメ科　アオザメ　骨格　前・側面

軟骨魚類は軟骨からなる内部骨格をもつ。頭蓋はひと続きの軟骨によって構成されており、体の中軸となる脊柱は短い肋骨が付着するものの突起（神経棘・血管棘）は発達せず棒状の形態を示す。胸鰭を支える肩帯は左右の軟骨が癒合しU字型構造をとっており、左右の腰帯も癒合し1個の骨となっている。このように軟骨魚類の骨格は比較的シンプルな構成になっている。軟骨魚類は浮袋をもたず体の密度が水より高いため、硬骨より軽い軟骨で骨格を構成することにより、体の軽量化が計られている。軟骨は硬骨に比べると強度が劣るが、顎や脊柱といったある程度の強度が必要な部分にはカルシウム塩が沈着し石灰化軟骨となり、密度を増やすことなく強度をあげている。水より密度の高い体をもつサメが、水中で沈まない理由は尾鰭と胸鰭が果たしている役割にある。サメの尾鰭は歪形尾で脊柱の先端が背側に曲がっており、鰭膜の大部分が腹側に発達するという構造をもつ。最古の魚類も同じ構造の尾鰭をもっていたことから、このタイプの尾鰭が全魚類の尾鰭の原型であると考えられる。このようにサメの尾鰭は軸が背側にあるため、斜め下方に水を押し出す。そのため体の後方が持ち上がり、体は斜め下方へ押し出されるが、このうち下方への推進力は胸鰭で発生する揚力により打ち消されるため、体の前方が持ち上がり、サメの体は水平に保たれて前に進む。つまり、サメは泳ぎ続けることにより、胸鰭と尾鰭で重力に対抗する上向きの力を生み出しており、沈むことなく水中での遊泳姿勢を保っているのである。

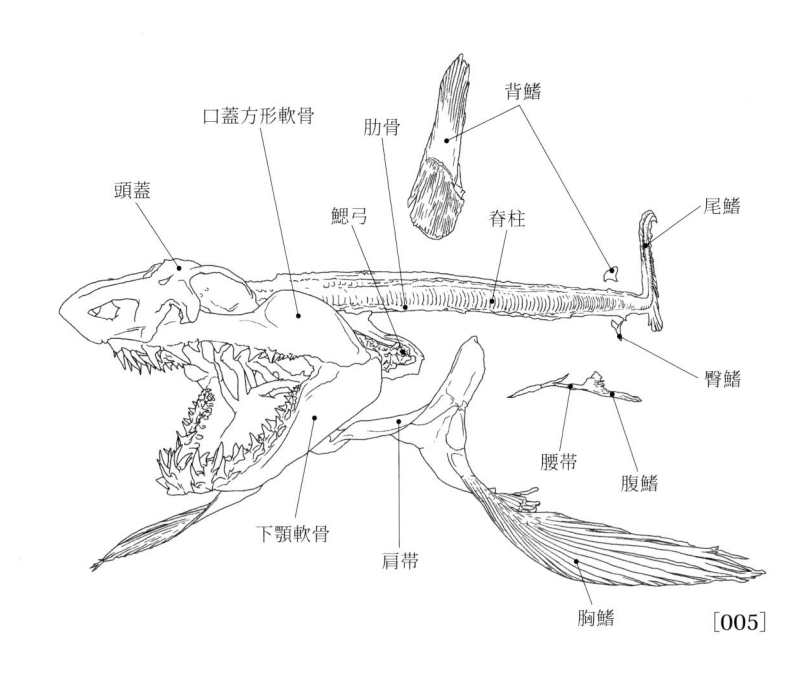

[005] の図には以下のラベルが付されている：口蓋方形軟骨、頭蓋、鰓弓、肋骨、背鰭、脊柱、尾鰭、臀鰭、腰帯、腹鰭、肩帯、下顎軟骨、胸鰭

条鰭綱

007　スズキ目　キントキダイ科　チカメキントキ　骨格　側面
008　フグ目　モンガラカワハギ科　モンガラカワハギ　骨格　側面
009　スズキ目　サバ科　キハダ　骨格　側面
010　カレイ目　ヒラメ科　ヒラメ　骨格　背面
011　アンコウ目　アンコウ科　キアンコウ　骨格　前・背・側面
012　トゲウオ目　ヨウジウオ科　イバラタツ　骨格　側面

硬骨魚類は軟骨魚類と異なり、リン酸カルシウムでできた硬い内部骨格をもつ。魚類が一生を過ごす水中では浮力が働くため、重力に耐えうる強い骨格は必要ではなく、四肢動物が発達させた四肢を構成する骨格もみられない。一方で、水は空気に比べて大きな密度をもつため、そのなかで生活する魚類の体型は、受ける抵抗の小さい流線形を基本とする方向に進化している。硬骨魚類の頭蓋は軟骨魚類に比べて、数多くの骨に分化しており、複雑な構造をしている。また四肢動物と異なり、肩帯が頭蓋と関節している。脊柱は、頭蓋の後ろから尾までの体の中心に一列に並ぶ、多数の椎骨によって構成されている。四肢動物のような強固な結合を必要としないため、個々の椎骨の関節面は両凹型で四肢動物にみられる球窩接合や関節突起は原則的にみられない。個々の椎骨の背側と腹側には突起（神経棘・血管棘）が伸び、肋骨とともに体を左右に波打たせるための筋肉が付着する土台となっている。尾は四肢動物ではバランスをとる機能を担うことが多いが、魚類ではもっとも重要な推進装置となる。四肢動物の前肢・後肢にあたる胸鰭・腹鰭はバランスをとるために機能し、微妙な動きを制御する。体軸の正中線上には背鰭と臀鰭があり、これらはおもに体の回転を防止して、水中での運動を安定させる機能を果たす。条鰭類の鰭を支える鰭条は骨性で細かく分節し（鱗状鰭条）、しなやかな動きが可能な軟条と、硬くて鋭い棘条がある。

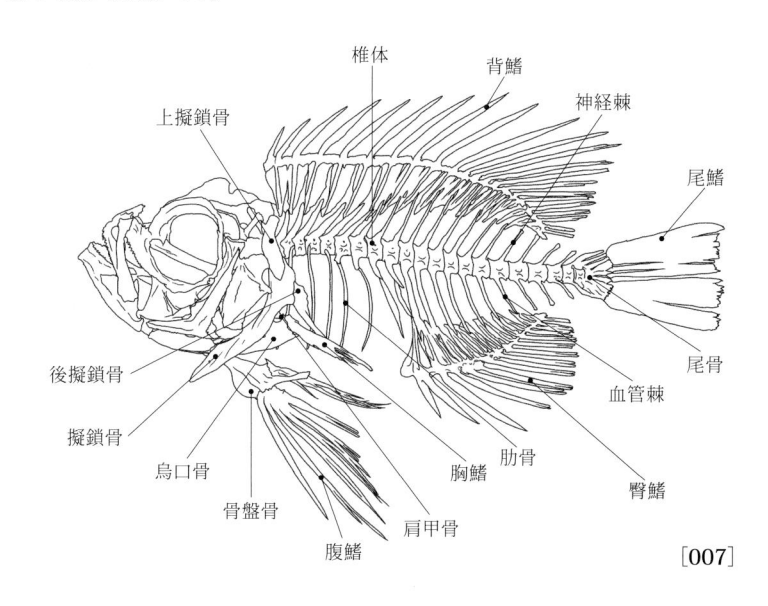

006　トビエイ目　アカエイ科　アカエイ　骨格　背面

エイの仲間は二次的に遊泳生活を営む種もいるが、もともと底生生活に適応したグループであるため、扁平な体をもつ独特の形態をしている。体の大部分を覆う鰭は胸鰭が変形したものである。胸鰭は肩帯から扇状に頭部から胴体の大部分を縁取るように広がることにより、エイ独特の輪郭を形成している。この大きく発達した胸鰭は海底で体の凹凸をカモフラージュする役割を果たすとともに、推進力を生み出す装置として機能する。対照的に尾鰭と背鰭は退化的である。尾部はムチ状になっており、背鰭はアカエイでは毒針に変化している。鰭は魚類にとって水中でバランスをとったり、推進力を得たりするために重要な役割を果たす装置である。鰭自体は鰭条と呼ばれるすじ状の構造物で支持されており、鰭に適度な強度と柔軟性を与えている。軟骨魚類においては角質性の鰭条（角質鰭条）が鰭を支持している。

[007] の図には以下のラベルが付されている：椎体、背鰭、神経棘、上擬鎖骨、尾鰭、後擬鎖骨、尾骨、擬鎖骨、血管棘、烏口骨、肋骨、胸鰭、骨盤骨、臀鰭、肩甲骨、腹鰭

223

チカメキントキ／モンガラカワハギ：左右に薄い楕円形の形は、沿岸水域や海の低層に生息する種に多い体型である。外洋にすむマグロなどのように速く泳ぐことはできないが、体が短く柔軟性があり、短い半径でターンすることができる。複雑な海底地形で生きていくために操作性に重点が置かれているのだ。スズキ目は骨盤骨が胸鰭を支える骨（擬鎖骨）に連結している。このことで、胸鰭と腹鰭を支える構造の強度が上がり、胸鰭、腹鰭を使って岩場などの入り組んだ地形でも、緩急のある複雑な動きをすることができる。フグ目は最も進化の進んだグループのひとつである。骨格や鰭の癒合、単純化がみられ、特に顎や腹鰭の骨格にそのような傾向がみられる。また体型は典型的な流線形ではない丸形や、箱形などの体型もみられ多様性に富む。

キハダ：マグロの仲間は外洋性で高速遊泳に適応している。外部形態は乱水流や渦を発生させ抵抗を増大させる突起物をできるだけ少なくした紡錘形となっている。そのため舵を取ったり推進力を生み出したりするもの以外の突起物はほとんどない（キハダは第二背鰭と臀鰭の軟条が長く発達している）。高速遊泳する種では脊柱が丈夫になる傾向がある。マグロの仲間では椎骨に通常の魚類では見られない関節突起が発達し、脊柱が強化されている。体幹は丈夫で柔軟性が少ないが、尾鰭の基部には柔軟性がある。尾鰭の振りを良くするために椎骨が短く、可動性の高い関節となっている。

ヒラメ／キアンコウ：底生生活様式をとる魚類では扁平な形態をもつものがいる。もともと中層生活者だったヒラメは海底で体をカモフラージュしたり砂に潜ったりするために側扁形のまま体は左右非対称に変化することで底生生活に適応している。キアンコウは体型が背腹方向に扁平な縦扁形となっている。胸鰭は海底をはうのに都合が良い独特の変化を遂げており、部分的に内転および外転できるようになっている。背鰭の最初の軟条はイリシウムと呼ばれる獲物を引き寄せる誘引突起へと変化している。

イバラタツ：ほかの魚類とは大きく異なる形態をしている。腹鰭と尾鰭をもたず、水中では体を垂直な姿勢に保ち、推進力は背鰭が生み出す。ゆっくりとした動きしかできないため、捕食者から体を守るために、全身が骨板によって囲まれている。骨板はいくつかのパーツが組み合わさって構成されているため、硬い構造を保ちながら可動性を残している。特に尾部はよく動き、海藻やサンゴに巻き付くことができる形態となっている。

013　カラシン目　キノドン科　ペーシュ・カショーロ　頭蓋　側面
014　スズキ目　アジ科　ロウニンアジ　頭蓋　側面

軟骨魚類の頭蓋が一続きの軟骨でできた脳頭蓋に顎軟骨などが加わったシンプルな構造であるのに対して、硬骨魚類では軟骨性頭蓋の大部分が硬骨化して数多くの軟骨性骨に分化し、これに皮骨が加わり、非常に複雑な構造となっている。これは四肢動物も同様であり、シンプルな構造にみえる哺乳類の頭蓋もこれらの軟骨性骨と皮骨が癒合し形成されたものである。

硬骨魚類の顎は皮骨要素が加わったことにより、軟骨魚類とは異なる構造となっている。軟骨魚類において顎として機能していた口蓋方形軟骨と下顎軟骨はそれぞれ方形骨と関節骨となり後方に移動して顎関節を構成する骨に変化している。顎の主体をなしているのは皮骨由来の骨である。サメの顎は前方に突き出る機構を備えていたが、硬骨魚類も進化の過程で異なる機構で前方に突き出る顎を獲得している。顎の特殊化が進んでいない種（ペーシュ・カショーロ）では顎関節は頭蓋の後方に位置しており、側面が大きく裂けた口をもっている。上顎骨はいくらか可動性があるが、前上顎骨に可動性はほとんどなく顎を前方に突き出すことはできない。捕食の際は、大きく開いた顎で獲物を挟んで捕らえる。顎の特殊化が進んだ種（ロウニンアジ）では顎関節が眼窩の下あたりに位置しており、口は小さくなっている。前上顎骨と上顎骨は可動性があり、口を開くと顎周囲の骨と連動して動くことにより上顎が前方に突き出す構造になっている。このような構造により、口がチューブ状に前方に伸びる。そのため、口を開くとともに陰圧となった口腔内に餌を吸い込むように取り込むことができる。また捕食の際に口がより獲物に近くなるという利点もある。硬骨魚類のうち半数程度の種がこのような前方に突き出す顎を備えている。

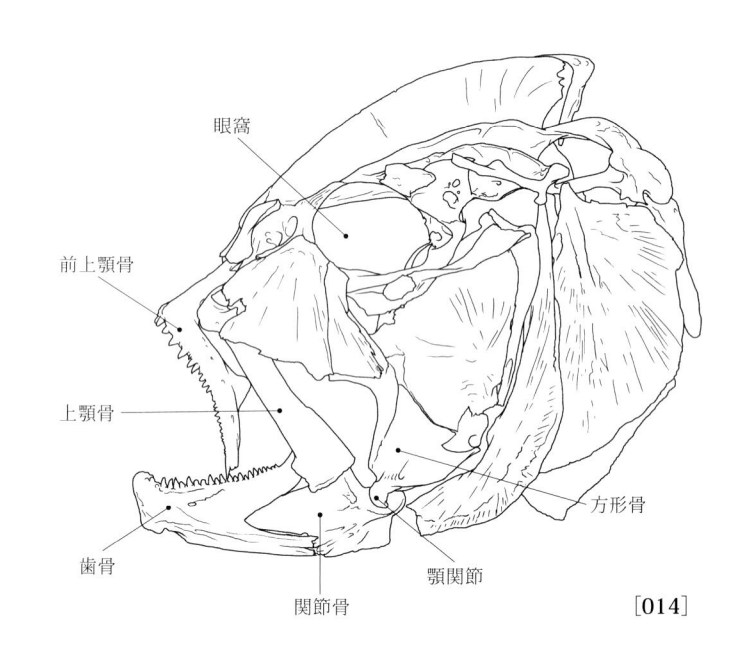

眼窩
前上顎骨
上顎骨
歯骨
関節骨
顎関節
方形骨

[014]

肉鰭綱

015　レピドシレン目　プロトプテルス科　プロトプテルス属の一種　骨格　側面

肉鰭類は四肢動物の祖先が含まれると考えられている分類群であり、現生群はシーラカンスとハイギョの仲間のみである。ハイギョはその名のとおり肺が発達した魚類で内鼻孔をもち呼吸を肺に依存する。原鰭と呼ばれる原始的な特徴をもつ胸鰭・腹鰭は、葉状またはむち状の形態をしており、これらの鰭で水底をはうように移動することがあり、四肢動物の前肢・後肢を思わせることがある。背鰭と臀鰭は尾鰭と癒合しており、ひと続きになっている。そのほかにも進化の過程で多数の歯が癒合して板状の特異な形態となった歯板をもっていたり、硬骨化の程度が低く軟骨を多く含む骨格をもっていたり、ほかの魚類とは異なる特徴をもつ。

両生綱

016　有尾目　オオサンショウウオ科　オオサンショウウオ　骨格　背面

サンショウウオは原始的な両生類に近い形態をもつ。彼らは移動する際、体を曲がりくねらせながら泳いだり歩いたりする。ある側面だけをみると魚類の運動様式の名残があるともいえるが、その骨格をみると原始的ながらしっかりと陸上生活へ適応していることが分かる。脊柱は比較的長く、それほど特殊化はしていない。しかし陸上では体重を支えるために魚類のように浮力に頼る訳にはいかないので、魚類ではみられなかった椎骨同士をつなぐ関節突起が発達し、たわみや四肢の動きによるねじれにも耐えうる構造となっている。また魚類ではほとんど発達しない椎骨の横突起が発達しているのも特徴であり、横突起は体を支え動かすための筋肉の付着部位となっている。魚類と異なり、両生類では肩帯が頭蓋から離れており、頚椎からなる頚部が確認できる。頚椎の構造により頭部を蝶番のように上下に動かすことができるようになったが、両生類では頚椎はわずかに1個にすぎず、頭部を左右に動かすことができる構造にはなっていない。椎骨には肋骨が関節しているが、両生類の肋骨は著しく退化しており、ほとんどの四肢動物にみられるような胸骨と関節する長い肋骨はみられない。四肢の骨格は魚類と大きく異なり、陸上で体を支持し推進力を生み出すことができる装置へと形を変えており、基本的には多くの四肢動物と同様の構造をしている。上腕骨、大腿骨は体から水平に突き出ており、体を支える姿勢としては原始的である。サンショウウオは骨格の骨化の程度は低いことがあるが、カエルはよく骨化した骨格をもつ。頭蓋は幅が広く扁平でサンショウウオとカエルではよく似た形態をしている。ほとんどすべての両生類は肉食であるため、大きな口は獲物を飲み込むために適している。

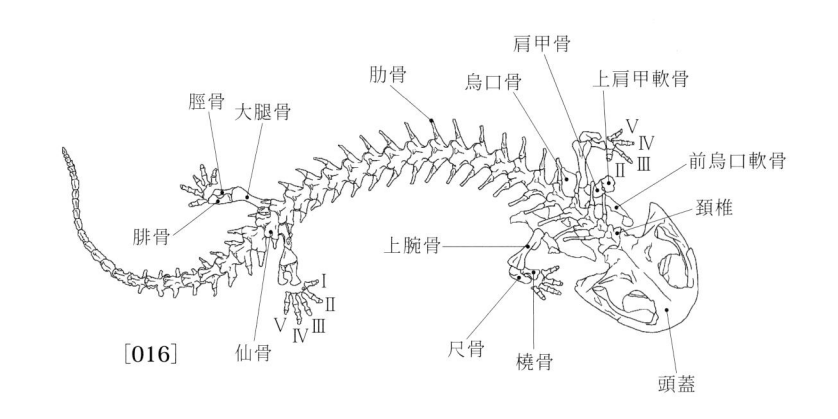

017　無尾目　アカガエル科　ウシガエル　骨格　前・側面
018　無尾目　アカガエル科　ウシガエル　骨格　後・背面

無尾目は両生類のなかではもっとも種類の多いグループである。その数は約4800種。水中から陸地、樹上と、その生息域は、極地を除いたほとんどすべての場所であるといっていいほど多様性に富むが、多くの種は一見してカエルだとわかる形態をしている。それはカエルが移動手段に「跳躍」という特殊な方法を取り入れているためだ。骨格からも跳躍に適した特徴をみてとることができる。橈骨と尺骨が癒合して強度を増した前肢と、大きく複雑な構造をもつ肩帯は、着地の際の衝撃を吸収するための構造だと考えられる。後肢は前肢に比べて極端に大きく発達していて、とくに足首の骨（距骨・踵骨）が長く伸びて、跳躍に適した形態となっている。発達した後肢を支える骨盤は、その構成要素である腸骨が体軸方向に長く伸びており、ほかに例をみないほど変形している。また跳躍運動において必要性がなくなった尾は外見上は消失している。尾椎は癒合して棒状の尾骨となり、筋肉内に埋まっている。跳躍への適応は、ずんぐりした体型にもみることができる。脊柱を構成する椎骨は9個しかないため体は極端に短く、柔軟性があまりない。同じ両生類であるサンショウウオのように体が長く柔軟であったなら、跳躍による素早い動きはできなかっただろう。また肋骨がないこともカエルの特徴となっている。

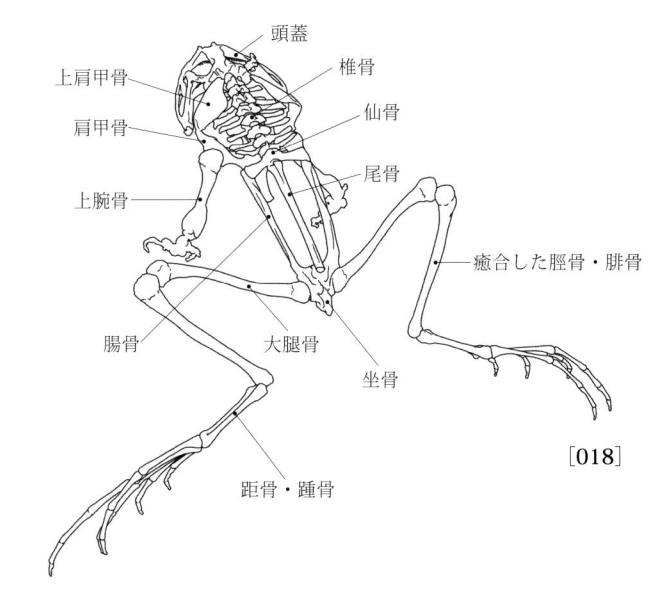

爬虫綱

019　有鱗目　ヤモリ科　トッケイヤモリ　骨格　前・背面
020　有鱗目　アガマ科　トビトカゲ属の一種　骨格　背面
021　有鱗目　オオトカゲ科　マングローブオオトカゲ　骨格　前・背面

爬虫類はさまざまな面において両生類よりも陸上生活に適応したグループである。それは骨格においても同様で、陸上でより活動的に動くことができる構造となっている。両生類で上下にしか動かすことができなかった頚部は第一、第二頚椎（環椎・軸椎）の構造の変化によりさまざまな方向に動かすことができるようになった。胴体の椎骨には肋骨が関節しており、前方の肋骨は腹側で胸骨に関節し、かごのように心臓や肺を取り囲み保護している。このカゴ状の構造は哺乳類の胸郭を思わせるものであるが、爬虫類では胴体のすべての部分に肋骨が関節しているため、胸部と腹部を明確に分けることができない。哺乳類の胸郭のように呼吸に重要な役割を果たす横隔膜はないが、爬虫類はこれらの肋骨を呼吸に利用している。肋間の筋肉を使って肋骨を動かし、体腔の容積を変えることで肺の空気を換気するのだ（トビトカゲの仲間においては一部の肋骨が伸長し滑空に適応した形態に変化している）。四肢においてもトカゲはサンショウウオとは異なる特徴をもつ。主な推進力を生み出すのは後肢となっており、サイズも大きくなっている。一見サンショウウオと同じような足の構造をしているが、足根部の構造に変化がみられる。トカゲでは脛骨と腓骨は、癒合して強化された足根骨（距骨・踵骨）と関節しており、足先の運動性を高める構造となった。またサンショウウオでは1個だった仙椎がトカゲでは少なくとも2個となり、後肢の動力を効果的に胴体に伝えることができるようになっている。トカゲの仲間には、天敵に襲われた際、尾を自切するものがいる。このようなトカゲの尾椎は、椎体の中央部にほとんど骨化していない部分がみられ、椎体を前後にわけており、この部分が自切面となる。オオトカゲやヘビの仲間にはこのような特徴はない。

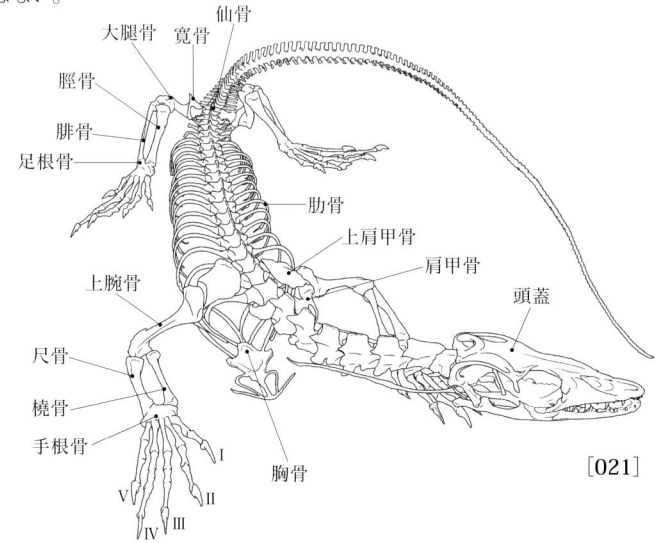

[021]

022　有鱗目　カメレオン科　エボシカメレオン　骨格　側面
023　有隣目　カメレオン科　ジャクソンカメレオン　頭蓋　側面

カメレオンは体色を変化させることで有名な動物である。さらに、左右で異なった動きをする出っ張ったロボットのような目、ゴムのように長く伸びて虫を捕らえる舌、スローモーションのような動きと、どれをとってもユニークな動物である。彼らはトカゲの仲間で樹上生活に適応している。四肢の指・趾は枝を握ることができるように5本の指・趾が2本と3本にわかれて互いに向かい合う対趾型となっている。肩関節の可動域が広く、四肢が比較的長いことは樹上での移動に有利である。爬虫類の中では例外的に上腕骨、大腿骨は体幹から真下に向いて関節している。これは細い枝の上でもバランスをとり、体を安定させることができるように体を真下から支えるためである。尾は枝に巻きつけることができ、ほかの枝に移動する際に体を支えるための支点となる。また背骨がアーチ状に曲がった独特の体型は、体色変化とあいまって、まるで木の葉のようなカモフラージュ効果を上げている。カメレオンは雄と雌で大きく異なる外見をもつ種がいる。雄は頭部に角や突起物が発達していることがあり、ユニークな形状となっている。

024　有鱗目　イグアナ科　グリーンイグアナ　頭蓋　側面

爬虫類と哺乳類の歯を比べると、その形態と機能に大きな違いがあることがわかる。爬虫類の歯の数は哺乳類よりもかなり多い。また多くの種では哺乳類のように切歯・犬歯・臼歯といった役割分担がなく、どの歯も咬頭のとがった円錐状で同じ形態をしている。だから歯のもつ咀嚼機能は、食性に合わせて多様な形態の歯が進化した哺乳類に比べると格段に低く、獲物を捕らえたり噛み切ったりするためだけの機能にとどまっている。このような違いが生まれた要因のひとつとして、爬虫類の顎関節が多くの哺乳類のように左右の運動を行う構造になっておらず、顎の運動方向が上下に限定されていることが挙げられる。グリーンイグアナは植物食のトカゲだが、植物食性哺乳類のような臼状の歯は発達していない。また多くのトカゲの仲間の歯根は、哺乳類のように頭蓋のソケット状の穴にはまっているのではなく、顎骨の内側に癒合することで固定されている。歯の生えかわる性質も異なっている。魚類・両生類・爬虫類の歯は一生の間に何度も生えかわる。これに対し、哺乳類の歯は乳歯から永久歯に生えかわるように、一生の間に一回生えかわるか、もしくはまったく生えかわらないものもある。爬虫類と哺乳類を区別するもっとも大きな特徴のひとつとして、顎関節を構成する骨要素の違いが挙げられる。爬虫類では下顎は複数の骨から構成されており、顎関節は関節骨と方形骨からなる。しかし哺乳類では下顎は歯骨のみで構成されており、顎関節は歯骨と鱗状骨（側頭骨）からなる。爬虫類の顎関節を構成していた関節骨と方形骨は哺乳類ではツチ骨、キヌタ骨と呼ばれる耳小骨となり、中耳で空気の振動を増幅する聴覚装置として機能している。

[024]

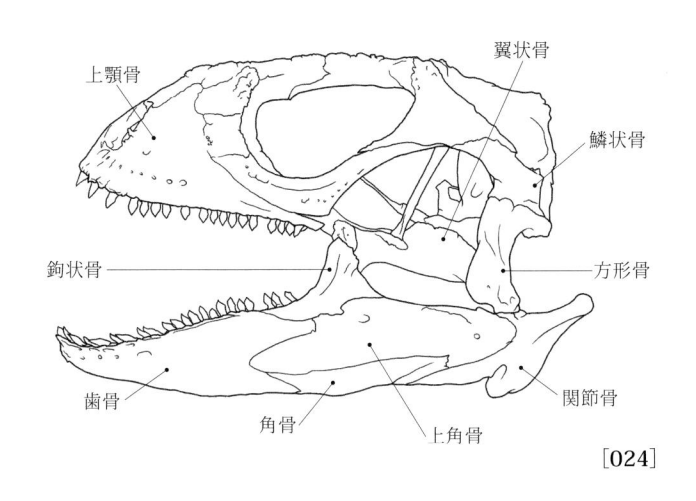

（図ラベル：上顎骨、翼状骨、鱗状骨、方形骨、関節骨、上角骨、角骨、歯骨、鉤状骨）

025　有鱗目　コブラ科　インドコブラ　骨格　前・側面

　四肢のない細長い形態をもつヘビは、私たちとは異なる得体の知れない動物のようにみえて忌み嫌う人も多い。しかしこの特徴的な形態は、ヘビが捕食者として生きていくために重要な意味をもつ。四肢を失うことにより、体から突出する部分がなくなると同時に、四肢を支える筋肉も必要なくなったため、体を細長くすることができた。このような体は、ネズミなどの獲物を追ってせまい穴や茂みをすり抜けるために、非常に都合がいい。四肢を使うかわりに、体を蛇行させながら移動するヘビの脊柱は、200〜400もの椎骨から構成されている。あの特有のしなやかな動きは、これらの椎骨が靭帯と筋肉で補強され、可動性の高い関節をなすことによって支えられている。また長い体の全長にわたって発達している肋骨も体幹筋と腹側鱗と関係しており運動の際に重要な役割を果たしている。ヘビが獲物を飲み込んだ際には、体の太さが何倍にも膨れ上がることがある。これは胸骨がなく、消化管を通る獲物の大きさに応じて肋骨を自由に広げることができるためである。

026　有鱗目　クサリヘビ科　ハブ　骨格　前・背面
027　有鱗目　ニシキヘビ科　アミメニシキヘビ　頭蓋　側面
028　有鱗目　ニシキヘビ科　アミメニシキヘビ　頭蓋　前・側面

　ヘビの特徴として、四肢のないことに注目しがちであるが、頭蓋も驚くべき特殊化を遂げている。歯は上顎（前上顎骨〔ニシキヘビ類〕・上顎骨・口蓋骨・翼状骨）に2列ずつ、下顎（歯骨）に1列ずつ並んでいる。それらは円錐状でとても鋭く、先端はみな喉のほうを向いているため、噛みつかれた獲物は逃れることができない。毒をもたないアミメニシキヘビは獲物に噛みついてから絞め殺す。そのため獲物をしっかり押さえることができるように、歯が大きく、頭蓋もしっかりしたつくりとなっている。一方、猛毒をもつハブは上顎骨にある毒牙が大きく発達している。毒により獲物を死に至らしめることができるため、毒牙以外の歯は小さく、頭蓋も貧弱になっている。

　ヘビの頭蓋でもっとも注目すべき特徴は、顎の構造である。左右の下顎の前端部は離れており、靭帯のみでつながっている。この構造により、左右の顎を別々に動かすことができ、左右に大きく口を広げることができるようになっている。また、ヘビは方形骨が下顎と関節するだけでなく、鱗状骨とも可動性の高い関節を形成し、まるで顎の関節が2つあるかのようになっている。そのために顎を上下にも大きく開くことができるのだ。このような特殊化により、ヘビは自分の頭部より大きな獲物でも、大きく開いた左右の顎を交互に動かしながら、ゆっくりと丸呑みにすることが可能となった。

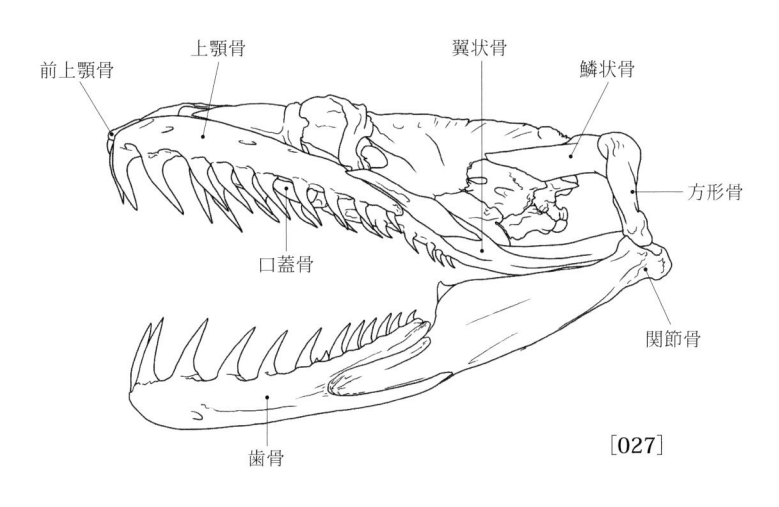

[027]

（図ラベル：前上顎骨、上顎骨、翼状骨、鱗状骨、方形骨、関節骨、口蓋骨、歯骨）

029　カメ目　カミツキガメ科　ワニガメ　骨格　前・側面
030　カメ目　ウミガメ科　アカウミガメ　骨格　前・腹面
031　カメ目　ヌマガメ科　アカミミガメ　骨格（腹甲を除く）　腹面

　カメは独自の進化の道を歩み、不思議な形態をもつに至った動物である。彼らは一見して「カメ」とわかる特徴である甲羅をもっている。脊椎動物では骨格が体の内側にあるのが普通なのだが、カメの甲羅はまるで体を外側から支えるかのような、箱状の奇妙な構造をしている。甲羅の表面は角質で覆われているが、その下には骨性の構造がある。この骨性の構造は、拡張して互いに癒合した肋骨と脊椎が一体化したものから成っている。多くの系統において皮骨性の装甲はみられるが（ワニやアルマジロなど）、カメのような肋骨を拡張した装甲は他に類をみない。

　もうひとつの大きな特徴として挙げられるのは、ほかの脊椎動物では肋骨の外側につくられる肩帯（肩甲骨・鎖骨・烏口骨）が、カメだけは肋骨の内側に収まっていることだ。妥協することなく前肢もしっかりと体の内側に収納できるような構造になっている。このように防御に重点を置いた奇妙な形態は、動く際には不便なようにもみえる。だが世界中にカメが分布しているところをみると、厳しい自然のなかで生き抜くことのできる成功した形態のひとつだといえるかもしれない。

[031]

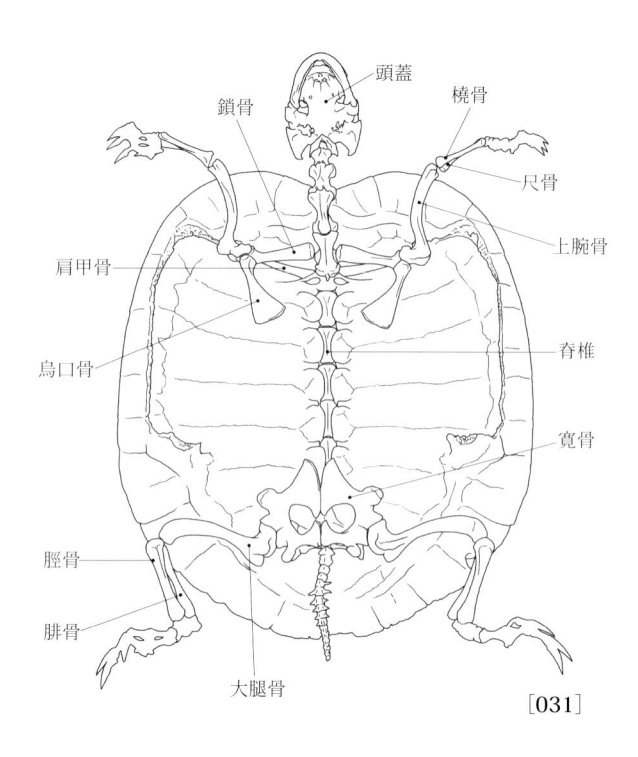

032 カメ目 オオアタマガメ科 オオアタマガメ 頭蓋 側面
カメはほかの爬虫類とは異なり、歯をもっていない。かわりに、鳥類と同じように嘴をもっている。顎の骨（前上顎骨・上顎骨・歯骨）は硬い角質でできた鞘で覆われている。辺縁は鋭く、食べ物を嘴でしっかりとつかみ、前肢を使ってちぎりながら食べる。

033 ワニ目 アリゲーター科 ミシシッピーワニ 頭蓋 側面
034 ワニ目 アリゲーター科 ミシシッピーワニ 頭蓋 前・側面
水中で獲物を待ち伏せするワニは、目と鼻の位置が頭部の背面にあり、水面から周囲をうかがうために都合のいい形態となっている。頭部の表面は凹凸が目立ち、いかにも凶暴なつらがまえにみえるが、これは皮膚の中にある皮骨が頭蓋に密着するための構造である。ワニが水辺の捕食者として成功した理由は、口のなかにみることができる。口と鼻のあいだの骨のプレート（前上顎骨・上顎骨・口蓋骨・翼状骨）が発達し、哺乳類と同じように口腔と鼻腔をわけているのだ。この構造により、頭部が水のなかに浸かっていても、鼻先を水面に出すだけで呼吸することができる。また、獲物をくわえたまま水中に引きずり込んでも呼吸が可能である。水中で口を開けるときは、骨のプレートに舌の根元を押し付けることによって、気道に水が入ることを防いでいる。

ワニの歯は頭蓋のソケット状の穴にしっかりはまっている。鋭い円錐状で上下から交互に生え並ぶ歯は、獲物を切り裂くためではなく、強力な顎で獲物をしっかり捕らえるために機能する。大きな獲物を食べるときには、噛みついて自分の体全体を回転させて肉をちぎりとる。ワニの歯もほかの爬虫類と同様に、生涯に何度も生えかわる。

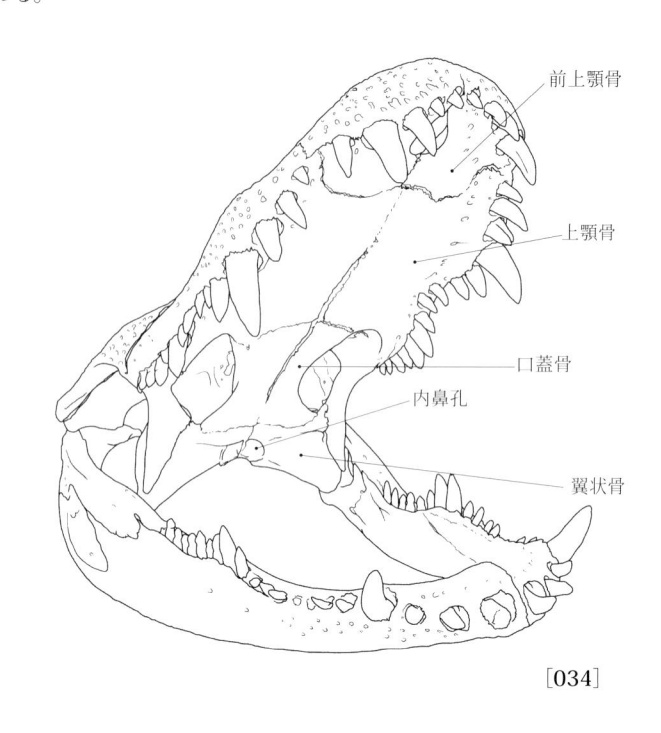

[034]

035 ワニ目 アリゲーター科 ミシシッピーワニ 骨格 前・側面
ワニはトカゲの仲間と似たような外見をもつが、その骨格には特有の特徴がみられる。体表は硬い鱗に覆われ、皮膚の下には皮骨の列が埋まっている。また胸部のみでなく頚部にも肋骨があり、さらに腹部にも、肋骨に似た構造物（腹肋）がある。重装備であるため、胴体部分はトカゲのような柔軟性をもたない。かわりに、尾の基部の関節が特殊な構造になっており、可動性が高い。尾はさまざまな方向に曲げることができ、とくに左右によく曲がる。これは水中での推進装置として、また舵として使うことができる。陸上を歩くときは、胴体をくねらせることなく、四肢で体をもち上げて歩く。鈍重なイメージのあるワニであるが、普段の動きからは想像できない敏捷さで地上を駆けることもできる。前進する際の主な動力となるのは後肢である。後肢の骨格は太く長く発達している。一方、細く小さい前肢はおもに体を支えて安定させるために機能している。

鳥綱

036　ヒクイドリ目　エミュー科　エミュー　骨格と卵殻　側面

爬虫類や鳥類、哺乳類の単孔類は、炭酸カルシウムからなる卵殻に包まれた卵を生む。彼らにとって卵殻は、陸上で繁殖する上で、欠かすことのできない構造である。卵殻は卵を物理的に外界から保護するだけでなく、卵の乾燥を防ぐとともに、微生物の侵入を防ぐバリアとして、また酸素を吸収し二酸化炭素を排出するガスの交換装置としても機能する。卵殻の形成に使われるカルシウムは、母親の骨格から動員される。鳥類においては、このような骨格への負荷を軽減するため、大きな空洞をもつ長骨（大腿骨など）内に骨髄骨という形でカルシウムを貯蔵する。繁殖期には、長骨は骨髄骨で満たされた状態となる。産卵期にカルシウムの需要が増加すると骨髄骨は溶かされ、カルシウムの再吸収が起こり、卵殻形成のために利用される。卵殻は硬くて丈夫な構造となっているが、卵殻のカルシウムは胚子の骨格形成のため多量に利用されるため、孵化時には卵殻の厚さは薄くなる。雛は嘴の先端にある卵歯を使って卵殻を割り、外へ出ることができる。このように母親の骨格から動員されたカルシウムは、いったん卵殻へと姿を変えるが、雛の骨格へと無駄なく利用される。

くコンパクトにまとまっている。尾端骨は数個の尾椎が癒合したもので、尾羽を固定するための形態に変形している。

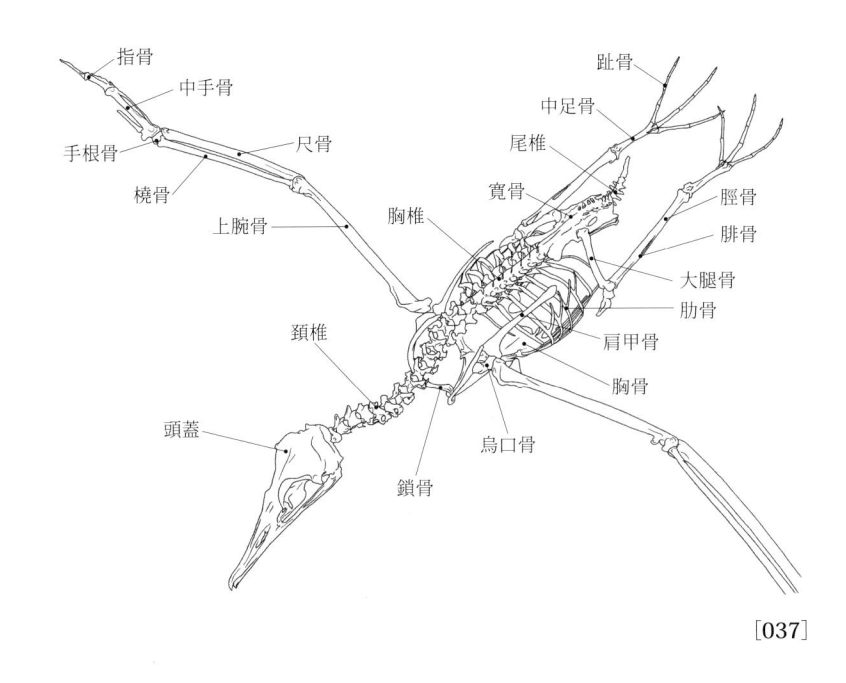

[037]

037　ミズナギドリ目　ミズナギドリ科　ハシボソミズナギドリ　骨格　背・側面
038　ミズナギドリ目　ミズナギドリ科　ハシボソミズナギドリ　骨格　腹・側面

鳥類の骨格は、ほかの脊椎動物と基本的な構成要素は同じだが、飛翔に適応したためにさまざまな部位に特殊化がみられる。主な特徴は、軽量化された骨格と、飛行に適応した前肢・胸部骨格の形態である。鳥類の骨格は、爬虫類や哺乳類に比べると、個々の骨が強固に癒合している部分が多くみられる。これは、癒合による関節の固定化が体の軽量化につながるためである。運動性は犠牲になるが、骨を癒合させることにより、骨格自体の重量が小さくなるとともに、関節を支える筋肉を少なくすることができるのだ。骨の癒合はおもに胸椎、骨盤、前肢・後肢の骨端部などにみられる。腰部骨格をみると、後部胸椎の一部、腰椎、仙椎、尾椎の一部と、寛骨（腸骨・坐骨・恥骨）が癒合し、軽量なひとつの骨（腰仙骨）を形成しているのがわかる。このように、さまざまな骨要素が癒合した腰部骨格は鳥類特有のものであり、発達した後肢の筋肉が付着する基盤となる。また哺乳類の骨盤とは異なり、腹側に骨の結合（恥骨結合）が形成されず、大きな卵が通過することを可能にしている。頭部と尾部の骨格にも、鳥類特有の特徴をみることができる。頭蓋は顎から歯が消失し、嘴に置きかわることで軽量化されている。頭蓋を支える頚椎は、癒合がすすむほかの部位と異なり、可動性が高い。頚椎の数は種によって異なり、13個から25個もの椎骨からなる。頚部は、骨の癒合により柔軟性を失った胴体部分の運動性を補う役割を果たしている。尾は肉質の長いものをもたず、尾椎は減少して、短

039　ミズナギドリ目　ミズナギドリ科　ハシボソミズナギドリ　体幹骨格　側面

胸部の筋骨格系には、飛翔するためのシステムが集約されている。翼と連結する肩帯には、鳥類特有の構造がみられる。肩帯は烏口骨、鎖骨、肩甲骨の3種の骨から構成されている。烏口骨は太く頑丈な骨で、胸部骨格と翼のあいだをつなぎ支える支柱となっている。鎖骨は左右で癒合したV字型の形態をもつ。両肩のあいだに位置し、翼が振り下ろされると曲がり、引き上げられると元に戻るといった、柔軟なサスペンションの機能を果たし、胸部にかかる力を吸収する。そして胸骨には大きく発達した突起がみられる。この突起は竜骨突起と呼ばれ、飛翔のために使われる強力な筋肉が付着する土台となる。翼を引き上げる筋肉は翼を振り下ろす筋肉と同様に竜骨突起に付着しており、その腱は肩部にある烏口骨と肩甲骨がつくる孔を通り、上腕骨の背側につながっている。この仕組みのおかげで、翼を引き上げる筋肉は、肩にある「滑車」を介して腱を引っ張り、翼を引き上げることができるのだ。胸部骨格は、飛翔のために使われる筋肉の土台となるため、強固な構造になっている。胸椎は互いに癒合し、可動性はほとんどない。肋骨はユニークな形態をしている。それぞれに後ろ向きについた鉤状突起と呼ばれる突起があるのだ。これらの突起により肋骨は互いに固定され、胸椎と胸骨とともに頑丈なかご状の構造をつくっている。

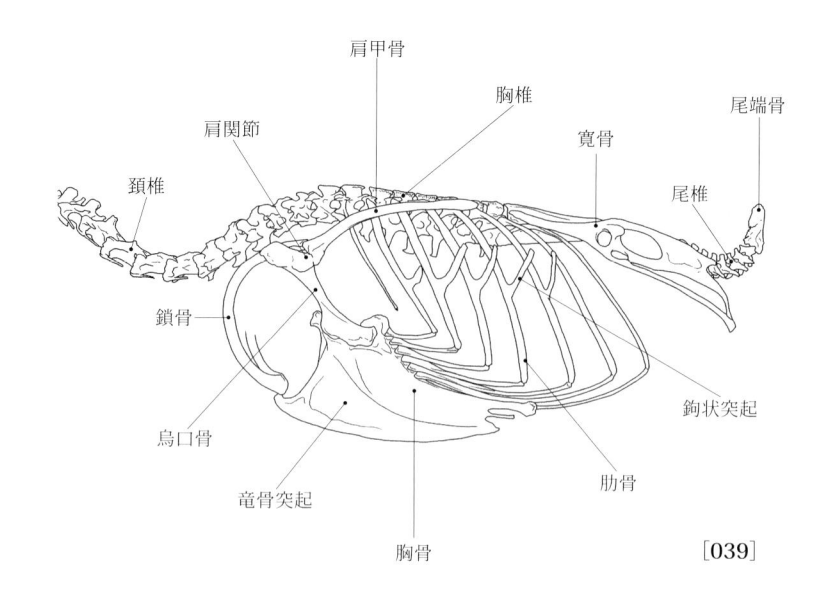

[図 039: 肩甲骨、胸椎、寛骨、尾端骨、尾椎、鉤状突起、肋骨、胸骨、竜骨突起、烏口骨、鎖骨、肩関節、頚椎]

042　ミズナギドリ目　ミズナギドリ科　ハシボソミズナギドリ　左前腕と肢端骨格　外側

鳥類の翼は、軽量化されたシンプルな構造となっているが、ほかの脊椎動物と同様に上腕骨、前腕骨（橈骨・尺骨）、手根骨、指骨から構成されている。翼の基部となる上腕骨には、飛翔時に使う筋肉の大部分が作用するため、羽ばたくときにもっとも負荷がかかる。そのため翼の全長に比べて、短く太く頑丈な骨となっている。前腕部は橈骨と尺骨の2本で構成されているため、飛行中に適度なねじれを生み、翼の柔軟な動きを可能とする。尺骨の表面には凹凸がついており、この部分には揚力を生み出す羽（次列風切羽）が固定される。手根骨から先端部分にかけては骨の癒合が顕著で、脊椎動物の肢端骨格の原型をほとんど留めていない。手根骨は2つだけとなり、指骨が減少した指を3本（第一指・第二指・第三指）残し、第四指と第五指は退化消失している。手根骨と手の骨は互いに癒合して形を変え、揚力とともに推進力を生み出すための羽（初列風切羽）を強固に支えるための構造をつくっている。

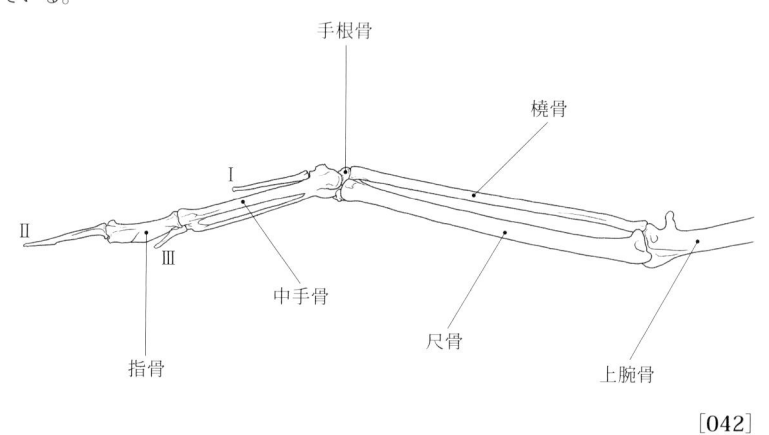

040　ツル目　カグー科　カグー　体幹骨格　側面
041　ダチョウ目　ダチョウ科　ダチョウ　胸骨（肩甲骨、烏口骨を含む）　側面

飛翔する必要のない生態をもつ鳥類では、飛翔に関わる部分が退化する傾向がみられる。カグーは、外見上は飛翔する鳥とほとんど同じ形態をもつが、飛ばない鳥である。そのため胸筋は退化し、同時に胸筋を支える竜骨突起も小さくなっている。さらに飛ぶことをやめて走ることに適応したダチョウやエミューではその傾向は顕著である。相対的に小さくなった胸骨からは竜骨突起が完全に消失し、まるでお椀のような丸い形態になっている。飛翔のために発達させた烏口骨や鎖骨、肩甲骨も退化し、互いに癒合してひとつの骨になっている。地上生活に適応した種では胸部骨格が退化する一方、発達した後肢の筋肉が付着する基盤となるため腰部骨格が大きく発達している。

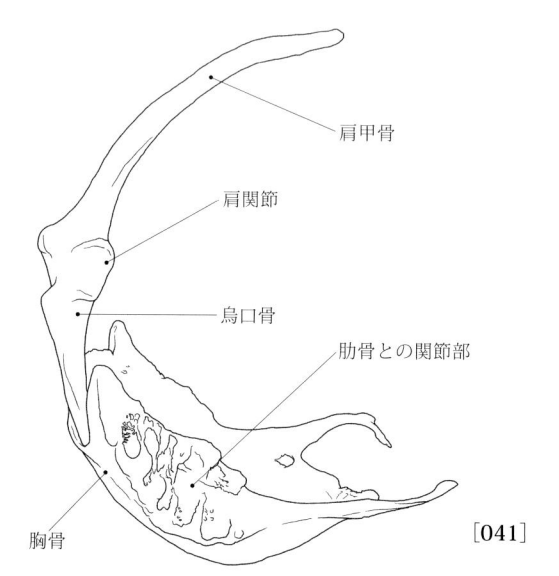

[図 042: 手根骨、橈骨、尺骨、上腕骨、中手骨、指骨、I、II、III]

043　ツル目　ツル科　クロヅル　上腕骨　縦断面
044　ダチョウ目　ダチョウ科　ダチョウ　大腿骨　縦断面

鳥類では骨格だけでなく骨そのものにも軽量化の工夫がみられる。主要な長骨は含気性に富み、骨髄部分が空洞となっているのだ。この空洞部分には気嚢が入り込み、呼吸システムとつながる。外層の骨皮質は非常に薄くなっているが、鳥類の骨は哺乳類の骨よりもリン酸カルシウムの含量が多いため、軽い上に密な性質をもち、見た目以上に強靭である。また、内部は骨小柱が張り巡らされてトラス構造をつくり、負荷のかかる部分が補強されている。そのため鳥類の骨は軽量化されながらも、哺乳類の骨と比べても遜色のない強度をもっている。一方、飛ぶことをやめ、走行に適応したダチョウでは、骨の構造にも二次的な変化がみられる。100kgを超える体重を支え、時速60kmで走行するための後肢の骨格は、ほかの鳥類よりも大きな強度を必要とする。そのため、大腿骨の内部には飛翔する鳥のような大きな空洞は発達せず、スポンジ状に骨の支柱が発達し、軽量化よりも強度を上げることに重点を置いた構造になっている。

[図 041: 肩甲骨、肩関節、烏口骨、肋骨との関節部、胸骨]

045　スズメ目　カラス科　ハシブトガラス　頭蓋　正中断面
046　スズメ目　アトリ科　シメ　頭蓋　側面
047　スズメ目　メジロ科　メジロ　頭蓋　側面
048　フラミンゴ目　フラミンゴ科　チリーフラミンゴ　頭蓋　側面
049　ペリカン目　トキ科　シロトキ　頭蓋　側面
050　カモ目　カモ科　カルガモ　頭蓋　側面
051　カツオドリ目　ウ科　カワウ　頭蓋　側面
052　タカ目　コンドル科　コンドル　頭蓋　前・側面
053　サイチョウ目　サイチョウ科　カササギサイチョウ　頭蓋　前・背・側面

鳥類の頭蓋にみられる大きな特徴のひとつは、歯をもたないことである。歯を支持するための構造をもつ必要がないので、頭蓋は大幅に軽量化されている。そのかわりに消化器に特殊化がみられる。酵素による消化を行う胃に加えて、歯の咀嚼機能に変わる物理的な消化を行う胃をもつのだ。この胃は筋胃と呼ばれ、とくに堅い種子を食べる種では発達し、このなかに砂利を溜め込んで粉砕機能を高めている。このような特徴をもつことは、頭部を軽量化できるだけではない。物理的消化を行うための重い器官を体の重心付近に配置し、飛行に適した体重の分布にすることができるという、一石二鳥の適応なのである。頭蓋は広範囲に癒合がみられ、最小限の重量で頭部を保護する構造となっている。含気化が進んでおり、頭蓋壁は厚みをもつが、薄い骨質のあいだにスポンジ状に小柱を発達させた構造になっている。

鳥類の頭蓋は大きな眼窩をもち、軽量化が徹底されているために形態の変異の程度は小さく、どの種も同じような形態をもつ。しかしそのなかでも嘴は、生態の違いによって形態の変異を生みやすい部分である。嘴は前上顎骨と歯骨の表面をケラチン質の鞘で覆ったものであり、食性に合った形態に進化している。

ハシブトガラス：雑食で、太く頑丈な嘴はさまざまな用途に使うことができる。
シメ：縦に厚い嘴は堅い種子を割って食べることに適している。
メジロ：雑食だが、とくに果実や花の蜜を好む。
チリーフラミンゴ：嘴の縁にあるろ過装置で、水中の藻類や小動物を濾しとって食べる。頭部を水面まで下げて採食するため、嘴は"くの字"に曲がった独特の形態となっている。
シロトキ：泥中の甲殻類や昆虫を探りながら食べるため、細く長い形態となっている。
カルガモ：幅広く扁平な形態の嘴をもつ。視界の利かない水中や泥の中の餌を探すために、嘴の触覚が発達している。嘴の先端には触覚の感覚神経が通っていた神経孔が多数みられる。
カワウ：魚を主食としている鳥類の嘴は辺縁が鋭く、ウのように先端が鉤状に曲がっていたり、サギのように鋭く尖っていたりする。
コンドル：大きな屍から肉をちぎりとるため、大きく頑丈な嘴をもつ。
カササギサイチョウ：嘴の上の発達した大きな突起が特徴だが、なかは細い梁の組み合わせになっていて軽い構造をなす。果実食。

054　ペリカン目　サギ科　アオサギ　左趾骨　底面
055　ペリカン目　サギ科　アオサギ　左後肢肢端骨格　背・内側
056　タカ目　タカ科　オジロワシ　左後肢肢端骨格　背・内側
057　カイツブリ目　カイツブリ科　アカエリカイツブリ　右後肢骨　側面
058　キジ目　キジ科　キジ　左後肢肢端骨格　背・内側
059　キツツキ目　キツツキ科　アオゲラ　左後肢肢端骨格　背・外側
060　ダチョウ目　ダチョウ科　ダチョウ　左後肢肢端骨格　背側

翼竜やコウモリは、前肢だけでなく後肢も翼の構成要素としたが、鳥類は前肢だけで翼を形成し、後肢を歩行専用の器官として使うことができた。そのため、鳥類は発達した後肢をもつ。主要な筋肉が付着する大腿骨は太く大きいが、体幹の皮膚に包まれているため、生体ではその位置は確認しにくい。肢端部は骨の癒合が顕著であり、シンプルな構造をもつ。脛骨は足根骨の一部と癒合しており、腓骨は発達が悪く退化的である。第二・第三・第四中足骨と足根骨の一部も癒合して、1本の骨となっている。通常、脛骨と中足骨のあいだにあるべき足根骨は、すべて癒合により消失している。地面に接地する趾も、鳥類特有の構造をもつ。第五趾は消失し、後方を向いた第一趾とほかの3本の趾が向き合う形態を基本とする（三前趾足）。枝に止まることができる足として、ほかの脊椎動物にはない独特の構造を発達させたのだ。そしてさまざまな環境に適応した結果、嘴と同様に多様な形態をもつに至っている。肢端部は細く、外見上骨格と皮膚だけのようにみえるが、皮膚の下には腱が走っており、足の複雑な動きをコントロールしている。鳥類はすべての種がかかとを浮かせ、趾だけを地面に接地する趾行性であり、趾の骨は放射状に配置され、二足歩行に安定感を与えている。このように細長くかかとの浮いた鳥類の肢端部は、軽量化されているとともに、着陸、離陸、歩行時の衝撃を吸収する優れた特性をもっている。

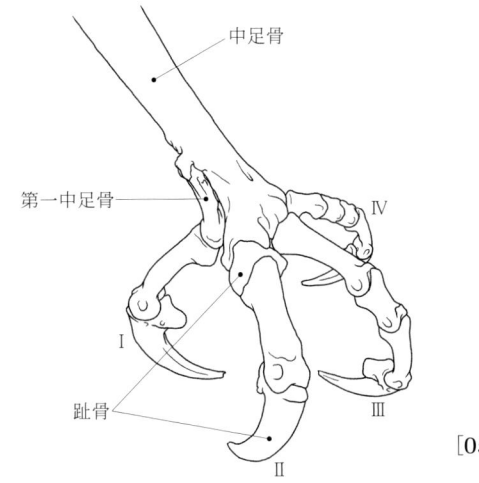

[056]

アオサギ：水辺を歩くため、泥のなかに足が沈まないように長い趾をもつ。
オジロワシ：獲物を捕らえるため、趾骨は太く鋭い爪を備えている。
アカエリカイツブリ：遊泳のために第一趾は小さく退化し、前方を向いた3本の趾には木の葉状の弁膜が発達しており水かきの役割を果たす（弁足）。膝関節には突起（膝蓋骨突起）が発達しており、水中で推進力を生み出す筋肉の付着部位となる。大腿骨は短く、逆に脛足根骨は長くなっており、推進力を生み出す肢端部が体の最後部に位置するようになっている。このように高度に遊泳に適応した後肢骨をもつため、陸上ではバランスが悪く、長距離を歩行することはできない。
キジ：第一趾は小さくなって高い位置に移動し、歩行に適した足となっている。
アオゲラ：第二趾・第三趾が前方を向き、第一趾・第四趾が後方を向いた形態である（対趾足）。対趾足は三前趾足に次いで多くみられる形態で、キツツキの仲間のほかに、フクロウやオウム、カッコウの仲間などもこの型の足をもつ。ほかにもアマツバメの仲間にみられる皆前趾足や、ブッポウソウの仲間にみられる合趾足など、グループによって趾のつき方に違いがみられる場合がある。
ダチョウ：走行に適応したため趾数が減少し、発達した第三趾と補助的な役割をする第四趾だけとなっている。

061　スズメ目　ホオジロ科　カシラダカ　骨格　前・側面
062　タカ目　コンドル科　コンドル　骨格　側面
063　フラミンゴ目　フラミンゴ科　チリーフラミンゴ　骨格　側面
064　フクロウ目　フクロウ科　アオバズク　骨格　前面
065　ペンギン目　ペンギン科　フンボルトペンギン　骨格　側面
066　アビ目　アビ科　シロエリオオハム　骨格　背・側面
067　キーウィ目　キーウィ科　キーウィ　骨格　側面
068　ヒクイドリ目　エミュー科　エミュー　骨格　側面

鳥類は空を飛ぶために、生理学的にも解剖学的にも厳しい条件を満たした体をもつ。そのため新しい形態が生まれる余地が少なく、ほかの脊椎動物に比べて、大きさや形態の変異が乏しいグループとなっている。哺乳類の歯や四肢のように、多様性に富んだ形態はほとんどなく、古顎類（ダチョウ目などを含む地上性・半地上性のグループ）を含めたすべての鳥類が嘴と前肢が変形した翼をもち、二足歩行をするといった共通の特徴をもっている。カシラダカのような体重20g程度の鳥の骨格と、体重が10kgを超え、飛翔する鳥のなかでも最大級のコンドルの骨格を比較しても、その構成要素がよく似ているのがわかる。フンボルトペンギンは遊泳に適応した特殊な鳥類だが、水中を飛ぶように泳ぐため、発達した竜骨突起など飛翔に適応した胸部骨格は退化することなく受け継がれており、骨格の構成要素も大きくは変わっていない。しかしそれぞれの種は、限られた範囲内ではあるが、その生態にあったさまざまな形態に進化している。アシ原や林縁を飛び回るカシラダカは小回りの効いた飛翔をするため、体に比べて相対的に小さい翼をもつ。一方、上昇気流にのって帆翔するコンドルは、大きな翼をもつ。フンボルトペンギンは水中に潜るために骨の比重が大きく、翼は短くなり、遊泳に適した鰭状に変形している。同じく水中で魚類を捕食することに適応したシロエリオオハムは翼ではなく後肢が水中での推進装置となるため、後肢骨格が特殊化して趾間に水かきが発達している。キーウィやエミューなどの古顎類では翼の基本構造は残っているが、そのサイズは相対的に小さくなり運動器官としてはほとんど機能しない。その代わりに後肢骨格が発達している。

哺乳綱

069　単孔目　カモノハシ科　カモノハシ　骨格　前・側面
070　単孔目　カモノハシ科　カモノハシ　左後肢端骨格　後・内側

現生の哺乳類は単孔類、有袋類、有胎盤類の3つの系統に分けることができる。そのなかでも単孔類はもっとも原始的な特徴をもつ哺乳類である。その名の由来になっているように排泄も生殖も、総排泄腔を通じて単一の孔で行われる。また哺乳類でありながら卵生であり、汗腺が変化しただけの単純な乳腺をもつなどほかの哺乳類にはない特徴をもっている。骨格にもさまざまな特徴がみられる。頚椎には肋骨が付随しており、骨盤はその構成要素（腸骨・恥骨・坐骨）が完全に癒合せず明瞭なままで、有袋類にもみられる前恥骨（袋骨）がある。また爬虫類的な古い形質を備えた肩帯をもつことも大きな特徴である。ほかの哺乳類では肩帯は肩甲骨と鎖骨からなるが、単孔類では烏口骨、前烏口骨、間鎖骨も加わり5種類の骨から構成されているのだ。そのため四肢は爬虫類のように体の横から突き出るようにして体を支える。

カモノハシは水中生活に適応した単孔目の仲間であり、紡錘形に近い体型に水かきのある短い四肢とビーバーのような扁平な尾を備えている。そしてその名が表すとおり、カモのような嘴がカモノハシの大きな特徴となっている。顔面骨は前方に伸びており、先端は癒合せずにまるでクワガタのような外観になっている。この嘴は鳥類のように硬い角質組織ではなく、知覚神経が高密度で分布した皮膚で覆われており、水中で獲物を捕らえるためのセンサーとしての役割も果たしている。幼獣は歯をもつが、成長とともに脱落し、歯の代わりとなる角質板が形成されるため、成獣は歯をもたない。また後肢に毒腺を備えた蹴爪をもつことでも知られる。雄の足根部の尾側には角質の蹴爪があり、導管を通じて大腿部にある毒腺とつながっている。この蹴爪は中空になっており毒液を放出することができる。雄にしかないことから、繁殖期にテリトリーをつくる時や雌を獲得するための雄同士の闘争の際に武器として使われると考えられる。このような蹴爪は初期哺乳類の原始的な特徴を受け継い

だものであると推測される。

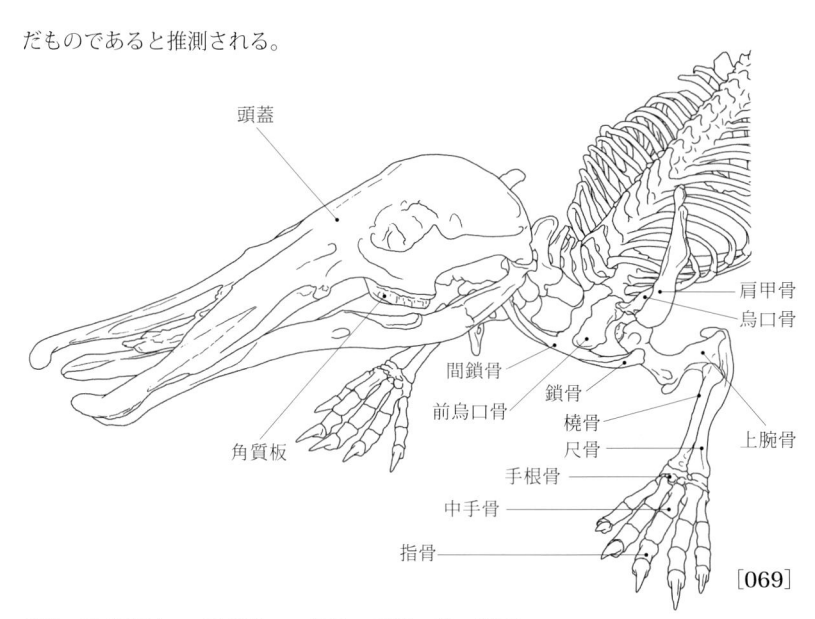

[069] 頭蓋／肩甲骨／烏口骨／間鎖骨／前烏口骨／鎖骨／橈骨／尺骨／上腕骨／角質板／手根骨／中手骨／指骨

[075] 脊柱／寛骨／前恥骨（袋骨）／大腿骨

071　双前歯目　コアラ科　コアラ　頭蓋　前・側面
072　双前歯目　カンガルー科　オグロワラビー　頭蓋　前・側面
073　双前歯目　カンガルー科　オグロワラビー　下顎骨　前・側面
074　フクロネコ目　フクロネコ科　タスマニアデビル　頭蓋　前・側面
075　双前歯目　コアラ科　コアラ　骨格　側面
076　双前歯目　カンガルー科　カンガルー属の一種　骨格　前・側面
077　双前歯目　カンガルー科　オグロワラビー　左後肢骨　前・側面
078　双前歯目　カンガルー科　オグロワラビー　左後肢肢端骨格　背側

有袋類は未熟な新生子を産み、育児嚢で子どもを育てるという特殊な繁殖様式をとる。彼らは現在の哺乳類の主流である有胎盤類とは異なるグループであり、白亜紀には北アメリカやユーラシア大陸にも生息していたが、有胎盤類の繁栄とともにほとんどの種は絶滅した。しかし、ほかの大陸から海によって隔てられたオーストラリア大陸は、有胎盤類が大規模に侵入することはなく、有袋類が独自の進化を遂げる場となった。そこではフクロオオカミ、フクロアリクイ、フクロモグラなどそれぞれの生態に適応した形態が生み出され、まるで有胎盤類のミニチュア版のような適応放散がみられる。フクロネコ目は肉食性の生態をもち、有胎盤類の食肉目に相当する適応をみせる。タスマニアデビルは現生で最大の肉食性有袋類である。上顎には有胎盤類よりも多い一側に4本の切歯が密に並び、犬歯も発達している。また臼歯は、食肉目と同様に切り裂き機能が強化された形態をもつ。一方、双前歯目には、コアラやカンガルーなど草食に適応した有袋類が含まれる。オーストラリア固有の有袋類としてもっとも多様化したグループである。多数の切歯をもつ肉食性有袋類とは異なり、下顎に1本しか切歯をもたないという、共通した特徴をもっている。カンガルー科は、草食に適応した2つの稜をもつ臼歯を発達させている。

有袋類には、有胎盤類にはない独自の骨がある。骨盤に関節する平たく長い骨（前恥骨あるいは袋骨）である。これらの骨は腹部の筋肉が付着するためのスペースを提供しており、腹壁を強化している。雌のほうが大きく発達していることから、腹部にある育児嚢を支える機能を果たしていると考えられる。

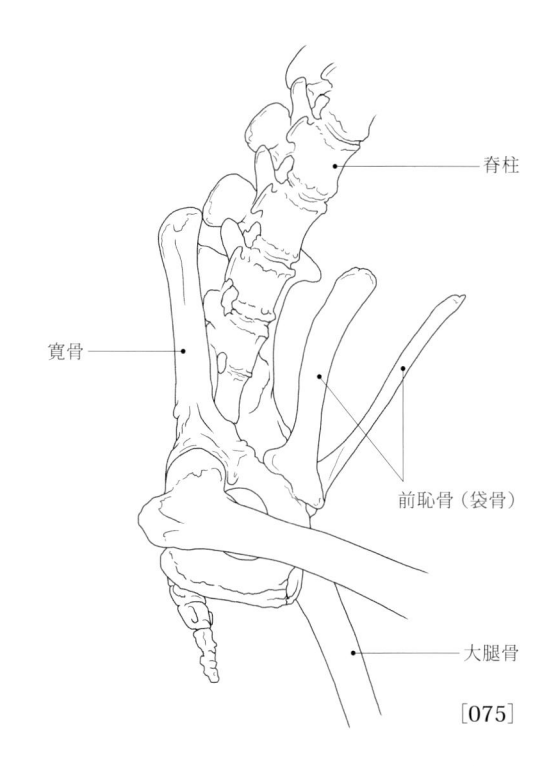

カンガルー科は草食性有袋類で、生息地では有蹄類のような生態学的地位を占めている。有蹄類と同様に走行に適応しているが、彼らがとる移動方式は四肢による走行ではなく、後肢による跳躍である。跳躍によって移動する動物は四肢を使って走行する動物よりも早く加速することができ、速度や進行方向もすばやく変化させることができる。このような特徴は外敵から逃れるために有利である。跳躍による走行は、いくつかの動物種でみられるが、カンガルー科はもっとも跳躍に適応したグループのひとつである。前肢はゆっくりと歩くときや食べ物をつかむときにしか使われないため、小さくなっている。そのため、主要な推進装置となる後肢の発達は際立ってみえる。脛骨、腓骨は伸長しており、肢端部ではとくに第四趾が太く長く発達している。第二趾と第三趾は細く、趾同士の皮膚が癒合しているため、外見上は1本の趾のようにみえるが、これは双前歯目に共通してみられる特徴である。後肢骨格は強靭な腱に連結されており、バネのようにエネルギーの蓄積、放出を繰り返すことができるため、跳躍時のエネルギーが効率よく使われる構造になっている。脊椎の形態にも特徴がみられる。胸椎が比較的小さいのとは対照的に腰椎は跳躍に必要な強力な筋肉が付着するため、大きく発達している。尾椎も太く長く発達している。走行中には尾は持ち上げられ、後肢を中心として体の前半部分との重量バランスをとるという重要な役割を果たす。このように走行のための機能が腰部から尾部にかけて集中しているため、後肢で跳躍する動物は独特のプロポーションとなる。

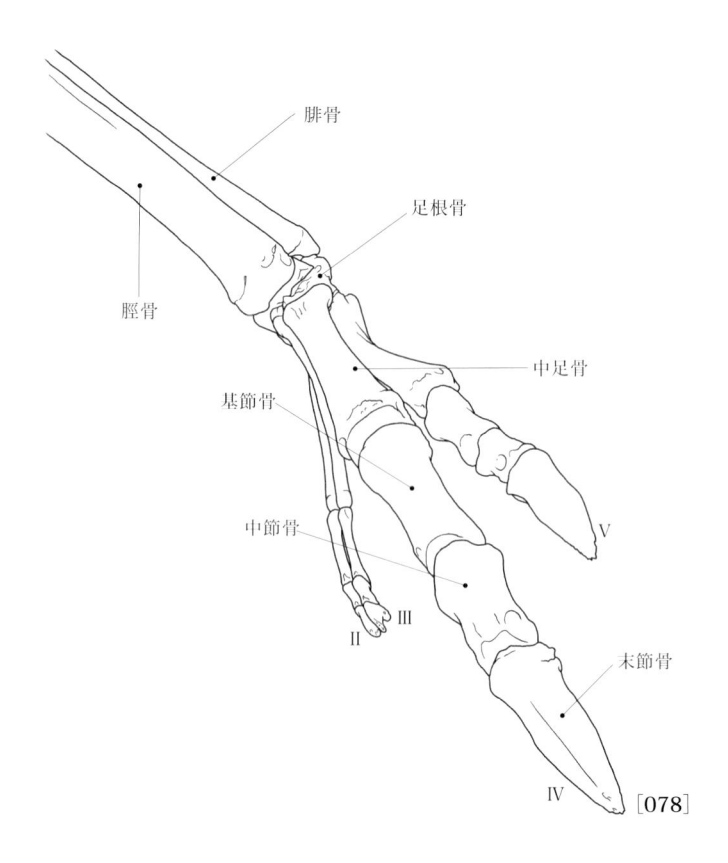

哺乳類の頭蓋は脳の大きさや視覚や嗅覚などの感覚器の発達の程度、および食性によってその形を大きく変える。とくに食性の違いによる歯および咀嚼のための筋肉の発達の違いによる影響は大きい。頭蓋に続く脊柱は前肢と後肢が支柱となる橋桁のような構造となっており、肩と腰の部分で曲線を描き、かかる負荷の大きさの違いにより各脊椎骨は異なる形態となっている。頚椎は一般的に 7 個の椎骨からなる。一番目と二番目の頚椎（環椎・軸椎）は特殊な形態となっており、頚部の可動性は爬虫類よりもさらに増している。また哺乳類では肋骨は胴体の前方部分の脊椎にのみ関節しているため、肋骨の関節する胸椎と腰椎を明確に分けることができる。哺乳類の四肢は体から地面に垂直に向かってついているため体を支える姿勢としては効率のよいものとなっている。肩帯は肩甲骨と鎖骨からなる。肩甲骨は鎖骨と筋肉で体幹に固定されており、鎖骨は肩甲骨と胸骨に関節し、前肢にかかる複雑な負荷に対する支持装置としての役割を果たしている。走行に適応した種では前肢の運動が前後への振り子運動を中心とした動きとなるため、鎖骨の機能が不要となり消失する場合がある。前肢の肘より下の部分は橈骨・尺骨、手根骨、中手骨、指骨から構成される。指の本数は基本的には 5 本であるが、哺乳類ではさまざまな環境に適応する過程で、とくに肘から下の形態が変化し、種によって指の本数が減少していることがあり、変異が著しい。腰帯は骨盤（腸骨・恥骨・坐骨）からなり、後肢を動かす筋肉が付着する土台となる。肩帯は進化の過程でより洗練されたものに変化してきたが、腰帯は形に変化はみられるものの、その構造は両生類から大きく変化することなく後肢の動力を胴体に伝えるという基本的な役割は変わっていない。後肢は前肢と同様に生活環境に適応した結果、膝から下の骨格（脛骨・腓骨・足根骨・中足骨・趾骨）の形態変異が著しいが、基本的に推進力を生み出す装置という役割は変わっていないため、前肢ほどの形態変化を起こすことは少ない。

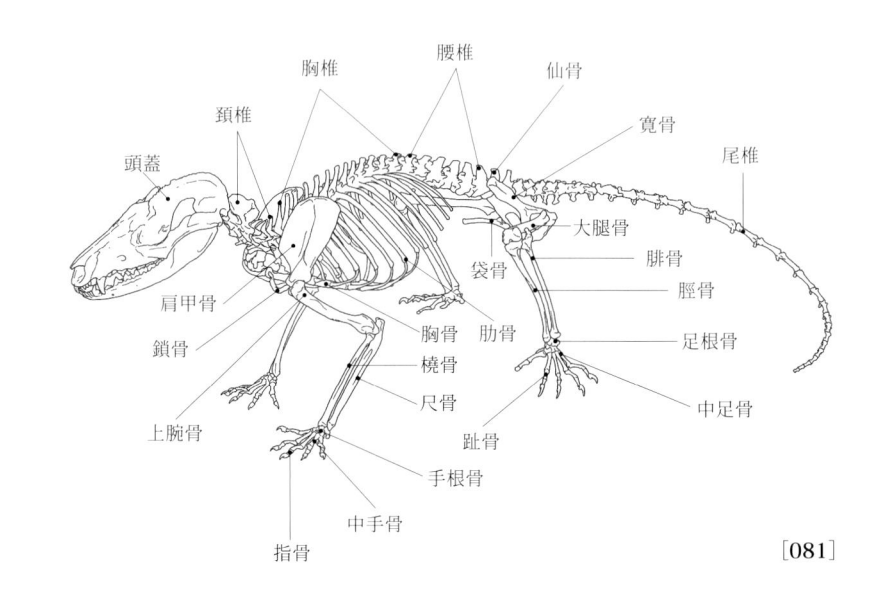

079　双前歯目　コアラ科　コアラ　左前肢肢端骨格　背・外側

コアラは樹上生活に適応した葉食性有袋類である。樹上生活に適応した霊長目と同様に、つかむのに適した形態の肢端部をもつ。彼らはユーカリの葉しか食べない偏食家である。生活の場となるユーカリの木は、堅くなめらかな樹皮をまとっている。そのため、しっかりと体を支持できる肢端部を発達させる必要があった。前肢には鋭い爪が備わり、第一指と第二指はほかの 3 本の指と向かい合う形になっていて、強力な握力を発揮する。後肢肢端部は第一趾とほかの趾が向かい合い、前肢と同様に木の幹をつかむための形態をもつ。第一趾は爪をもたないが、指先が丸く大きくなっており、滑り止めとなっている。

080　オポッサム目　オポッサム科　ヨツメオポッサム　左前腕と肢端骨格　背・外側
081　オポッサム目　オポッサム科　ヨツメオポッサム　骨格　前・側面

オポッサムはアメリカ大陸に分布する有袋類の仲間である。有袋類の中では、もっとも原始的な形態をとどめるグループであるが、季節や場所により、地上で生活したり樹上で生活したりすることができ、食性も多様で、昆虫から小動物、腐肉などの動物性の餌から果実などの植物性の餌まで食べることができる適応力の高い動物である。有袋類は樹上生活に適応しつつ進化してきたと考えられ、オポッサムも肢端部や尾に樹上生活に適応した特徴がみられるが、哺乳類の中でも原始的形態を留めており、その骨格には哺乳類の基本型をみることができる。

リボスフェニック型臼歯を原型として多様な食性に適応した形態へと進化している。

モグラ科は地中生活に適応したグループである。そのためトガリネズミ科と比べ掘削に適した前肢をもつなど、形態に特殊化がみられる。臼歯はトリボスフェニック型に近い形態を示すが、ミミズや昆虫の幼虫など比較的柔らかい無脊椎動物を主食とするため、カッターのような切断機能が強化されている。

087　無盲腸目　モグラ科　アズマモグラ　骨格　腹面
088　無盲腸目　モグラ科　アズマモグラ　骨格　前・側面
089　無盲腸目　モグラ科　アズマモグラ　右前肢骨　側面
090　無盲腸目　モグラ科　アズマモグラ　左前肢端骨格　背側

無盲腸目は、原始的哺乳類の特徴を受け継ぐ小型哺乳類である。骨格も原始的な哺乳類の基本型を保っている。しかし、いくつかのグループは特異な生活環境に適応したため、特殊な形態になっている。その典型的な例がモグラである。彼らは完全な地中生活者で、地中にトンネルを掘ることで自らの生活空間をつくる。体型は筒状で短い四肢を備えており、地中のトンネルを通るために適した外部形態をもつ。いちばんの特徴となっているのは、「掘削」という能力に特化した前肢の形態である。掘削のための力を効率よく発揮するために肢端部の骨格は短く構成されている。手を構成する指骨、中手骨は非常に短く幅広い形態になっている。指は5本備わっているが、第一指の外側には第六の指のように見える骨がみられる。これは鎌状骨と呼ばれ手首の骨（橈側種子骨）が発達したものである。この骨がサポートすることにより、手のひらはまるでグローブのようになり、土をかき出すのに都合のよい形態となっている。前腕骨（橈骨・尺骨）も太く短く発達しており、肘頭は長く突出している。前肢の運動の中心となるのは上腕骨である。モグラの前肢は掘削運動に適応した結果、肩帯と上腕骨の変形と骨の位置関係の改変がみられ、体幹の横に突き出すように位置している。肘関節が肩よりも高い位置にあるため、上腕骨がその長軸を軸として回転することで、肢端部の掘削運動が生み出される。主な動力源となるのは、肩甲骨と上腕骨をつなぐ大円筋である。そのため大円筋の起始部となる肩甲骨はその付着部を確保するために長い棒状の奇妙な形態となっている。また大円筋をはじめ、掘削運動を生みだす骨格筋群の付着部位となる上腕骨は筋肉の付着部が大きな結節となり、短く幅広いでこぼこしたユニークな形態となっている。上腕骨は、短く太い鎖骨と肩甲骨の両方に関節し、胸部に固定されている。この特徴的な肩帯の構造は大きな負荷のかかる上腕骨を支えるために適している。また胸骨の前端が前方にせり出し、肩帯が前方にシフトしているのも特徴である。せり出した胸骨は胸筋の付着部位となるとともに、肩帯を前方にシフトさせることで、短い前肢で効果的に進行方向の土砂をかき出すことができる。また同時に頚部は肩帯の筋肉の間に位置することになり、圧力のかかる地中で頚部が保護されている。

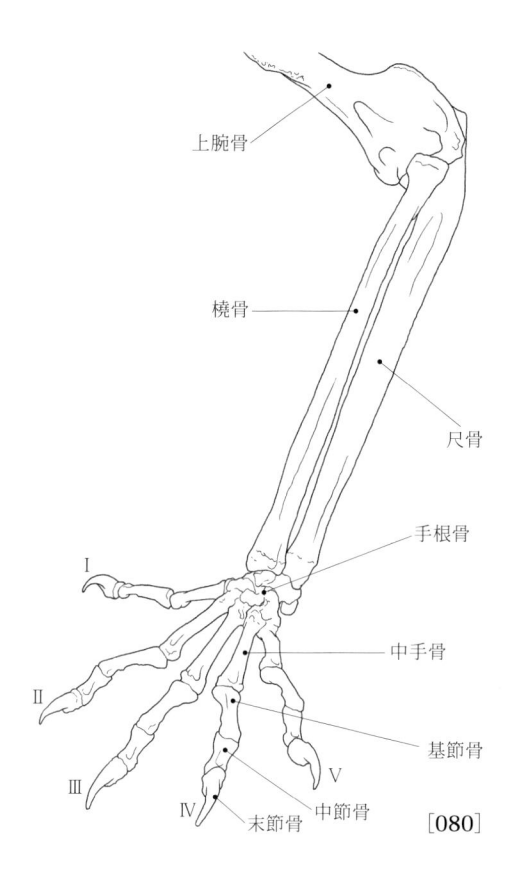

[080]

082　無盲腸目　トガリネズミ科　ジャコウネズミ　骨格　前・側面
083　無盲腸目　トガリネズミ科　ジャコウネズミ　骨格　側面
084　無盲腸目　トガリネズミ科　ジャコウネズミ　頭蓋　側面
085　無盲腸目　トガリネズミ科　ジャコウネズミ　頭蓋　腹面
086　無盲腸目　モグラ科　アズマモグラ　下顎骨　側面

無盲腸目は主に昆虫やミミズなどの無脊椎動物を食べる小型哺乳類である。その中でもとりわけトガリネズミ科は原始的哺乳類に似た形態を留めており、有胎盤類の中でももっとも特殊化していない形態をもつグループである。食性も原始的哺乳類と同様に食虫性であり、その臼歯は哺乳類の原始的な歯の形態を留めている。この臼歯の形態はトリボスフェニック型臼歯と呼ばれ、哺乳類の臼歯の基本型であり、切断機能と破砕機能を合わせもつ。もともと臼歯は切断機能をもつ円錐状の咬頭をもった単純な形態であったが、原始的哺乳類では咬頭間に出っ張りが発達し、上顎臼歯と下顎臼歯の噛み合わせが、杵と臼のような関係となった。つまり臼歯が噛み合うことにより、切断機能と破砕機能を同時に発揮できるようになったのである。このような臼歯の形態は哺乳類特有のものであり、咀嚼機能が格段に向上した。哺乳類は爬虫類に比べて基礎代謝率が高く、エネルギーや栄養素の要求量が高い。そのため食物からより多くの栄養を取り出すことが必要であり、高度な咀嚼機能を備えることが進化的に選択されてきた可能性がある。哺乳類の臼歯はすべて、このト

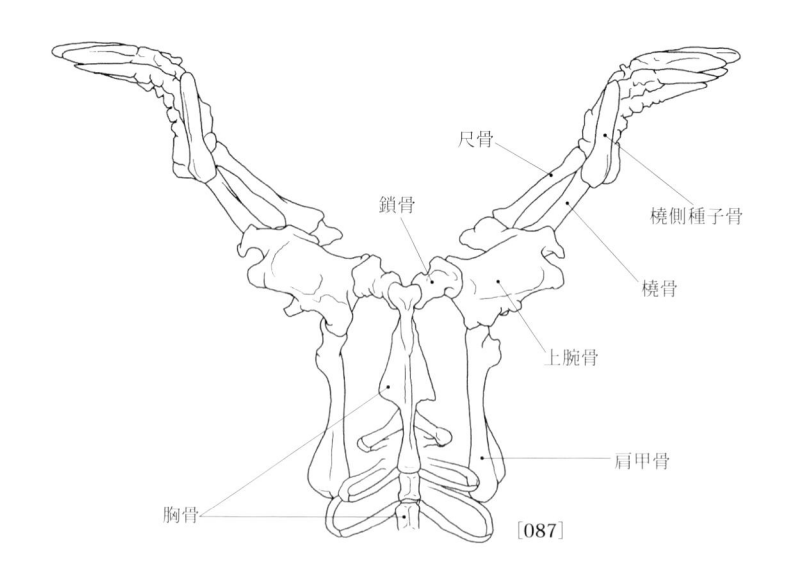

の位置が一直線上に並ぶ傾向がある。顎を動かす咀嚼筋は側頭筋が大きく発達しており、咀嚼において主要な役割を果たす。そのため側頭筋の主要な起始部となる側頭窩が広く、矢状稜も発達しており、終止部で下顎を引き上げるためのレバーとなる筋突起も大きい。

イヌ科は長い吻部をもつ。このイヌらしい風貌を特徴づける長い鼻面は、嗅覚が発達していることを示している。また、獲物までの距離感をつかむために前方を向いた眼窩は多くの肉食獣に共通してみられる特徴である。イヌ科のほとんどは雑食性で、哺乳類から昆虫、木の実や果実など植物質のものまで餌とする幅広い食性をもつ。そのため歯の形態は食肉目の一般型を保ち、獲物を捕らえて解体するための切歯、犬歯、骨を破砕するための前臼歯、食塊を噛み砕く機能をもつ後臼歯を備えている。そして、上顎第四前臼歯と下顎第一後臼歯が肉を切断するための裂肉歯に分化している。このような歯の形態は、餌の内容を臨機応変に変えて生活することを可能とし、彼らの分布域が世界中に広がった理由のひとつとなっている。

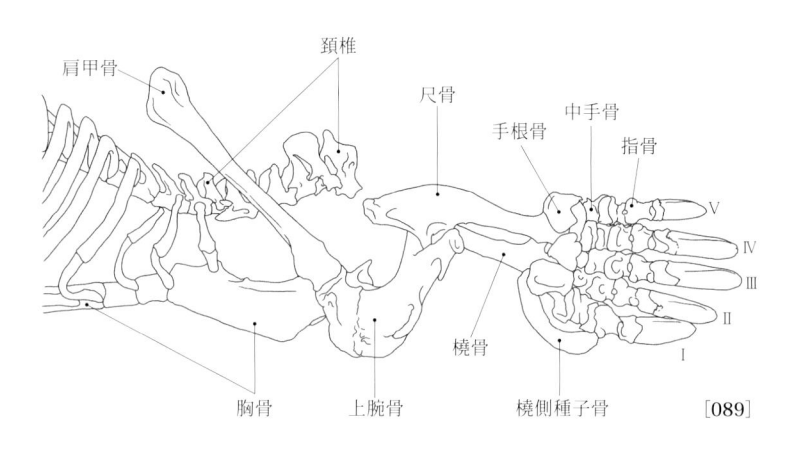

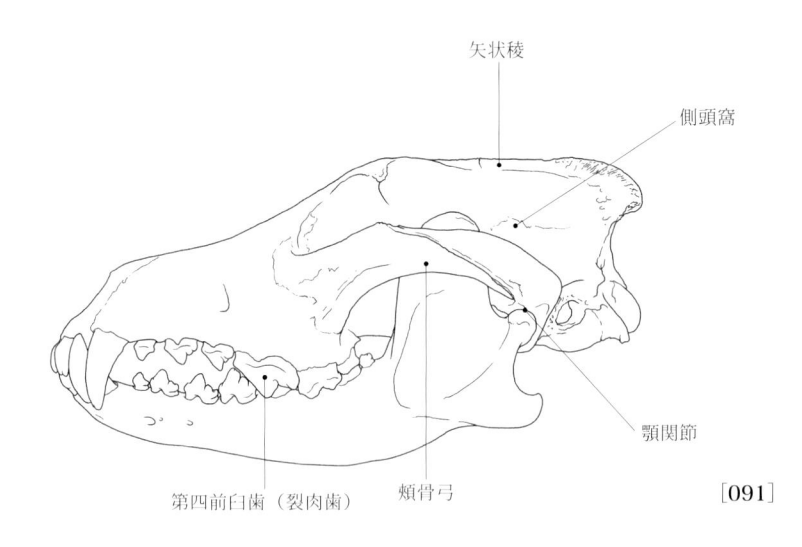

091 食肉目 イヌ科 オオカミ 頭蓋 側面
092 食肉目 イヌ科 オオカミ 下顎骨 前・背・側面

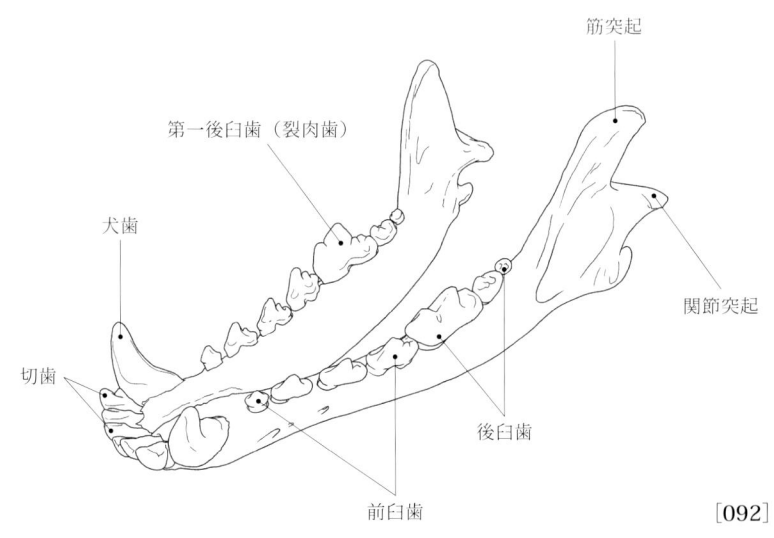

現生する食肉目の食性は、完全な肉食から雑食、なかには草食のものまで幅が広く多様であるが、多くの種に肉食性哺乳類として適応してきた特徴が受け継がれている。それは肉食に適した歯の形態である。切歯は肉を噛みちぎる機能をもち、大きな犬歯は突き刺すのに適した円錐形で獲物を捕殺するための主要な武器となる。臼歯は肉食という食性に合わせて、もっとも特殊化している。臼歯の一部が、肉を切断するために特殊化した形態をもっているのである。これらの歯（上顎第四前臼歯・下顎第一後臼歯）は裂肉歯と呼ばれ、上顎と下顎の裂肉歯が噛み合うことによって肉が押し切られるようになっている。このような臼歯の切断機能を効果的に発揮するため、顎の構造にも特徴がみられる。肉食に適応した種では、顎関節は関節突起が横に長く深くはまり込んで関節しており、蝶番のように顎が上下にのみ開閉する構造になっている。また鋏のように支点である顎関節と作用点である臼歯の咬合面

093　食肉目　イヌ科　アカギツネ　左前腕と肢端骨格　背・外側
094　食肉目　イヌ科　アカギツネ　右下腿と肢端骨格　背・外側

イヌ科は狩りをするために、「走る」ことに適応している。この運動能力は、たんに身体の能力が優れているためにもっている能力ではない。スピードを手に入れるためには、それなりに体の形態が適応することが必要である。その特徴があらわれているのが肢端部の形態である。イヌ科の肢端部は細長い構造になっており、とくに中手骨・中足骨が長くなる傾向がある。また地面に接するのは4本の指・趾のみで、手首と足首はつねに地面から浮き上がった状態にある（趾行性）。ヒトが走る際はかかとを地面につけないが、これと同じ状態がつねに保たれているといえる。肢端部の伸長と姿勢の改変により、走行のワンストロークで進むことが出来る距離が長くなっており、走行に有利な形態となっているのである。肢端部の骨格は軽量化のためにコンパクトにまとまっており、第一指・趾は退化傾向にあり、後肢においては消失している。しかし有蹄類のように極端な肢端部の変形がみられるわけではない。これは獲物を押さえる際に、ある程度の肢端部の可動性が必要であるためだと考えられる。指・趾の下は肉球でサポートされ、つねに指先から突出している爪は、地面をけるためのスパイクとして機能する。

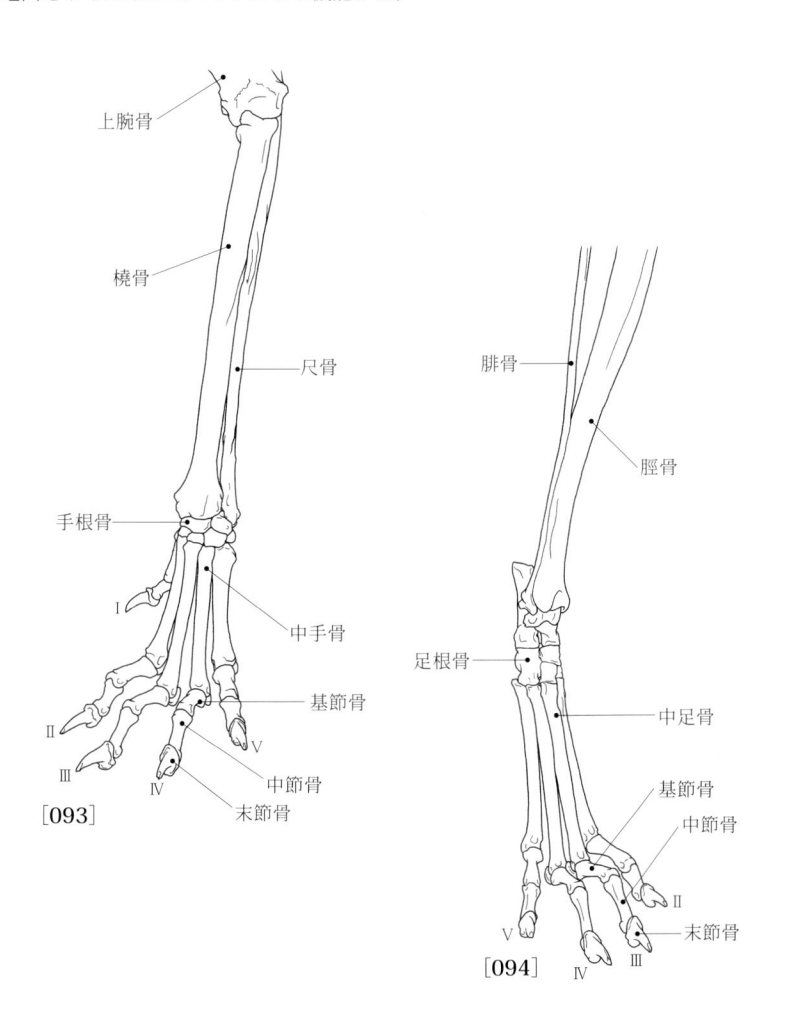

095　食肉目　イヌ科　ドール　骨格　側面
096　食肉目　ネコ科　オセロット　骨格　側面
105　食肉目　アライグマ科　アライグマ　骨格　側面
106　食肉目　クマ科　ヒグマ　骨格　側面
111　食肉目　クマ科　ジャイアントパンダ　骨格　側面
115　食肉目　イタチ科　ユーラシアカワウソ　骨格　側面

陸生の食肉目はネコ科のようにスレンダーな体型や、イタチ科のように細長い体型、クマ科のようにずんぐりした体型のものまでさまざまな形態をもつ。それぞれの形態に合わせて生活スタイルも多様だが、おもな骨格の特徴は共通している。胸部骨格は背腹に高さをもち、肋骨に接する肩甲骨が地面に対して垂直方向に立つようになっている。また、多くの食肉目で鎖骨は消失し、前肢骨格と胸部をつなぎとめるものは筋肉だけになった。このことにより、腕の横方向への動きは限定されるものの、肩甲骨が肢端部の動きと同じ縦の平面で動くことになり、走行する際の前肢の振り子運動が効率よく行われるようになっている。これらの特徴は、同じく走行に適応した有蹄類にもみられる特徴である。また食肉目では、走る際には四肢だけでなく、脊柱も重要な役割を果たす。とくにネコ科動物では脊柱が長く柔軟になっており、四肢の動きに合わせ、脊柱をしゃくとり虫のように動かして走る。彼らの優れている点はこの走行スタイルにあり、瞬時に加速度を得ることができる。しかし全身の筋肉を使うためエネルギーの消費が激しく、長距離のハンティングはできない。

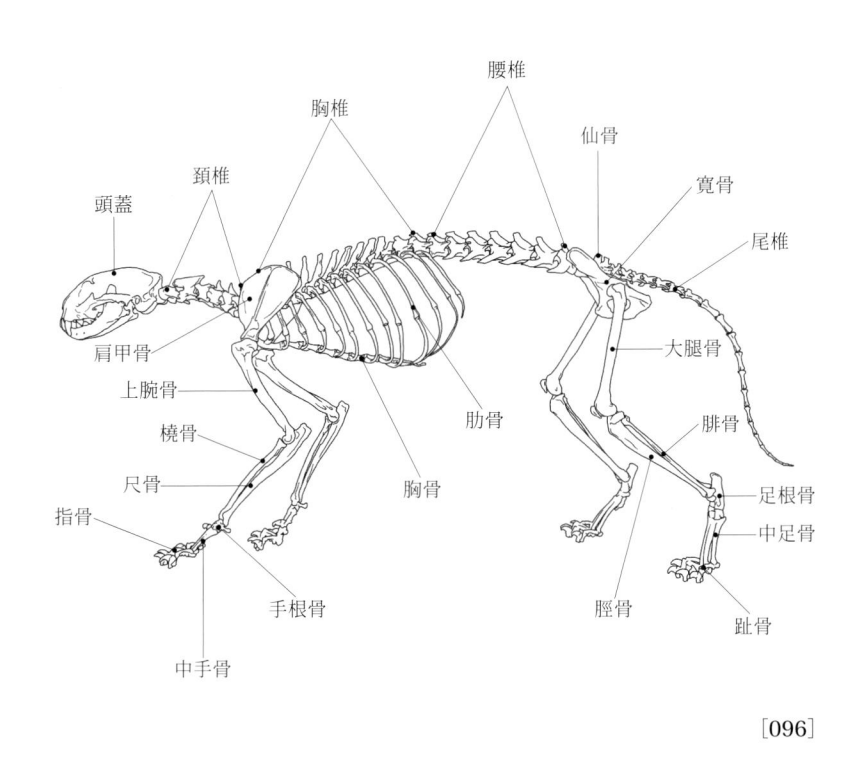

[093]
[094]
[096]

237

ドール／オセロット：歩行様式は指骨・趾骨部分だけを接地する趾行性である。獲物を捕らえるために走行に適応している。

アライグマ／ヒグマ／ジャイアントパンダ：歩行様式は後肢において足根骨部分まで接地する蹠行性である。前肢は手根部を少し浮かせ気味にして歩く。歩き回ることによる探索行動や木に登ったりするなど立体的な行動とることが多い。

ユーラシアカワウソ：歩行様式は蹠行性である。四肢は短く、各指・趾の間には水かきが発達しており、水中での遊泳に適応している。

097　食肉目　ネコ科　トラ　右前肢肢端骨格　背側

ネコ科は、食肉目のなかで獲物を捕食して生活することにもっとも適応したグループである。獲物を捕らえるために特殊化した部位のひとつとして、四肢の形態を挙げることができる。ネコ科はイヌ科と同様に、獲物を捕らえるために速く走ることに適応した結果、歩行様式は指・趾だけを地面に接地する趾行性となっている。しかし、四肢は走行のためだけではなく、獲物を捕らえるための道具としても重要な役割を果たす。そのため四肢は太く、肢端部は比較的大きくなり、鋭い爪を備えている。普段は末節骨が腱によって引き上げられ、爪は指先の皮膚でできた袋に収納されている。よって地面には肉球だけが接地し、鋭い爪を保護するとともに、静かに獲物に忍び寄ることができる。そして獲物を襲うときや木に登るときなど、必要に応じてこの爪を出すことができる。爪の出し入れは指先の腱によって調整されており、前腕部にある筋肉が収縮すると、指の下にある腱が引っ張られ、指が屈曲すると同時に、爪がせり出してくる。この爪は先端が摩耗すると、表面がはがれ落ちる。そのため、木などに爪を擦りつけることで摩耗した部分をはがして落とし、つねに鋭い状態に保たれている。

098　食肉目　ネコ科　リビアヤマネコ　頭蓋　前・側面
099　食肉目　ネコ科　リビアヤマネコ　頭蓋　前面
100　食肉目　ネコ科　トラ　頭蓋　前面
101　食肉目　ネコ科　トラ　頭蓋　側面
102　食肉目　ネコ科　トラ　頭蓋　後面
103　食肉目　ネコ科　トラ　下顎臼歯　側面

ネコ科の食性はほぼ完全な肉食である。彼らは捕食者として洗練された特徴をもつ。そのなかでももっとも特殊化したのが、歯の形態である。犬歯は鋭く大きく発達し、殺傷能力の高い武器として機能する。噛みつかれた獲物は、犬歯が突き刺さることにより、容易に逃げることができない。そして最終的に頸部に犬歯を刺し込み、脊髄や頸動脈を切断したり、気管を圧迫して窒息させたりすることで致命傷を与える。より深く突き刺すため、犬歯と臼歯のあいだには間隙があり、顎は大きく開くことができる。臼歯は噛み砕く機能をまったくもたず、咬頭は鋭くとがっており、切断機能を極限にまで高めた形態をもつ。これらの歯（裂肉歯）は上下が噛み合わさることで鋏のように機能し、肉を切断する。臼歯は肉を大まかに切断するためだけに機能するため、哺乳類の基本的な臼歯の数に比べて減少している。これらの歯に効率よく咀嚼筋の力を伝えるために、ネコ科の顔面は短くなっている。また咀嚼筋が発達しているため、頬骨弓は大きく横に張り出している。

104　食肉目　ハイエナ科　ブチハイエナ　頭蓋　側面

ハイエナ科は、その外部形態の特徴からイヌ科の仲間と思われがちであるが、実際はイヌ科とは別系統から進化した動物である。その詳細な特徴から、ネコ科に近い動物であることがわかっている。ハイエナ科も肉食動物としてネコ科と同様に、歯の形態に特殊化がみられる。顎の大きさに対して、ひとつひとつの歯が大きく太くなっている。前臼歯ではこの傾向が顕著である。これは、栄養価の高い骨髄を食べるための適応である。この歯を使うことによって、大型有蹄類の太い足の骨でも噛み砕くことができる。このような特殊化により、ほかの動物が食べることができない餌資源を手に入れることができるようになった。ハイエナ科の矢状稜は、大きく発達している。自らの歯の能力を最大限に引き出すため、側頭筋が発達していることがよくわかる。

107　食肉目　クマ科　ホッキョクグマ　頭蓋　側面
108　食肉目　クマ科　ホッキョクグマ　頭蓋　背面

現生のクマ科は、大きな体をしているにもかかわらず、その食物の多くを植物質に依存する雑食性の種が多い。そのため裂肉歯の切断機能は低下し、長方形の噛み砕くのに適した形態の歯をもつ。このように雑食性に適応したクマが、植物の育たない極地で生活するため、再び肉食の食性をもつようになったのがホッキョクグマである。歯の形態は、基本的には雑食性のクマの形態を受け継いでおり、肉食への劇的な適応はみられない。通常トラのように短い顔面をもつことで噛む力を増強することができるのだが、ホッキョクグマではそのような傾向はみられない。近縁であるヒグマの頭蓋と比較しても、骨格の構造上、裂肉歯の部分にかかる力は劣っているほどである。食性を考えると意外とも思えるこの特徴は、大きな咀嚼筋をもつことで補われている。また、頭蓋は前後に長くなっている。これは捕食する獲物が大きいため、裂肉歯の性能よりも口の開口部を大きくすることを重視した可能性が推測される。ホッキョクグマは陸生哺乳類のなかでは、もっとも大きな捕食者の一種であるが、咀嚼機能という観点から見てみると、肉食という食性に対する適応は、洗練されたものであるとはいえないようである。種として短い進化の歴史しかもたないホッキョクグマは、雑食性の特徴を受け継ぎながら、肉食性の生態をもつに至った動物なのである。

109　食肉目　クマ科　ホッキョクグマ　左前肢肢端骨格　掌側
110　食肉目　クマ科　ホッキョクグマ　左後肢肢端骨格　背・外側

クマ科の歩行様式は前肢については半蹠行性、後肢については蹠行性である。このような歩行様式は速く走ることには適していないが、安定した歩行が可能であり、木に登るなどの三次元の移動にも適している。肢端部には5本の指・趾を備えており、特殊化はみられないが、個々の骨は太く、幅のある頑丈な肢端部を形成している。手根骨・足根骨、中手骨・中足骨、指骨・趾骨の関節は屈曲と伸展の一方向にしか動かすことができない。よってクマの肢端部は単純に全体を曲げたり、伸ばしたりすることしかできないが、走行に適応した趾行性の肢端部よりも使い方に応用の効く構造になっている。とくに前肢は前腕の回内、回外運動による肢端部の動きの自由度がかなり高いため、歩行のためだけでなく「手」のようにも使うこともできる。掌全体を使うことができるため、たぐり寄せたり、両手で挟み込んで物を持ったりする動作が可能である。

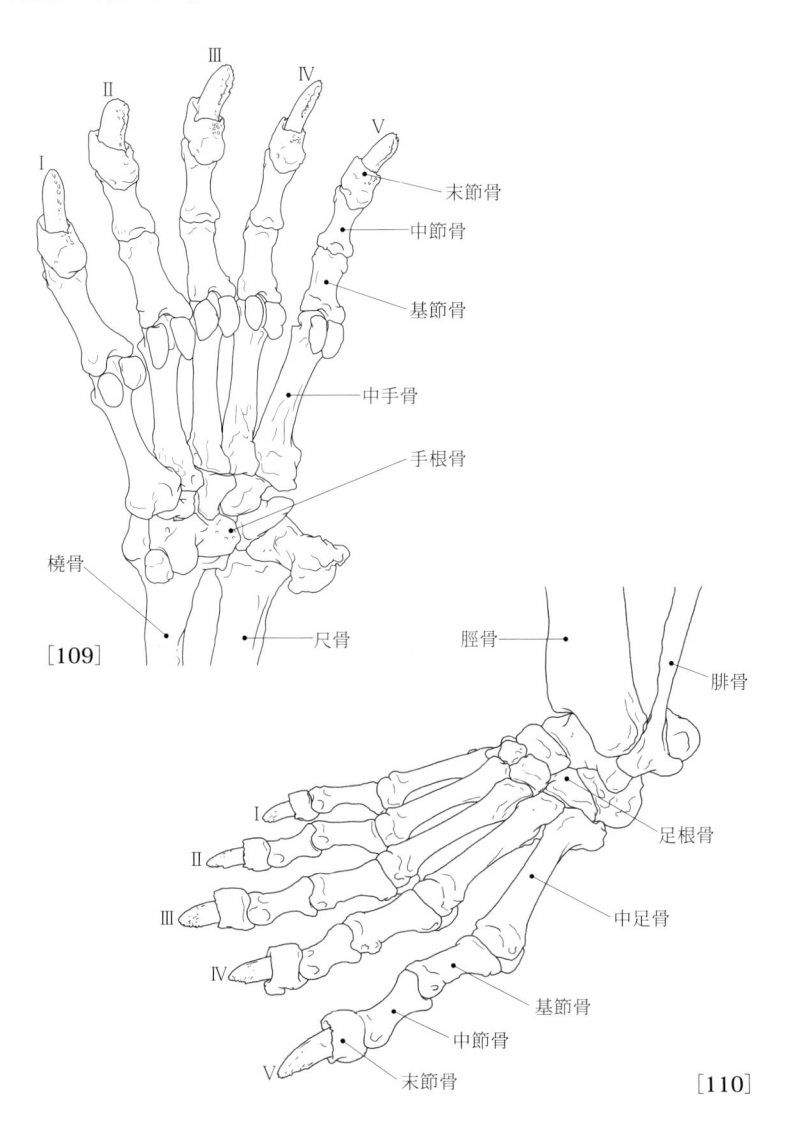

112　食肉目　レッサーパンダ科　レッサーパンダ　左前肢肢端骨格　掌・内側

レッサーパンダはササを食べる際に前肢でササの枝をつかみ、口元にたぐり寄せる。食肉目のなかで、物をつかむために機能する前肢をもつ動物はほとんどいない。いったん地上での歩行に適応した肢端部から、物をつかむという複雑な機能を発達させることは困難なのであろう。レッサーパンダはこのような前肢をもつ数少ない食肉目の仲間といえる。つかむ動作が可能なのは、手根部にある第六の指ともいわれる、橈側種子骨が発達しているためである。この骨が支えとなることにより、物をつかむことができる。ジャイアントパンダでも同様の構造がみられ、さらに発達した橈側種子骨をもつ。レッサーパンダとジャイアントパンダはササを主食とし、前肢骨格以外にも類似した形態学的特徴を有するが、この2種が近縁であるというわけではない。このような形態の類似性は、同じような生活スタイルをもつことによる収斂の結果だと考えられている。またレッサーパンダは樹上での生活に適応しているため、木の幹に引っかけるための鋭く大きな爪をもつ。

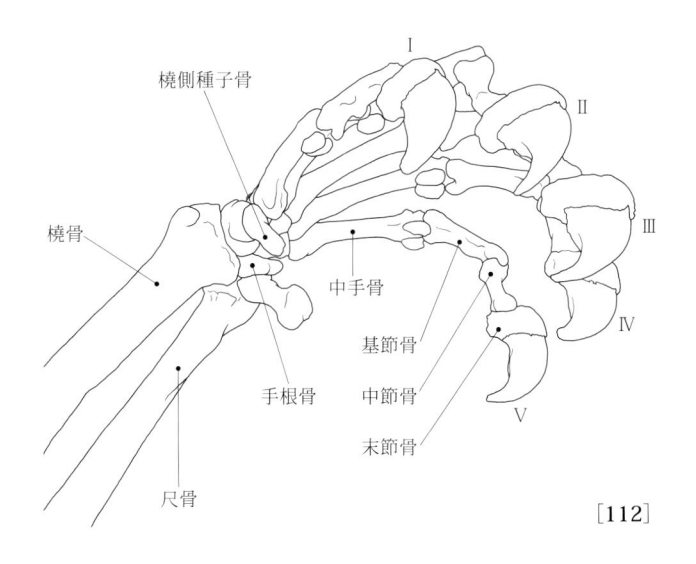

113　食肉目　レッサーパンダ科　レッサーパンダ　頭蓋　側面
114　食肉目　レッサーパンダ科　レッサーパンダ　下顎骨　前・側面

レッサーパンダは、食肉目のなかでも極端に草食に偏った食性をもつ動物である。主食としているのはササである。肉食動物として進化してきたにもかかわらず、草食に転向した動物なのである。しかし体の構造は食肉目の基本形態を保ったままである。とくに消化管の構造と機能は草食獣の足元にも及ばない。そのため、レッサーパンダにとってササは栄養価の低い食物で、消化はほとんどできない。それでもササを主食としているのは、常緑であるササが、身の周りでもっとも安定して手に入る食物だったからであろう。草食に適した消化管をもたないレッサーパンダだが、歯や頭蓋の形態にはササ食への適応がみられる。食肉目に特有の裂肉歯はもはや原

型を留めていない。臼歯はササを咀嚼するのに適した、平らな形態に変形している。顎の関節は蝶番構造を形成していて、上下にしか動かすことができない。草食獣が顎を左右に動かして繊維をすりつぶすのとは対照的である。一方、顎関節の位置については草食獣と同様の適応がみられる。顎関節が歯列より高い位置にあることで、ササの繊維を嚙みつぶす際に臼歯列を効率よく使うことができる形態になっている。また硬いササを咀嚼するために顔面は短くなり、大きな咀嚼筋が付着する矢状稜は発達しており、頬骨弓が横に張り出している。そのためレッサーパンダの顔は丸い独特の顔つきとなっている。

116　食肉目　アザラシ科　ミナミゾウアザラシ　骨格　前・側面
アシカやアザラシなどの鰭脚類は生活史の一部を陸上に依拠しているため、クジラ類のように背鰭や推進型の尾鰭を発達させるほど徹底した水中生活への適応はみられない。しかしその形態は、明らかに水中生活を重視した方向へ進化している。四肢はすべて鰭型に変形し、各指・趾のあいだに水かきが張った手足をもつ。また水の抵抗を減らすために、四肢の体に近い部分の骨格は短くなり、逆に鰭となる肢端部の骨格が伸長している。アシカ科とアザラシ科では水中・陸上での移動の際の四肢の使い方が異なる。アシカ科は水中では前肢を羽ばたくように使うことで推進力を生み出しており、後肢は推進力を生み出す役割は少なく、主に舵を取る役割を果たす。陸上では前肢とともに後肢も前方に曲げることができ、四肢で体を支えることができる。動く際には頭部と頸部を前後に振りながら、四肢を使って前に進むことができる。一方、アザラシ科は腰部とともに後肢を水平に波打つように動かすことによって水中での推進力を生み出しており、前肢は主に舵をとるために使われる。陸上では後肢はほとんど機能せず、四肢で体を支えることはできない。移動する際には腹ばいで胴体を伸縮させながら前に進む。このような移動様式の違いから骨格にも異なる特徴がみられる。アシカ科は頸部から胸部、アザラシ科は腰部の脊椎の棘突起、横突起が大きく発達しており、運動様式に合わせてそれぞれ胸部と腰部の筋肉がよく発達していることがわかる。また四肢も基本的には類似した形態をしているが、アシカ科は前肢の骨格が発達し、アザラシ科では後肢帯の骨格が発達している。

117　食肉目　アシカ科　カリフォルニアアシカ　頭蓋　前・側面
118　食肉目　アシカ科　カリフォルニアアシカ　下顎骨　側面
鰭脚類は、クジラ類や海牛目に次いで、水中での生活に適応した動物である。その一生のほとんどを水中で過ごし、魚や海鳥、無脊椎動物などを食べる肉食性である。彼らは獲物を捕らえると、嚙まずにほとんど丸呑みにするか、大きな獲物の場合はねじ切って飲み込む。そのため歯の形態は陸生食肉目と比べると著しく変形している。臼歯は大半の種で二次的に単純化し、円錐形のとがった形態になっている。このような歯の形態は咀嚼には適さないが、魚などを捕らえるためには有効である。また頭蓋のなかで眼窩が大きなスペースを占めている。彼らの眼球は大きくほぼ球形をしている。眼球は前方と上方を向いていて、水中での視野の確保に適している。

119　食肉目　セイウチ科　セイウチ　頭蓋　前・側面
セイウチは彼らのトレードマークともいえる大きな牙をもつ。雌雄ともにもつこの牙は犬歯が巨大化したもので、一生伸び続ける。頭蓋の前部は大きな犬歯を固定するため、変形が著しい。牙にはさまざまな用途があるが、これほど牙が巨大化したのは、群れのなかでの地位の確立に重要な役割を果たすためである。体が大きく牙の長い個体が最優位の地位を占める。力が均衡した場合には、牙による突き合いにより決着をつける。そのほかにもホッキョクグマなどの捕食者に対抗する武器として、氷に呼吸孔を開けるための道具として使われる。彼らの属名の *Odobenus* は、ギリシア語の〈歯 odous〉と〈歩く baino〉に由来し、「歯を用いて前進するもの」を意味する。これはセイウチが水中から氷上に上がる際に、しばしばこの牙を氷に突き立てて体を引き上げることにちなんだものである。

120　食肉目　アザラシ科　クラカケアザラシ　左下腿と肢端骨格　背側
121　食肉目　アシカ科　ミナミアフリカオットセイ　右前肢骨　外側
122　食肉目　アシカ科　ミナミアフリカオットセイ　後肢骨　背面
鰭脚類の四肢は水中生活に適応した結果、鰭状に変化したため、その骨格も陸生食肉目と大きく異なる特徴的な形態が見られる。
前肢骨：肩甲骨は発達しており、筋肉の付着面が広くなっている。上腕骨は相対的に短くなっている。これは鰭を形成する部分以外を短くすることで水の抵抗を軽減するためであり、体から突出している部分は前腕部の途中から先の部分だけとなっている。また水中で推進力を生み出すための筋肉が付着するため、上腕骨は結節が発達しており、でこぼこしている。橈骨と尺骨は短く、鰭の一部となるために扁平な形になっており、肘頭は大きく発達している。中手骨、指骨も扁平な形になっており、それぞれ伸長している。前肢の指は前縁となる第1指がとくに大きく発達する。指骨の先にはさらに軟骨がのびており、鰭の先端部分を支持している。中手骨、指骨の関節は蝶番状に動くため、鰭のしなやかな運動が可能である。

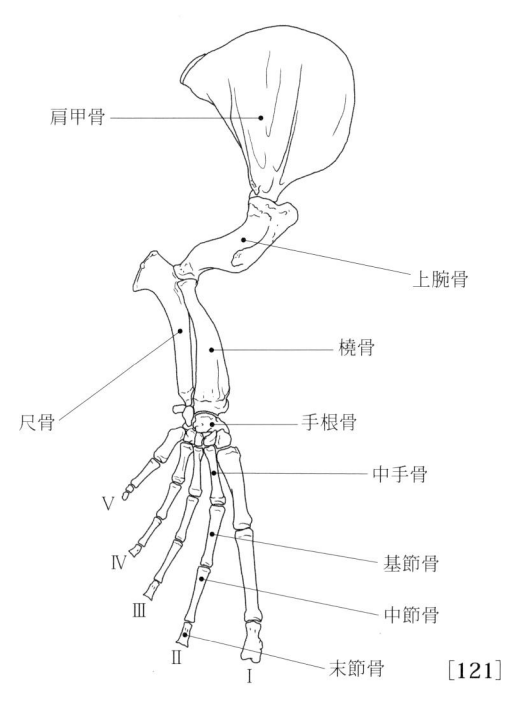

123　鯨偶蹄目　マッコウクジラ科　マッコウクジラ　骨格　前・側面
124　鯨偶蹄目　マイルカ科　カマイルカ　骨格　側面
125　鯨偶蹄目　マイルカ科　バンドウイルカ　左前肢骨　外側
126　鯨偶蹄目　アカボウクジラ科　ツチクジラ　腰椎　前・側面
127　鯨偶蹄目　マイルカ科　カマイルカ　頸椎　背面
128　鯨偶蹄目　マイルカ科　バンドウイルカ　尾椎　背面

クジラ類は、哺乳類のなかでもっとも基本型からはずれた形態をもつグループのひとつである。その体の構造は高度に水中生活に適応している。水の抵抗を少なくするために紡錘形となり、体の余分な凹凸は極限にまで減らされている。そのため外見上、頸部は認められない。頸椎は個々が圧縮されたように短く、種によっては部分的に癒合がみられることがある。また後肢は退化し、骨格は消失しているため、骨盤の名残がわずかに認められるだけである。体から突出しているのは胸鰭、背鰭、尾鰭のみとなっている。胸鰭は前肢が鰭状に変形したものである。上腕骨、前腕骨（橈骨・尺骨）は極端に短くなり、肢端部は指骨の数を増やし、それぞれのあいだを軟骨でつなぐことによって、大きな鰭を形成している。これらの骨はみな平らな形となり弾力性のある硬い組織で支持されている。背鰭は筋肉と軟骨で形成されており、内部に骨格はみられない。脊柱は重力に対抗して体を支える必要がなくなったため、おのおのの脊椎の関節面は関節突起が小さくなり単純な形をしているが、体の中軸となるため、互いに強固に結合している。そして推進力を生み出す筋肉が付着するため、棘突起と横突起が大きく発達している。尾椎の先端は推進装置となる尾鰭が発達しているため、特有の構造をもつ。この部分の椎骨は、前後に短く平らな形になっていて柔軟性があり、尾鰭にスムーズな動きを与える。クジラ類は魚類と異なり水平な尾鰭をもつが、これは哺乳類の脊柱がおもに垂直方向に運動するための構造をしているからである。

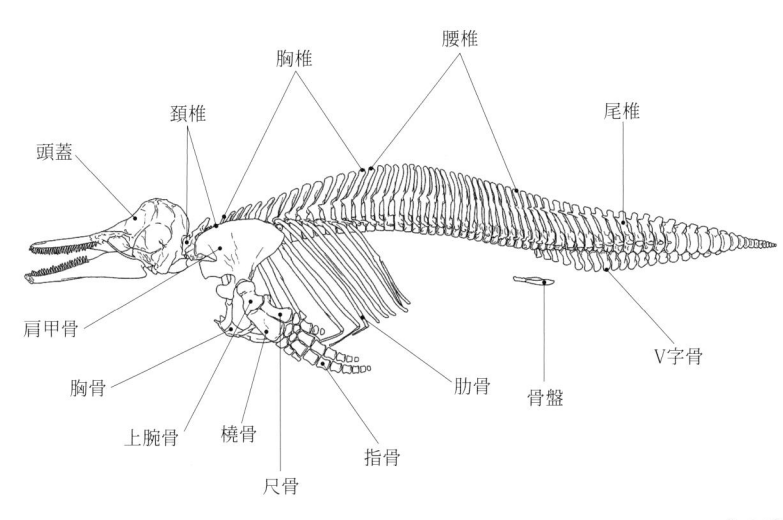

後肢骨：骨盤は後肢の駆動力を脊椎に伝えるという本来の機能があまり必要でなくなったため、細長く体の大きさに比べて貧弱な作りになっている。しかしアザラシ科では腸骨翼にくぼみが発達しており、遊泳時に腰部を左右に振るための筋肉が付着する土台となっている。大腿骨は前肢と同様の理由で短くなっており、体から突出している部分は踵から先の部分だけである。中足骨、趾骨も前肢と同様に扁平で、伸長しており、その先に伸びる軟骨とともに鰭を形成する。アザラシ科ではとくに第1趾と第5趾が長く発達する。

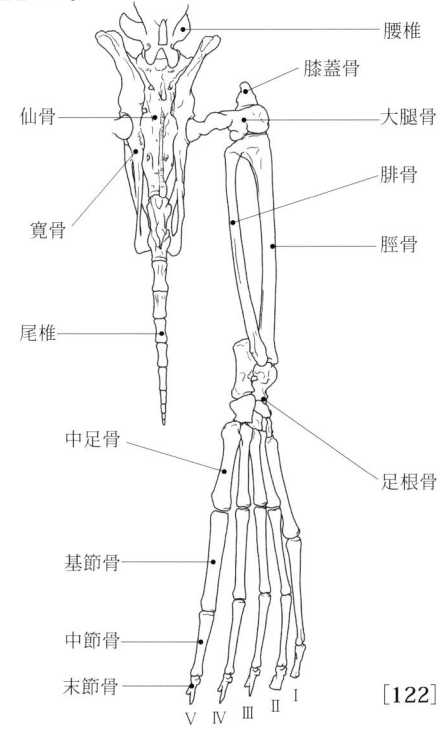

[121]

[122]

[124]

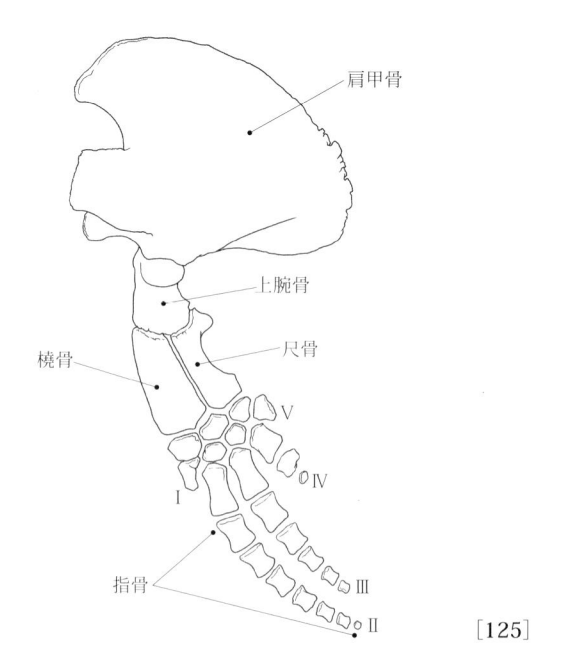

肩甲骨
上腕骨
橈骨
尺骨
V
IV
I
III
II
指骨
[125]

129　鯨偶蹄目　マイルカ科　バンドウイルカ　頭蓋　背面

ハクジラ類は超音波による探知能力（エコロケーション能力）を高度に発達させている。そのため、発生させた超音波をビームのように収束させる機能をもつ「メロン」と呼ばれる脂肪質の器官が発達し、前頭部の骨のくぼみに収まっている。鼻孔の後方からせり上がる骨は、超音波を前方へ反射する役目を果たす。頭蓋全体がわずかに左右非対称なつくりとなっているのも、この能力と関係すると考えられている。また、下顎骨は自ら発した音の反射音を含め、水中の音を拾うアンテナ役を担っている。水中の音の振動は下顎骨を通過し、脂肪組織をとおして内耳に伝わる。内耳を包む耳骨（鼓室胞・耳周骨）は頭蓋から遊離しており、自らが発した音の振動が、頭蓋を通じて内耳に影響を及ぼすのを防ぐ。ハクジラ類はこのようなユニークな構造を発達させたことで、「耳で見る」といってもいいほど精度の高い周囲環境の認識能力を身につけている。

130　鯨偶蹄目　マイルカ科　シワハイルカ　頭蓋　側面
131　鯨偶蹄目　アカボウクジラ科　コブハクジラ　頭蓋　前・背・側面
132　鯨偶蹄目　ナガスクジラ科　ミンククジラ　頭蓋　前・背面

水中生活に適応したクジラ類の頭蓋には彼ら特有の形態がみられる。ほかの哺乳類の頭蓋と比較すると、吻部の骨が長い種が多く、その後ろの脳頭蓋は短く変形している。このような特殊な形をしているため、頭蓋を構成する多くの骨の形や位置関係がほかの哺乳類と大きく異なっている。頭頂部に開いた孔は、呼吸のための鼻孔である。クジラ類は哺乳類であるため、呼吸の際には必ず水面に浮上しなければならない。そのため、彼らは呼吸孔を背側へ向けることで、この問題を解決した。このような形態になったことにより、無駄な動きをすることなく、スムーズに呼吸することができるようになっている。

歯にも、哺乳類のなかでは例外的な特徴がみられる。クジラ類は大きくハクジラ類とヒゲクジラ類に分けられる。ハクジラ類は、多くの種で魚食に適応した歯をもつ。歯の形態は特殊化が著しく、爬虫類のように単錐歯型であり、どの歯も同じような形態になっている。乳歯はなく、これらの歯は生涯生え変わることはない。歯の数は哺乳類の基本歯式から大きく外れており、極端に多い種から逆に少ない種までさまざまである。歯の数が多い種では餌に噛み付いて捕食するが、歯の数が少ない種では歯はほとんど機能しておらず、口腔内を陰圧にし海水ごと餌を吸い込んで捕食する。コブハクジラは雄には下顎に一対の歯が発達するが、雌は歯をもたない。この特徴的な歯は雌へのアピールや雄同士の闘争に役立っていると考えられている。歯の数が少ないハクジラ類にはこのような性的二型がみられることがある。ヒゲクジラ類の歯は胎生期の一部の期間を除けば完全に消失し、代わりに上顎に角質でできたヒゲ板が生じており、彼らの餌であるプランクトンや小魚等をこし取るための濾過装置として機能している。餌を海水ごと飲み込むため、下顎の前端に骨性の結合はみられず、靭帯でつながれており、口を大きく開くことができる構造になっている。

133　鯨偶蹄目　カバ科　コビトカバ　頭蓋　前・側面
134　鯨偶蹄目　カバ科　カバ　骨格　前・側面
135　鯨偶蹄目　カバ科　カバ　下顎骨　背・側面
136　鯨偶蹄目　カバ科　カバ　左前肢端骨格　背側

カバ科はカバとコビトカバのわずか2種からなる小さなグループである。樽状の胴体に短い四肢をもったずんぐりした体型で肢端部には4本の指・趾を備えている。カバは水中も生活場としているが、四肢の形態にはほとんど遊泳への適応はみられない。そのため水中で移動する際は泳ぐというよりは、陸上と同様に四肢を使って水底を歩くように移動する。頭蓋は水辺での生活に適応した特徴をもつ。鼻孔、眼窩、外耳孔は頭蓋の背側に位置し、水面から頭部を大きく出すことなく、呼吸をすることができ、周囲環境を把握することができる。また顔面骨が大きく巨大な顎と切歯、犬歯の形態が特徴的である。切歯は丸い杭のような形態をしていて、一生伸び続ける。下顎の切歯は前方に突出し、熊手のようになっており、地面に生える草を食べるときに使われる。犬歯も一生伸び続け、雄では50cm以上にもなる。上顎と下顎の犬歯は接触し、互いに磨き合うために、その先端はつねに鋭く研ぎ澄まされている。この巨大な犬歯は雄同士の闘争に使われる。カバはいくつかの部屋に分かれた胃をもち、腸が長くなっているなど草食に適応した消化管の構造をもつ。草食獣は消化管とともに臼歯も草食に適した形態になっていることが多いが、カバの臼歯は反芻亜目に比べると草食への適応は進んでいない。短い歯冠（顎の外に露出している部分）と歯根をもつ短冠歯型で、雑食性のイノシシ科と似た形態の臼歯をもつ。

137　鯨偶蹄目　イノシシ科　バビルサ　頭蓋　前・側面
138　鯨偶蹄目　イノシシ科　イボイノシシ　前・側面
139　鯨偶蹄目　イノシシ科　イノシシ　下顎骨　前・側面
140　鯨偶蹄目　イノシシ科　イノシシ　左前腕と肢端骨格　背・外側
141　鯨偶蹄目　イノシシ科　イノシシ　骨格　側面

イノシシ科は、現生の偶蹄類のなかでは原始的で特殊化していない形態をもつグループである。大きな頭と短い首、短い四肢が彼らの特徴となっている。四肢の指・趾は第三指・趾と第四指・趾が地面に接地するが、反芻亜目のような中手骨・中足骨の癒合はみられない。また第二指・趾と第五指・趾も短くなり、退化傾向にあるが、形を留めている。雑食性であるイノシシ科は、さまざまな種類の食物を食べるため、偏った食性に対応するような特殊化した歯の形態をもたない。そのため一側に切歯が3本、犬歯が1本、前臼歯が4本、後臼歯が3本あり、哺乳類の基本歯数（44本）を保っている。下顎切歯は土を掘り返すことができるようにスコップ状になっている。前臼歯は比較的、咬頭が薄くとがった形で、切断機能をもち、後臼歯は噛みつぶすのに適した形態になっている。そして犬歯は牙として大きく発達している。この犬歯は一生のあいだ伸び続け、土を掘り返すための道具としてや、武器、ディスプレイのために用いられる。犬歯はとくに雄で大きく発達し、その顕著な例をバビルサの牙にみることができる。インドネシア語でバビルサは「ブタとシカ」を意味する。上顎犬歯は皮膚を突き破って上方に長く伸び、下顎犬歯とともに4本の角があるかのような外観を示すからだ。これらの犬歯は比較的もろく、攻撃用の武器としては十分に機能しない。牙の大きさが、彼らの強さを示す象徴となっているのだろう。イノシシ科は牙を大きくすることで、反芻亜目がもつ角のような機能に置きかえているといえる。

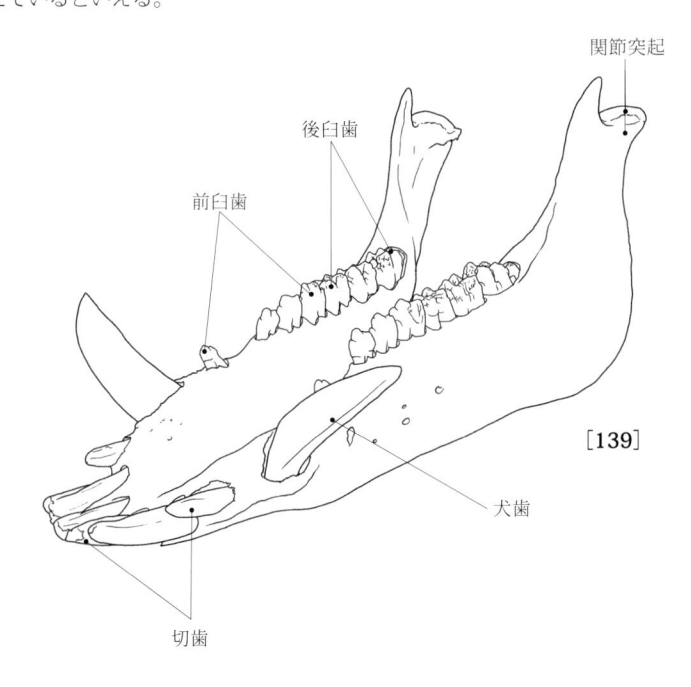

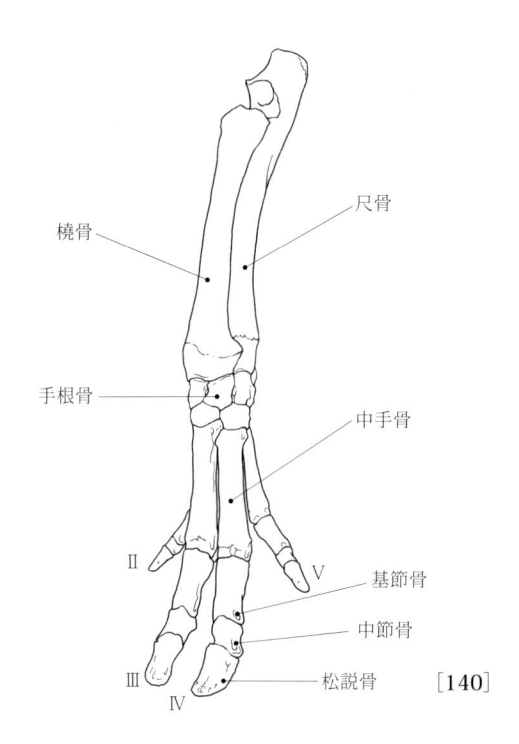

142　鯨偶蹄目　ウシ科　アメリカバイソン　骨格　側面
144　鯨偶蹄目　シカ科　トナカイ　骨格　前・側面
145　鯨偶蹄目　シカ科　キョン　骨格　側面
153　鯨偶蹄目　シカ科　ニホンジカ　左前肢肢端骨格　背・外側
154　鯨偶蹄目　キリン科　キリン　左後肢肢端骨格　外側

有蹄類は、多くの種が開けた草原に進出して生活している。じつは哺乳類にとって、彼らのように堂々と開けた土地で生き延びていくことは容易ではない。見通しのよい単純な環境には、森のなかのように姿を隠す場所や、樹上のような立体的空間が存在しないからである。彼らの暮らす開けた草原は、遮蔽物のない平面上で熾烈な生存競争が繰り広げられる、厳しい環境だといえる。そのような環境で暮らす有蹄類がとった戦略が、走ることに適応することである。より速く走ることで、捕食者から逃げ切ることができる。そのため有蹄類の体の構造には、走行を目的とするもっとも完成された形態をみることができる。哺乳類の基本型から著しく変形しているのが四肢の形態である。肢端部は長く伸びており、走行のワンストロークで進むことができる距離が長くなっている。また地面に接するのは指・趾の先端（末節骨）だけとなっている（蹄行性）。指先で立つことにより、地面から離れる関節が多くなり、手根部・足根部や掌・足底を地面に接地する動作を省いている。指数は減少しており、偶蹄類では第三指・趾と第四指・趾のみが接地する。さらに反芻亜目では例外を除き第三、第四中手骨・中足骨が癒合し、ひとつの骨（砲骨）となっている。ほかの動物では肢端部を内側や外側に回転する役割を果たす尺骨・腓骨は退化して機能を失い、四肢の各関節は蝶番のように可動域を前後にしかもたない。これらの

構造の変化により、指・趾の操作、肢端部の回転に関連した筋肉を極限にまで減らすことができ、主要な筋肉を体幹に近い部分に集中することで、肢端部の軽量化に成功した。走行時にかなりの速度で動く肢端部の軽量化は走行の効率化に大きく貢献する。脊柱には、同じく走行に適応した食肉目とは異なる特徴がみられる。有蹄類の脊柱は短く、柔軟性を欠いているのである。これは走行に脊柱が重要な役割を果たす食肉目とは逆に、余分な骨格の動きを減らすことで無駄なエネルギーを節約するための適応である。このような体の構造をもつことで、有蹄類は長距離を速度を落とさずに走り続けることが可能となった。「走る」というひとつの機能のために特殊化した有蹄類の体型は、進化の極地にある形態であるといえる。

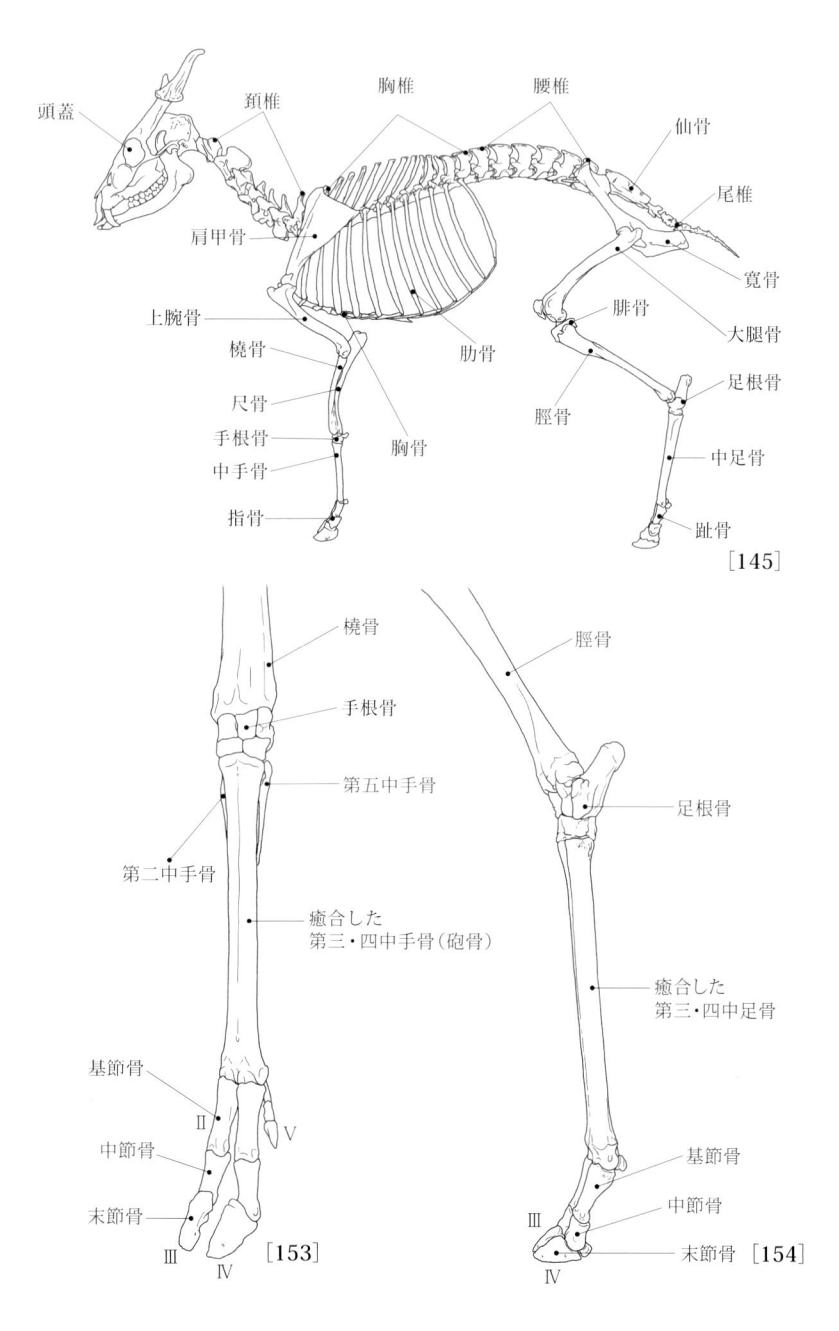

146 鯨偶蹄目　シカ科　キョン　頭蓋と頚椎　前・側面
147 鯨偶蹄目　シカ科　ニホンジカ　頭蓋　後・側面
148 鯨偶蹄目　プロングホーン科　プロングホーン　頭蓋　前・側面
149 鯨偶蹄目　ウシ科　オオツノヒツジ　頭蓋　側面
150 鯨偶蹄目　キリン科　キリン　頭蓋　側面

角は、これまでの進化の過程で、さまざまな動物が獲得し発達させてきた器官である。現生群では反芻亜目の多くの種が角を発達させ、その形態の多様性には目を見張るものがある。角は捕食者に対抗する武器としてだけでなく、同種内の闘争のための武器としても重要な役割をもっている。群れを形成する種では、うねりや枝分かれをもった複雑な形をしていることが多い。これは個体間の闘争において、相手に致命傷を与えないようにするための進化だと考えられる。大きな角は無用な争いを避ける効果があり、闘争の儀式化をもたらしている。反芻亜目のもつ角は4種類に分けられる。

シカ科は骨と同様の組織からなる角（枝角）をもつ。ほとんどの種で雄しかもたず、毎年生えかわる。角が成長するあいだは表面が皮膚で覆われており、角の形成のため、自身の骨格からもカルシウムを動員する。繁殖期には十分に成長し、覆っていた皮膚への血流が止まり、木や地面にすりつけることで皮膚がはがれ落ち、骨性の角があらわれる。繁殖期が終わると角の基部の骨吸収が起こり、脱落する。シカの角は捕食者に対してというよりは、繁殖期に雄同士が雌をめぐって争うための武器となっている。原始的形態を残す種では、角の形は単純で短いが、闘争のための犬歯が発達していることがある。より派生的に進化した種では、体が大きくなると同時に、複雑に枝分かれした大きな角をもつ。

ウシ科は、ほとんどの種で雌雄がともに角（洞角）をもつ。中心に前頭骨から伸びた骨性の芯をもち、ケラチンでできた硬い鞘（角鞘）で覆われている。角鞘は中心にある骨性の芯を中軸として、その表面を覆う皮膚の角質層が顕著に角質化することにより形成されるため、脱落することはなく、その成長は年輪として角鞘の断面で確認できる。オオツノヒツジのように螺旋を描いて成長する角をもつ種がいるが、これは骨性の芯の場所によって、成長する速度が異なるためである。彼らの角は、シカ科のように毎年生えかわり大きなエネルギーを消費する角よりも、効率のよい武装であるといえる。雄の角は雌よりも大きく成長することが多く、雌をめぐっての闘争に使われるが、捕食者に対する武器としても効果的である。大型種では角をもつことで、単独でも捕食者から身を守ることができる。

プロングホーン科は北アメリカで独自の進化を遂げた偶蹄類で、プロングホーン1種から構成される。彼らはシカ科とウシ科の両方の角の性質をあわせたような角をもつ。構造はウシ科の角と同様で、頭蓋から伸びた骨性の芯をもち、皮膚で覆われた表面は角質化し、硬い角が形成される。しかし角質化して硬化した部分は、骨性の中心部を残して、毎年鞘のように抜け落ちてしまう。このような性質はシカ科の

角と似ている。

キリン科はキリンとオカピで構成されている。彼らの角は頭蓋から伸びた骨性の突起で先端は丸く、表面は皮膚で覆われている。オカピは雄しか角をもたないが、キリンは雌雄ともに角をもつ。キリンの雄は成長するとともに前頭部の骨組織が発達し、頭蓋の重さは雌よりもかなり重くなる。

151　鯨偶蹄目　シカ科　ニホンジカ　頭蓋　腹・側面
152　鯨偶蹄目　シカ科　ニホンジカ　下顎骨　前・背・側面

偶蹄類のなかでもっとも多くの種が生まれて繁栄しているのが、シカやウシ、キリンなどが含まれる反芻亜目である。彼らは消化が難しい植物を、4つの部屋をもつ特殊な胃で、微生物の働きにより発酵させて栄養を得るという、草食獣のなかでもっとも洗練された消化システムをもつ。この反芻胃を受け継ぐ動物たちはみな、特有の歯の形態も受け継いでいる。特徴的なのは上顎の切歯がないことである。この部分は口腔粘膜がかたく肥厚している（歯床板）。下顎では犬歯が切歯と同じ形態に変化し、切歯とともに下顎の先端に並んでいる。これらの歯は唇側のエナメル質が厚く、舌側が薄くなっているため、摩耗によってつねに先端が鋭い状態が保たれる。彼らは長い舌で草を口に引き込み、下顎の切歯と上顎の歯床板とではさみ、顎を少し動かすだけで、刈り取ることができる。奇妙な形態にみえるが、効率のよい摂食装置となっているのである。臼歯は植物を咀嚼するのに適した形態となっている。硬い植物をつぶすために、咬合面にはエナメル質が入り込み、周囲の比較的柔らかい象牙質、セメント質の部分から三日月状に表面にあらわれている。上顎に対して下顎を側方に動かすことにより、この咬合面が広くエナメル質の稜が発達した臼歯をすり合わせて植物繊維をすりつぶす。植物の採食においては頻繁な咀嚼が必要であるため、歯の摩耗の進行が速い。過度に摩耗が進むと咀嚼機能が低下してしまうため、多くの草食獣では歯冠を高くすることにより、摩耗に抗している。このような特徴はとくにイネ科の硬い草などを食べるウシ科の臼歯にみられる。

草食獣では臼歯の形態に加えて、咀嚼運動において重要な役割を果たす咀嚼筋と顎関節にも特徴がみられる。草食獣では下顎が上下だけでなく顕著な側方への運動も伴う。そのため咀嚼筋群は下顎の側方への動きも生み出す咬筋が大きく、次いで内側翼突筋の発達がみられ、咀嚼において主要な役割を果たしている。発達した咬筋の起始部となる上顎から頬骨弓にかけてと終止部となる下顎骨後方の外側面は広い筋肉の付着面をもつため、頭蓋の形態に大きな影響を与えている。顎関節の位置は歯列よりも高い位置にある。この顎関節と歯列の位置関係により、咬筋が効果的に機能するとともに、上顎と下顎の臼歯列が緩やかな角度で噛み合わさるため、長い臼歯列を効率よく使って咀嚼することができる。また、顎関節の関節窩は横方向に幅広く、浅い構造になっており、関節突起の可動域が広いことを示している。

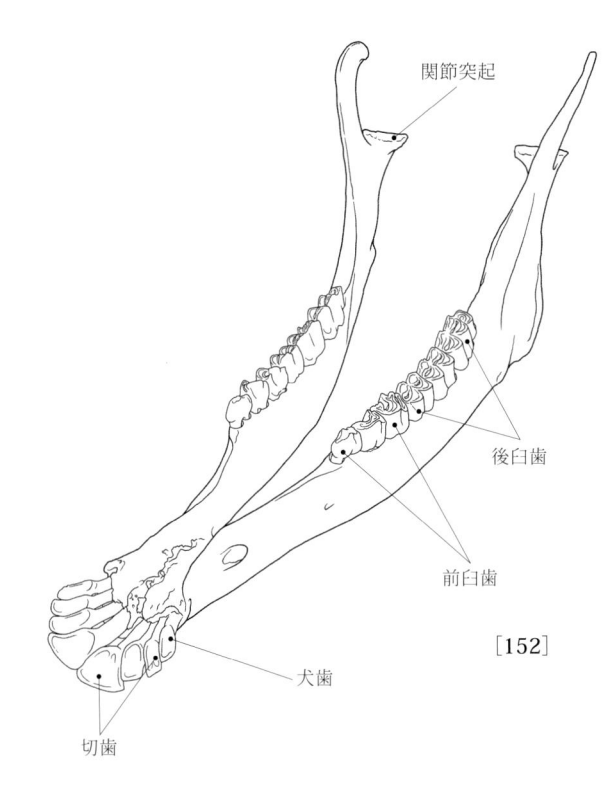

[152]

143　鯨偶蹄目　キリン科　キリン　骨格　前・側面

キリンは現生全哺乳類のなかでもっとも背の高い動物であり、長い首と四肢を備えたユニークな体型をもつ。この独特の体型は哺乳類の基本構造を変えることなく、それぞれの骨が伸長することによって形成されている。頚部はほかの哺乳類と同様に7個の頚椎から形成されており、ひとつひとつの椎体が伸長している。四肢では構成する骨が全体的に伸長し、とくに中手骨・中足骨が大きく伸長している。また胸椎には頭部と長い頚部を支えるための構造として、棘突起の発達がみられる。頚部の基部にある前位胸椎の棘突起の高さを上げることで、頭部から頚部を支える強靭な靭帯が付着する場所を提供し、あたかも吊り橋の支柱のような役割を果たす。このような胸椎の棘突起の発達は、頭部の重いサイ科や、大きな角をもつ反芻亜目でもみられる。

155　鯨偶蹄目　ラクダ科　ヒトコブラクダ　頭蓋　側面
156　鯨偶蹄目　ラクダ科　ヒトコブラクダ　頭蓋　背面

ラクダ科は複数の部屋に分かれた胃をもち、反芻するといった、反芻亜目と同様の消化システムをもつ。しかし反芻亜目と同じ祖先をもつものの、独自の長い進化の歴史をもつため核脚亜目に分類されている。特徴の多くは反芻亜目と共通しているが、歯列に異なる特徴がみられる。上顎の切歯は反芻亜目と同様に消失し、口腔粘膜が肥厚している。しかしすべての切歯が消失しているわけではなく、第三切歯が残存しており、犬歯といちばん前の前臼歯とともに鋭い犬歯状の形態を示す。下顎

の切歯はやはり反芻亜目と同様の形態を示すが、犬歯といちばん前の前臼歯が犬歯状の形態を示す。これらの犬歯状の形態を示す歯は、闘争時の武器として機能する。また、ラクダの頭蓋は、とくに顔面が背腹方向に高さをもつ。このような特徴は、硬く質の悪い草を食べる草食獣に共通してみられる。これは咀嚼に必要な筋肉の付着面を広くするための適応である。一方、木の葉や柔らかい草を食べる草食獣の頭蓋は、そのような必要がないため、上下に低く、先細りの形態となっている。

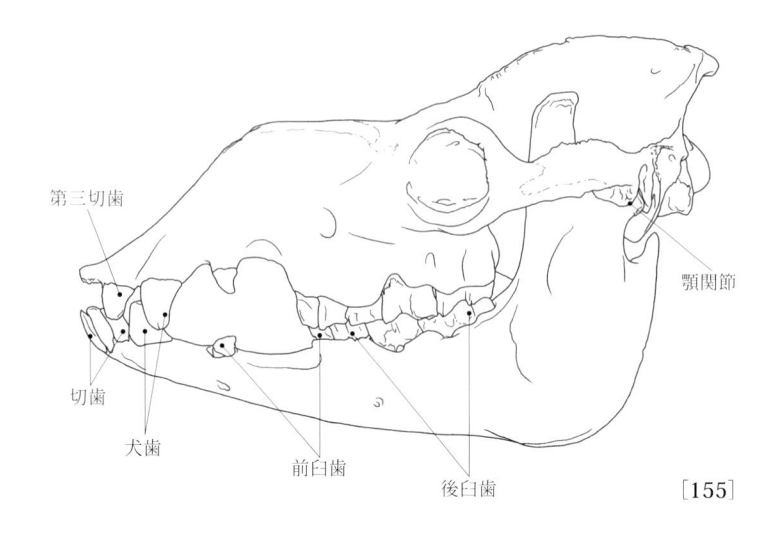

[155]

157　奇蹄目　ウマ科　グレビーシマウマ　頭蓋　前・側面
158　奇蹄目　ウマ科　グレビーシマウマ　前臼歯と後臼歯　背・側面

奇蹄目は反芻亜目と同様、草食に適応したグループである。彼らは高度に草食に適応しているが、反芻亜目のような反芻胃をもたない。特殊化していない単純なひとつの胃をもち、食べた植物は盲腸と結腸で発酵させ、栄養を得る。ウマ科では、切歯は植物を刈り取る摂食装置として上下ともに発達している。切歯と臼歯の間には大きなすき間があり、雄にはこの部分に犬歯がみられる。これは雄が闘争時に噛み合うことと関係している。臼歯は特徴的な形態をもつ。前臼歯が後臼歯と同じ形態へと変化し、ひとつずつが巨大な臼歯となっている。前臼歯の後臼歯化により、咬合面の面積が広くなり、咀嚼機能が高まっている。また咬合面には複雑にエナメル質が入り込み、エナメル質の稜が著しく発達している。これらの歯は一生の大部分の間、歯冠が形成されつづけ、歯が摩耗してもその機能を保持する典型的な高冠歯型の臼歯となっている。このように、繊維質を多く含む硬い草をすりつぶすための歯として、ウマ科の臼歯は完成度の高い形態をもつ。同じ草食獣である反芻亜目とはまったく異なる消化システムをもつが、植物を食べるために重要な役割を果たす臼歯列は、食性が似ているウシ科と同じような機能を果たす形態となっている。また、これらの臼歯列を支持し、発達した顔面筋、咀嚼筋の付着部位を提供するために顔面骨は顕著に拡大している。そのため、ウマ科では顔面部分がとくに長くなっている。

159　奇蹄目　ウマ科　グレビーシマウマ　右前肢肢端骨格　背面
160　奇蹄目　ウマ科　グレビーシマウマ　右前肢肢端骨格　掌・内側
161　奇蹄目　ウマ科　サバンナシマウマ　骨格　側面

奇蹄目と偶蹄類はその名が示す通り、指・趾の特徴が異なっている。奇蹄目が体重を支えるための指・趾として第三指・趾を中心に使うのに対して、偶蹄類は第三指・趾と第四指・趾を中心に使う。偶蹄類の多くの種が草原に適応したのと同様に、奇蹄目にも草原に適応した種がいる。その最たる例がウマ科である。偶蹄類とはまったく別系統の動物でありながら、体の構造には同じような形態学的適応をみることができる。走ることに適応するため、四肢は伸長しており、地面に接するのは指・趾の先端（末節骨）だけとなっている（蹄行性）。肢端部の軽量化のため、指骨・趾骨は第三指・趾以外は退化して消失している。中手骨・中足骨は第三中手骨・中足骨が中軸となり、第二、第四中手骨・中足骨がその両脇に痕跡程度に残っているにすぎない。体を第三指・趾のみで支えるため、第三指・趾は太く発達しており、横断面も単純な円形ではなく、いくらか四角い形へと変形していて、走行時の負荷に耐える構造になっている。

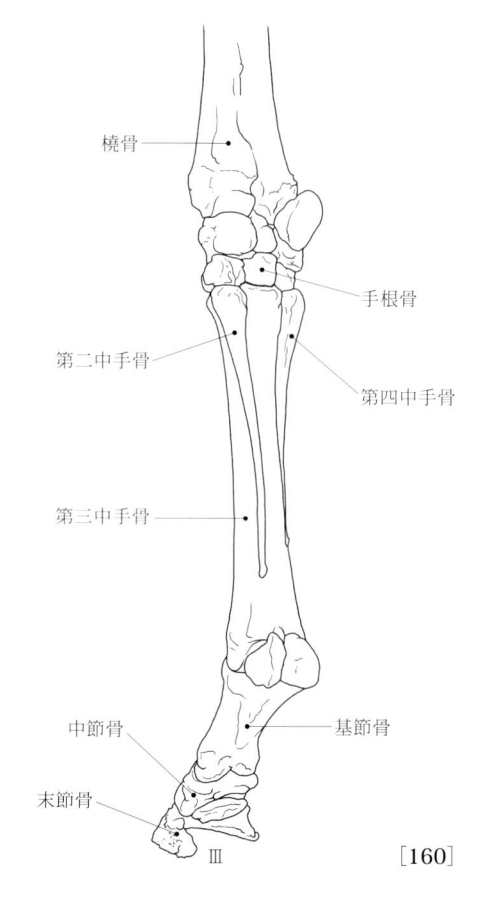

[160]

162　奇蹄目　サイ科　クロサイ　骨格　側面
163　奇蹄目　サイ科　シロサイ　頭蓋　側面
164　奇蹄目　サイ科　クロサイ　左前肢端骨格　背側

サイ科は、200万年〜4000万年前には多様性に富んで繁栄していたが、グループとしての最盛期は過ぎ、徐々に衰退の一途をたどっている。現存するサイはわずかに5種だけとなったが、どの種も太古の哺乳類を思わせるユニークな形態を受け継いでいる。実際、サイの外貌は現生のほかの哺乳類と比べると、異質な印象を受ける。体は奇蹄目の中ではもっとも大きく、肢端部には3本の指・趾を備えている。特徴的なのが頭部にある角である。対をなさない角をもつ哺乳類は、現生群ではサイだけである。この角はウシやシカのもつ角とは異なる構造をもつ。骨性の芯はもたず、角化した表皮からできている。簡単に述べると、毛のような細い線維が集まって固まり、硬い構造になったものだ。表皮が基礎となって一生伸び続け、根元から折れたとしても再び生えてくる。皮膚が変化したものであるため、骨格には角は残らない。しかし角のあった部分は角を固定していた名残として骨の表面が粗造になっている。頭部が大きく重くなるため、頭蓋の後頭部は長く飛び出ており、頭を支えるための靭帯が付着するスペースをつくっている。また胸椎の棘突起も頭部を支えるために発達している。サイ科はウマ科ほどではないが、複雑にエナメル質が入り込んだ特殊な臼歯をもつ。ひとつひとつの臼歯は巨大化し、まるでブロックのように顎上に並んでいる。切歯はシロサイ、クロサイにはみられないが、インドサイやジャワサイでは下顎切歯が牙状に発達しており、闘争時に使われる。

165　奇蹄目　バク科　マレーバク　頭蓋　前・側面
166　奇蹄目　バク科　マレーバク　右前腕と肢端骨格　背・外側

バク科は、ブタとゾウを合わせたような奇妙な外貌をもつ。彼らは奇蹄目のなかでも、原始的な形態を多く残している動物である。前肢には4本、後肢には3本の指・趾を備えている。現生の奇蹄目のなかではもっとも指数が多く、このような特徴は、すでに絶滅したさまざまな奇蹄目にみられた特徴である。前肢では、第三指は比較的大きく発達しており、もっとも外側にある第五指は小さく退化的である。一方、頭蓋には、バク科ならではの特徴があらわれている。彼らは、短いがゾウのように可動性のある上唇を発達させている。この上唇は、木の葉や芽をつみ取る手のような機能をもつ。可動性のある上唇を発達させる動物では、鼻骨が後退する傾向がみられる。これは、鼻骨を後退させることで上唇を動かすための筋肉の可動範囲を大きくし、上唇の運動性を高めるための適応だと考えられる。バクでも例にもれず、鼻骨の後退がみられ、このような奇妙な頭蓋の形態となっている。

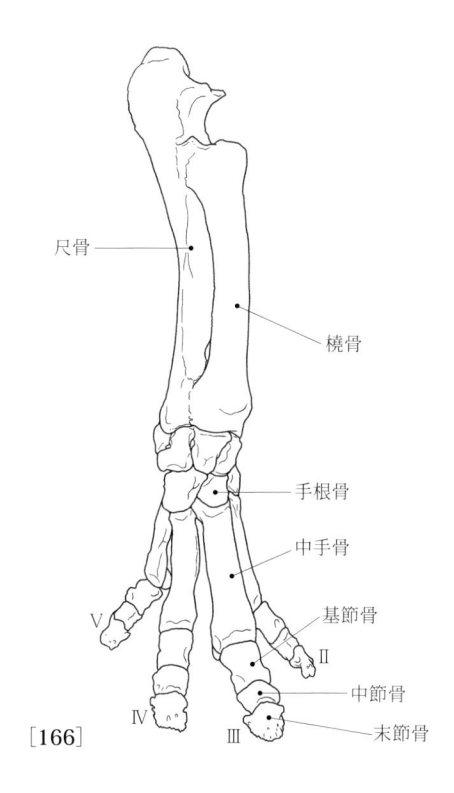

[166] 尺骨／橈骨／手根骨／中手骨／基節骨／中節骨／末節骨

167　翼手目　オオコウモリ科　インドオオコウモリ　骨格　前・腹・側面
168　翼手目　オオコウモリ科　インドオオコウモリ　右前肢端骨格　背側
169　翼手目　ヒナコウモリ科　ヒナコウモリ　骨格　前・背・側面

翼手目は、大空を自由に飛ぶという能力を獲得した唯一の哺乳類である。移動能力が高く、汎世界的に分布域を広げたため、更なる飛行性哺乳類の進化を許さなかったのだろう。特殊な形態にもかかわらず、その種数は1000種を超えており、齧歯目に次いで繁栄しているグループである。彼らは飛翔という移動手段を手に入れるため、空気力学上の要求を満たす形態に進化した。体の輪郭は、翼と後肢、種によっては尾までつながる薄い飛膜によって決められている。これらの飛膜を開くことで、空気をとらえて飛翔することができる。主翼を担うのは、飛膜を支える構造に変化した前肢である。翼の中軸となる前腕骨は長く発達していて、1本の骨で構成されている（橈骨が発達し、尺骨はほとんど退化している）。また手根骨はとても小さく、動きが制限されている。飛翔のためには複雑な構造は必要なく、このようなシンプルな構造が翼に安定性をもたらすのである。指は第一指以外の4本の指が長く伸びており、傘の骨のように飛膜を支えている。中手骨と指骨は非常に繊細なつくりをしていてデリケートにみえるが、柔軟性があり丈夫である。羽ばたく際に受ける風圧に耐えるため、その断面は上下に長い楕円形となっている。このように、翼の構造は鳥類とは大きく異なっている。また前肢を支える肩帯の構造も鳥類と異なる。コウモリでは体幹と前肢をつなぐのは発達した鎖骨である。大きな肩甲骨は胸郭の背側で発達した筋肉群によって固定されており、鳥類と比べて可動性のある肩帯と

なっている。一方、体幹の骨格には鳥類と同じような飛翔への適応がみられる。飛翔時に負荷のかかる胸郭は強度を上げるために幅広い肋骨が密に並んだ構造になっており、胸骨前位では肋骨は胸骨に癒合している。胸骨はT字型を呈し、ほかの哺乳類に比べて癒合が進んでおり、大きな胸筋が付着するためのキールが発達している。また腰部骨格は短く、体幹はコンパクトにまとまっている。

後肢は飛膜を支持、操作しやすいように、大腿骨が外転し膝と足の甲が外側または背側を向いている。踵には飛膜を支持する軟骨性の踵骨突起が発達していることがある。

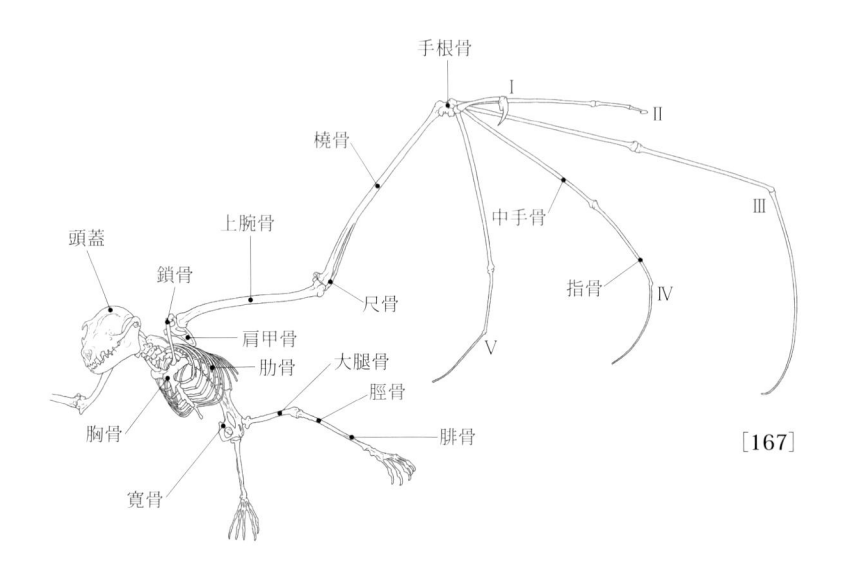

霊長目では目が前方を向いており、立体的に物をみることができる両眼視領域をつくりだした。このことは、樹上という三次元の空間で生活する霊長目にとって、必要不可欠な適応であった。頭蓋は大脳の肥大化にともなって丸みを帯びるとともに、顔面は相対的に小さくなっている。

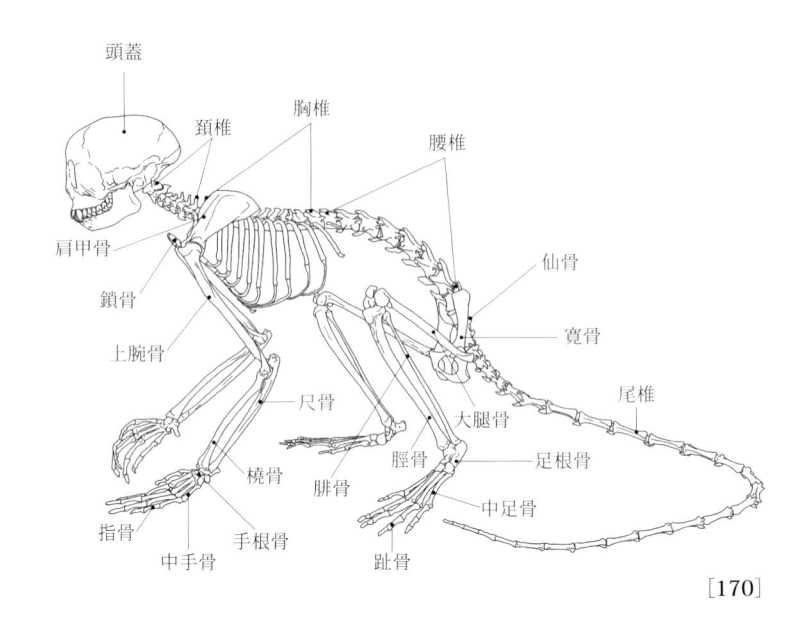

[167]

[170]

170　霊長目　オマキザル科　リスザル　骨格　側面
171　霊長目　オマキザル科　リスザル　骨格　前・側面
172　霊長目　ヒト科　ゴリラ　骨格　前・側面

霊長目はいわゆるサルの仲間（原猿、旧世界ザル、新世界ザル、類人猿、ヒト）で構成されている。ヒトを筆頭に、知能の発達が特徴としてみられ、もっとも進化したグループのように思われている。ところが、その体の特徴は、原始的な哺乳類の形態を引き継いでいる。体幹や四肢の骨格は哺乳類の基本設計を保ち、高度に特殊化した哺乳類とはいえないのだ。しかし、霊長目は長い進化の歴史のなかで、樹上での生活を基本としてきた。よって骨格の基本設計は保ちながらも、その形態には樹上生活に適応した特徴がみられる。多くの種の運動様式は、樹上での四足歩行である。そのため前肢と後肢の長さはほぼ同じになっている。前肢だけを使ってぶら下がりながらの移動（ブラキエーション）を行う種では、前肢が後肢に比べて長く発達している。四肢の関節は肢端部の機能性を上げるため、それぞれ高い可動性をもつ。肢端部は通常5本の指・趾を維持しており、枝や物をつかむことに適した把握型の肢端部となった。また、樹上での生活で重要な役割を果たすのが視覚である。

リスザル：南米に生息する体重1 kg程度の小さなサルである。南米に生息するサル（新世界ザル）は二次的に地上に進出することはなく、総じて熱帯雨林での樹上生活に適応している。尾が長く発達している種が多く、樹上でバランスをとるための器官として使われるほか、クモザル科では枝に巻き付け、体を支えるための道具として使う。

ゴリラ：類人猿はほかの霊長目とは異なり、胸郭が幅広く尾をもたないのが特徴である。また脳頭蓋は丸みをおび、ほかのサル類にくらべて相対的に大きな脳をもつ。ゴリラは現存する霊長目の中では最大の種であり、チンパンジーなどとともにもっともヒトに近縁な類人猿である。

173　霊長目　ヒト科　オランウータン　雄　頭蓋　前面
174　霊長目　ヒト科　オランウータン　雌　頭蓋　前面
175　霊長目　ヒト科　オランウータン　頭蓋　背面
176　霊長目　ヒト科　オランウータン　下顎骨　背・側面

マレー語で「オランウータン」は「森の人」を意味する。樹上で暮らすこの大きな類人猿は、その表情、外貌が驚くほど人間的である。頭蓋をみても、どことなくヒトを思わせる形態をしている。樹上適応の結果、顔の正面に位置した目は、骨で覆われた完全なソケット状の眼窩に収まる。大きく丸みを帯びた脳頭蓋は、脳が発達

していることを示す。鼻面が大きなスペースをとらない分、目立つのが突出した顎である。同サイズのサル以外の動物と比べると短いものの、大型類人猿は繊維質を多く含む植物性の餌を主食とするため、とくに顎が発達している。切歯は大きく幅広く、前方に突出している。これはフルーツを齧ったり、実をしぼり取ったりするために役立つ。犬歯は武器にもなるが、おもにフルーツの堅い外皮をこじ開けるために使われる。そして臼歯には、ヒトにも共通する明らかな特殊化がみられる。咬合面は正方形に近い形で、切り裂くための機能はまったくもたない。その形態は、噛み砕くための機能に特化したものだといえる。同じヒト科に含まれるオランウータンは私たちヒトに近い存在である。しかしヒトは猿人以降、食性の変化とともに、食物になんらかの加工を施してから食べるようになり、顎による咀嚼機能の重要性が低くなった。類人猿の顎と比べると、いかにヒトの顎が退化しているかがわかる。

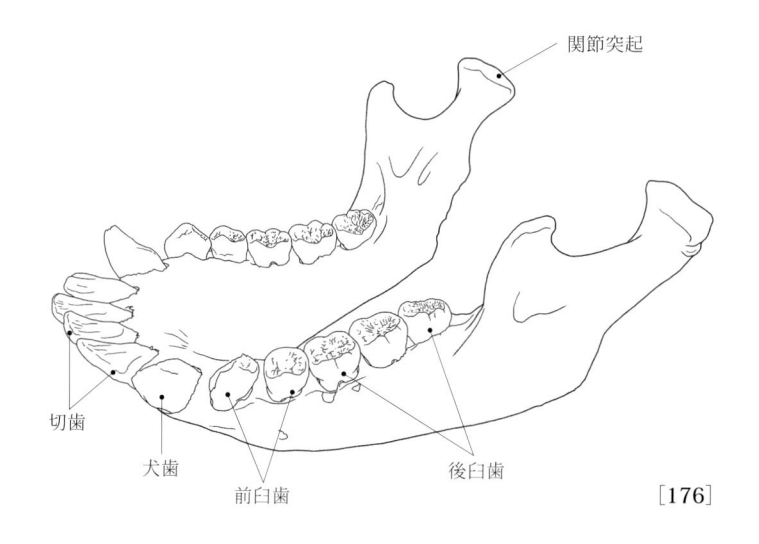

る特徴である。枝をつかむための手も特徴的である。第一指とほかの4本の指にはある程度の対向性がみられるが、第一指以外の4本の指が著しく伸長している。そのため、ヒトの手のような繊細な作業をこなす能力はもたないが、指骨は緩やかなカーブを描いており、木の枝に引っかけ、つかむという機能を果たすうえでは、申し分ない形態となっている。

後肢は前肢に比べると明らかに短い。これは、オランウータンが樹上で前肢を中心とした移動方式をとるためである。しかし退化しているわけではなく、後肢は樹上で体を支えるために重要な役割を果たしている。下腿部は、腕と同様に2本の骨（脛骨・腓骨）で構成され、ヒトよりもはるかに可動性の高い足首の関節をもつ。そして後肢肢端部は前肢肢端部と同様の形態をもち、木の枝や幹をつかむための完成された形態を備えている。

179　霊長目　ヒト科　オランウータン　脊柱と寛骨　腹・側面

樹上生活に適応した類人猿の一部が地上生活に適応し、二足歩行という移動様式を獲得したのがヒトの起源だといわれている。二足歩行という特異な移動様式は四肢だけでなく、体の中軸である脊柱と骨盤の形態にも影響を与えており、類人猿とヒトを区別する特徴となって現れている。類人猿の脊柱が骨盤から前方に傾斜し、頭蓋とのあいだを単純な曲線でつないでいるのに対して、地面に対してほぼ垂直となるヒトの脊柱は胸部から腰部にかけてS字状に湾曲するという特徴的な形態をもつ。これは脊柱が上体からかかる重量をスプリングのように受け止める役割を果たすためである。そのため、腰椎にかかる負担が大きくなることから、腰椎が椎骨の中でもっとも大きく発達している。骨盤の形態にも明確な違いがみられる。類人猿の骨盤は腸骨翼の幅が狭く、頭尾方向に長い形態をもっている。一方、ヒトの骨盤は下から内蔵を支えるために窪みのある腸骨翼が側方に張り出して幅広くなっている。また頭尾方向に短く、股関節を形成する寛骨臼が類人猿に比べて脊柱の一部である仙骨に近い位置にあり、直立時にバランスが取りやすい構造になっている。

180　霊長目　テナガザル科　ボウシテナガザル　骨格　腹・側面

テナガザルは類人猿の中では体のサイズが一番小さく、樹上移動における敏捷性は非常に高い。前肢だけを使って体を支え、枝から枝へと移動するテナガザルの体にはその移動様式（ブラキエーション）に適応した特徴が現れている。四肢は長く、とくに前肢は非常に長い。対照的に体幹は動きの中で無駄な揺れを減らすために短くなっている。腰部は移動のためにそれほど重要な役割を果たさないため、柔軟性が低く、腰椎の数も少ない。ブラキエーションを行ううえで、重要なのは前肢の仕組みである。肩甲部は幅広い胸郭の背側に位置している。前肢の運動の基礎となる肩甲骨は、長い鎖骨と発達した筋肉によってその動きと運動範囲が制御されている。関節窩は上方を向き浅い構造となっているため、肩関節の可動域が広く、腕を頭上

[176]

177　霊長目　ヒト科　オランウータン　右前腕と肢端骨格　背側
178　霊長目　ヒト科　オランウータン　左後肢肢端骨格　背側

オランウータンは樹上で暮らす最大の哺乳類である。雄は雌の2倍ほどの大きさになり、体重は80kgにもなる。体の重いオランウータンは、ほかのサル類のように軽やかに樹間を移動することはできない。ときにはブラキエーションも行うが、四肢を使い、足場を確保しながらゆっくり樹上を移動することが多い。そうした彼らにとって命綱ともいえる四肢は、木の枝や幹を手繰り寄せ、つかむことができる形態へと進化している。

前肢は胴に比べて長く発達している。樹上で広範囲に足場を確保するためには、この腕による長いリーチが必要不可欠である。樹上での運動性を高めるため肩関節の可動性は高く、前腕部は橈骨、尺骨が互いに固定されていないため肘から下をねじって動かすことができ、手首は自由に回転する。また木にぶら下がるため、肘の関節はまっすぐに伸ばすことができる。これらの関節の動きはヒトの腕にもみられ

のさまざまな方向に伸ばすことができる。肘頭は肘関節をまっすぐに伸ばすことができるように非常に小さくなっている。また一連の動きの中で体幹のねじれとともに前腕部の回内、回外運動は、進行方向へ体の向きを調節し、もう一方の前肢を次の枝へと導くために重要な役割を果たす。そのため前腕部は橈骨、尺骨ともに発達しており、手首の関節の可動域も広い。前肢は樹上で体重を支持する役割を果たすが、地上で圧迫される力に対応したタイプの四肢の骨格に比較して、引っ張られる力に対応しているため、ほとんどゆがみのないスレンダーな骨格となっている。

181　霊長目　キツネザル科　ワオキツネザル　頭蓋　側面
182　霊長目　キツネザル科　ワオキツネザル　下顎骨　前・側面

原猿は、進化の早い段階でほかの霊長類の祖先と分岐し、独自の進化の道を歩んだサルの仲間である。ほかの霊長類と比べて、原始的な特徴を色濃く受け継いでいる。現生する最大のグループは、マダガスカル島に生息するキツネザル科である。競合する霊長類のいないこの島で適応放散を遂げ、多くの種に分かれたが、共通した形態をもっている。まず目につくのは、サルらしからぬ頭部の形態である。彼らはにおいによってコミュニケーションをとる。これは、おもに視覚に頼るほかの霊長目にはみられない原始的な特徴である。長い鼻面をもつため、名前のとおりキツネのような面構えとなっている。樹上生活に適応した種が多く、目は比較的前方を向いているが、両眼視できる範囲はほかの霊長類に比べてせまい。また脳の容積も小さい。下顎の切歯と犬歯には特殊化がみられる。下顎の2本の切歯と1本の犬歯が前方に突き出し、両側の歯が合わさることにより櫛状の構造をつくっている。この櫛状の歯は毛づくろいに使われると考えられている。下顎には犬歯のようにみえる歯があるが、これは前臼歯が変形したものである。臼歯は、その基本機能である切断機能と破砕機能をあわせもつ、哺乳類の原始的な臼歯（トリボスフェニック型臼歯）の面影を残している。

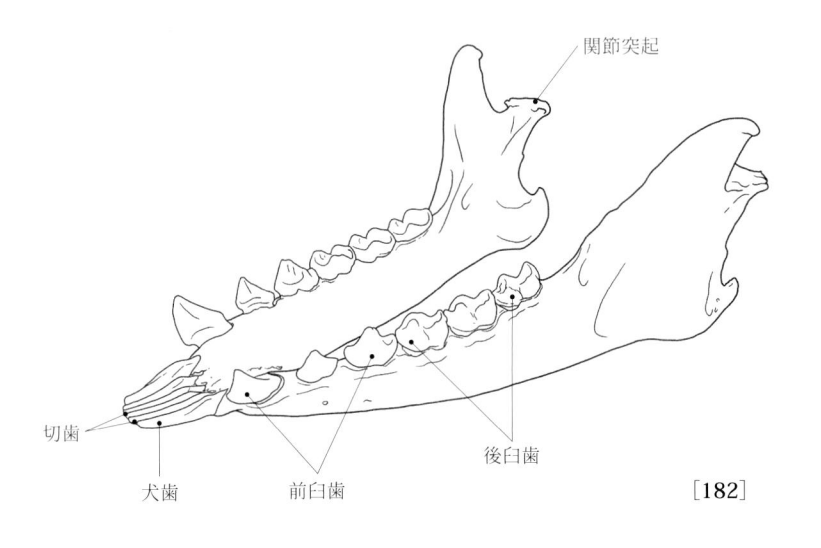

183　霊長目　オナガザル科　ニホンザル　右前肢肢端骨格　背・内側
184　霊長目　オナガザル科　ニホンザル　右後肢肢端骨格　背・外側

霊長目の肢端部は哺乳類の原型である5本の指・趾を備えており、外見上の形態はそれほど特殊化していないが、「つかむ」という機能が高められている。前肢肢端部の骨格は手根骨、中手骨、指骨から構成されている。霊長目の手根骨は8〜9個の小さな骨からなる。これらの骨は指先側と前腕骨側で2列に並んでいるが、この2列に並んだ手根骨同士で関節を作っており、この部分にかなりの可動性がある。そのため前腕の回内、回外運動と連動して手首の柔軟な動きが可能となっている。手根骨の先には中手骨が関節する。この関節の関節面は平面でほとんど動かないが、第一指の関節は関節面が曲面になっており、ほかの関節より可動域が広い。中手骨の先には指骨が関節している。中手骨と指骨の関節はある程度の可動域をもち、曲げたり伸ばしたりはもちろん、横方向にも動かすことができ、指を広げるといった動作が可能である。その先の指骨同士の関節は曲げたり伸ばしたりといった一方向のみの動きしかできない。このように肢端部には多くの関節があるが、これらの関節の動きが合わさることにより、第一指とほかの4本の指を使って「つかむ」という動作が可能となる。このような特徴をベースとしてさらに特殊化したのが、第一指とほかの4本の指と向かい合わせて使うことができるヒトの手である。単純に物をつかむだけでなく、向かい合う指を使うことにより、さらに細かい作業を器用にこなすことが可能となっている。

後肢肢端部も前肢肢端部と同様に足根骨、中足骨、趾骨が連動して動くことにより第一趾とほかの4本の趾を使ってものをつかむことができる把握型の肢端部となっている。

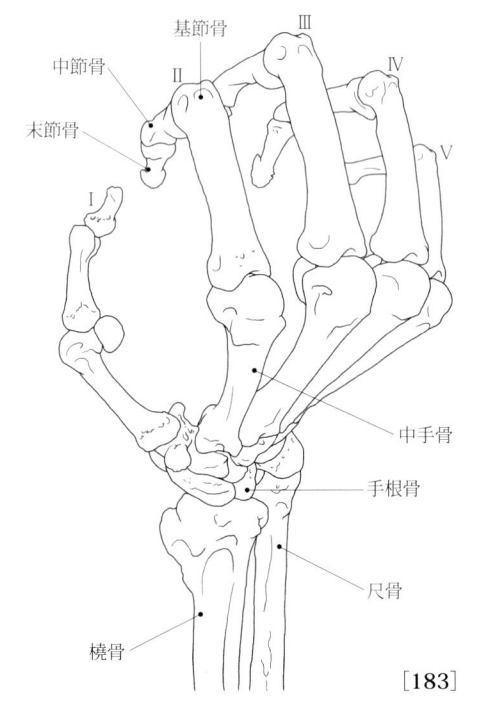

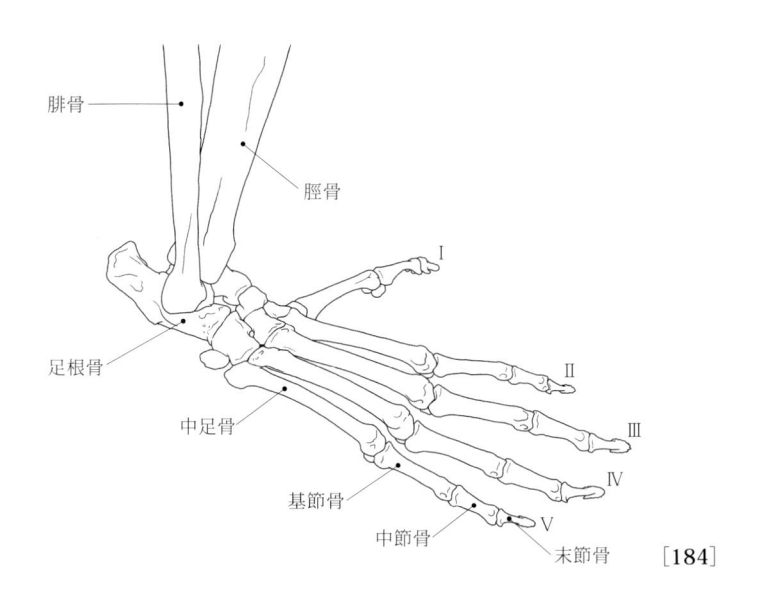

[図 184 ラベル：腓骨、脛骨、足根骨、中足骨、基節骨、中節骨、末節骨、I、II、III、IV、V]

185　霊長目　オナガザル科　アヌビスヒヒ　頭蓋　前・側面

樹上での生活に適応した霊長目のなかから、二次的に地上に進出したグループがヒヒの仲間である。ヒヒの仲間は、乾燥して開けた土地や岩場に生息している。姿を隠す場所がたくさんある樹上と比較して、見通しのきく地上は、外敵に狙われやすい厳しい環境だといえる。よって群れをつくり、外敵の来襲に備えるとともに、彼ら自身も捕食動物に対抗できる能力を備えた攻撃性の高い動物になった。その特徴は頭蓋にみることができる。鼻面は非常に長くなっていて、まるでイヌのような外観である。顎が前方に大きく突出しているため、口が大きく、巨大な犬歯を備えている。このような形態になる傾向は、地上性のサル類に共通して認められる。群れで生活する動物によくみられるように、ヒヒの仲間においても雄は雌より体が大きく、顎や犬歯も大きく発達する。犬歯は強力な武器として機能するのはもちろんだが、複雑な社会構造をもつ群れのなかで優劣を示すサインともなる。

186　齧歯目　ビーバー科　アメリカビーバー　頭蓋　前・側面
193　齧歯目　ネズミ科　クマネズミ　頭蓋　側面

齧歯目には多くの種が含まれるが、すべての種に共通する大きな特徴がある。それは名前の由来ともなっている「齧るための歯」をもっていることである。彼らは上顎と下顎に2本ずつ、巨大な切歯を備えている。餌を食べる際にも使うが、その用途は咀嚼だけにとどまらない。木や土に巣穴を掘るために使ったり、進路上の障害物を破壊したりするためにも使うことができる。ビーバーに至っては、巣をつくるために太い木を削って倒してしまう。物を齧るたびに切歯はすり減っていくが、摩耗してなくなってしまうことはない。この切歯は一生伸び続けるからである。また歯の唇面だけが硬いエナメル質の層で覆われており、舌側の象牙質の部分は前面に比べて柔らかい。そのため、齧ることにより、前よりも後ろの部分が早く摩耗していき、先端はノミ状に鋭くとがった状態となる。つねに齧るために適した形態が保たれるわけである。そして、この切歯を効果的に使うための咬筋が顕著に発達している。リスやネズミの仲間の咬筋は、頬を構成する骨（頬骨弓）の下面の溝にはまりこむようにして、前方まで付着する。齧歯目は、ときに人間の生活圏にまで入り込んで生活するほどたくましいが、その繁栄の秘訣は、この巨大な切歯と顎の筋肉の特殊化によるものだといえるだろう。

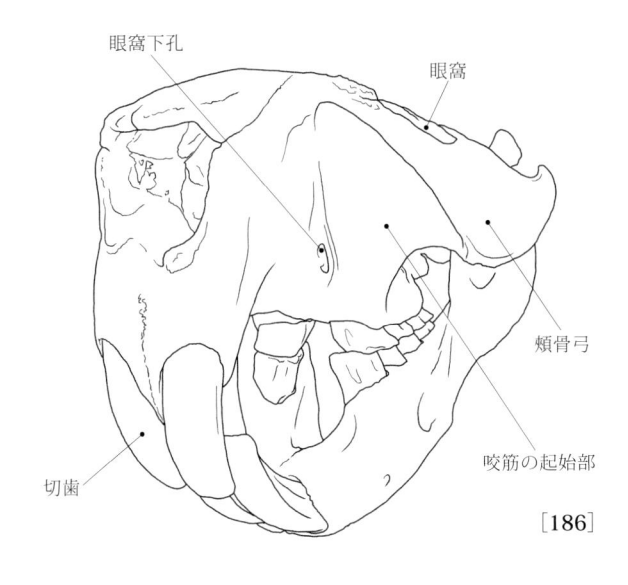

[図 186 ラベル：眼窩下孔、眼窩、頬骨弓、咬筋の起始部、切歯]

187　齧歯目　ヤマアラシ科　アフリカタテガミヤマアラシ　頭蓋　側面
188　齧歯目　ヤマアラシ科　アフリカタテガミヤマアラシ　下顎骨　後・側面

齧歯目の切歯は外見も巨大だが、実際は顎内に固定されている部分のほうが長い。これは歯を固定するための強度上の問題であると同時に、伸び続ける歯を作るために大きな歯槽を必要とするためだと考えられる。大きなカーブを描き、顎の骨の奥まで入り込んで固定されている。切歯から少し離れた後方には食物咀嚼において中心的な役割を果たす臼歯が4～5本備わっている。ヤマアラシ科では一側に4本の臼歯を備えている。硬い植物質の餌を食べるため、臼歯はエナメル質が複雑に入り込んだ咬合面をもっている。齧歯目の多くは咀嚼の際に、両側の臼歯を同時に使う。これは、哺乳類では極めて特殊なことである。下顎が左右に動く片側咀嚼と異なり、両側咀嚼では前後に動く。また切歯と臼歯を同時に使うことはない。切歯で咀嚼する際は下顎を前方に動かす。一方、臼歯で咀嚼する際は下顎を後方に動かす。顎の位置により切歯と臼歯を使い分けているのである。そのため、齧歯目は、前後に動く縦長の形をした特殊な顎関節をもつ。

同じ齧歯目でありながら、ヤマアラシの頭蓋はリスやネズミの頭蓋と外観が大きく異なる。これは咬筋の付着する場所が異なるためである。リスやネズミの咬筋が頬

251

鼻部側面に起始し、眼窩下孔（通常は神経や血管が通る孔）に入り込み、外側に張り出した下顎腹側面に終止する。咬筋がよく発達するヤマアラシでは眼窩下孔が大きく広がり、まるで眼窩が2つあるように見える。また、鼻骨から前頭部にかけて大きく膨らんでいるのが特徴である。これは咬筋の付着面を広げるための適応である。

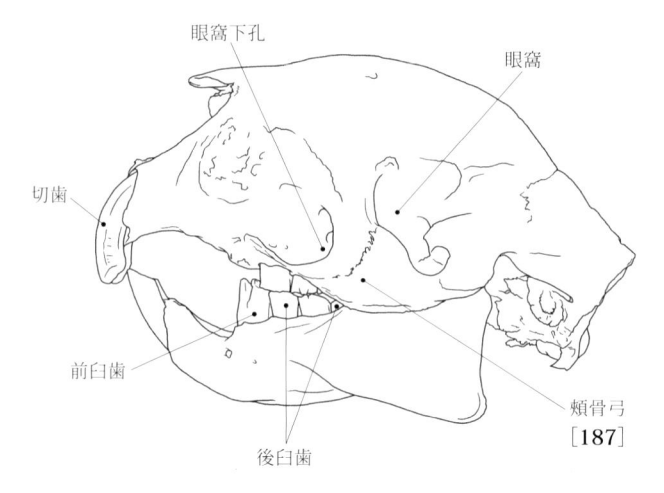

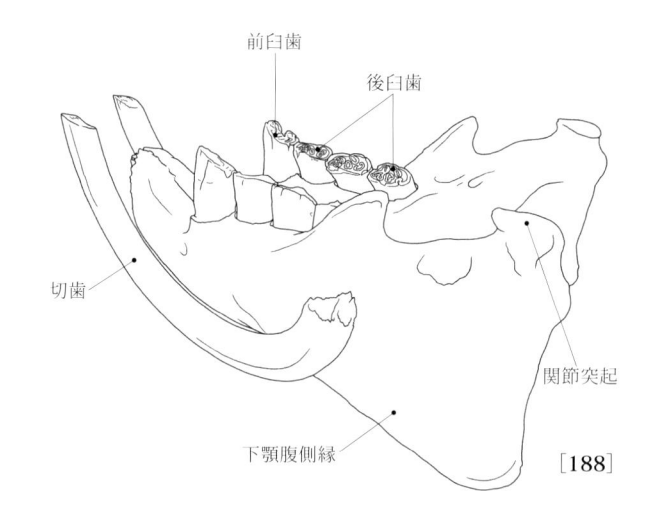

に癒合や退化はみられず、肢端部は基本的な形態である5本の指・趾と鉤爪を備えている種が多い。歩行様式は足の裏全面を地面につけて歩く蹠行性である。多様な環境に進出しているにもかかわらず、四肢の形態などに特殊化があまりみられない理由として、齧歯目は概して体サイズの小さな種が多く、大きな形態学的特徴の変化を伴なわずに、柔軟に生活環境に適応できるためだと考えられる。

アフリカタテガミヤマアラシ／クリハラリス：地上性のアフリカタテガミヤマアラシは短い四肢と尾をもち、ずんぐりした体型をしている。一方、樹上性のクリハラリスは、樹上でバランスをとるために長い尾が発達している。

ムササビ：樹上生活者であるが、樹間を滑空するという特殊な移動様式をとることがある。そのため四肢と尾は長く、頚部・四肢・尾の間には膜状に皮膚が発達している。また手根部には可動式の針状軟骨が発達しており、滑空の際には外側に張り出すことにより、飛膜を大きく広げる機能を果す。

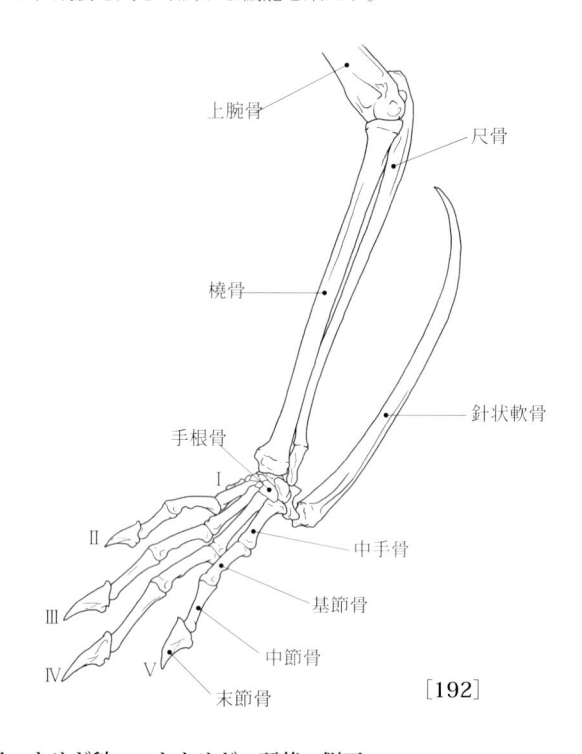

189　齧歯目　ヤマアラシ科　アフリカタテガミヤマアラシ　骨格　側面
190　齧歯目　リス科　クリハラリス　骨格　側面
191　齧歯目　リス科　ムササビ　骨格　腹・側面
192　齧歯目　リス科　ムササビ　左前腕と肢端骨格　背・外側

齧歯目は、哺乳類のなかでもっとも繁栄しているグループである。その種数は哺乳類全体の約40％を占める。多様な環境に適応放散し、水中、土中、地上、樹上からグライダーのように空中を滑空するものまでいる。彼らが多様な環境に進出し繁栄できたのは、特殊化した頭蓋と高い繁殖能力による。しかし頭蓋を除いた骨格には、それほど特殊化はみられない。前腕骨（橈骨・尺骨）、下腿骨（脛骨・腓骨）

194　兎形目　ウサギ科　ユキウサギ　頭蓋　側面

ウサギの頭蓋には、トレードマークの大きな耳介を示唆する構造はなく、特徴的な切歯が目につくため、齧歯目の仲間のようにみえる。実際、身体の形質が類似しているため、ウサギはかつて齧歯目の一員とされていた。しかし同じようにみえる切歯には、齧歯目とは異なる特徴がみられる。兎形目は上顎の大きな切歯の後ろに楔のように小さな切歯が生えている。このほとんど機能しない小さな歯は、兎形目に特有のものである。切歯が一生伸び続けるという点は齧歯目と同じだが、兎形目の切歯は歯の唇面だけでなく全体がエナメル質に覆われているという点で異なる。

臼歯による咀嚼の方法も異なる。兎形目は下顎が左右に動く片側咀嚼を行う。そのため上顎に比べて下顎の臼歯の幅が、ひとまわりせまく内側に収まっている。頭蓋全体は幅がせまくて軽い。上顎骨は多孔性で、網目状の独特な構造となっている。眼窩は大きく、ほかの草食獣と同様に、真横に位置しており、天敵の姿をいち早く捉えることができるように、ほぼ360度の視野を確保できる。

195　兎形目　ウサギ科　ユキウサギ　骨格　側面
196　兎形目　ウサギ科　ケープノウサギ　後肢骨　前・側面

ウサギは小型の草食獣であるため、多くの肉食獣の獲物となる。彼らが厳しい自然のなかで、捕食者に対抗するためにとった戦略は走って逃げることである。ウサギ科はほとんどの種が速く走ることに適応している。長く大きな後肢にその特徴があらわれている。ウサギはこの大きな後肢を使って「駆ける」のではなく、両肢を同時に蹴り上げて「跳躍」する。そのため、後肢のかかとから先の部分が大きく発達している。走ることに適応した結果、後肢の趾は4本に減少している。また地面を蹴る際の無駄な関節の動きを少なくし、下腿部をシンプルに1本の骨で支えるため、腓骨は上半分のみ独立し、下半分は退化して脛骨に癒合している。腰椎も発達している。とくに横突起が大きく張り出しており、跳躍に必要な筋肉が付着するための土台となっている。激しい運動を支えるために強靭なつくりをしているだろうと思われる骨格だが、じつはほかの動物と比較して強度が低い。骨皮質を薄くすることによる骨格の軽量化に重点を置いた結果で、このようなところにも捕食者から逃げ切るための工夫をみてとることができる。

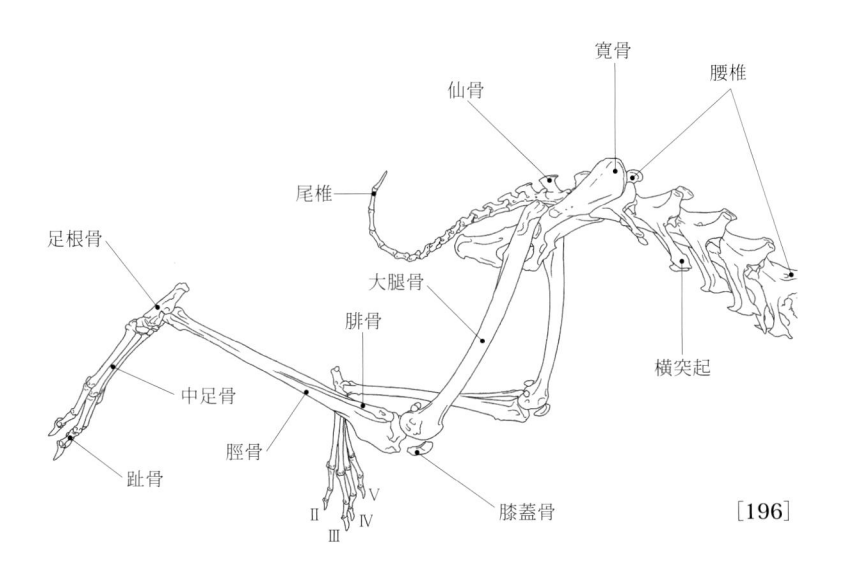

197　皮翼目　ヒヨケザル科　マレーヒヨケザル　下顎骨　前・側面
198　皮翼目　ヒヨケザル科　マレーヒヨケザル　骨格　背・側面

皮翼目は樹高の高いアジアの熱帯雨林に生息し、発達した飛膜で樹間を滑空することに適応した特殊なグループである。飛膜をもち滑空する動物の中では最大の種である。飛膜は首から手首、足首、尾の先端にかけてのみならず、指間にまで発達しており、ムササビやモモンガなどほかの滑空に適応した種よりも飛膜が発達している。骨格に飛膜を支持するための特別な構造はみられないが、四肢の骨格は相対的に長く発達している。また前腕部では尺骨、下腿部では腓骨の発達が悪く、肢端部の可動性が制限されており、飛膜を支持することに重点をおいた骨格となっている。樹上を生活の場としているが、肢端部は霊長目のような把握型の肢端部ではなく、5本の指・趾に鉤爪を備えた基本形態のままである。樹間を滑空して移動するため、目はやや前方を向いており両眼視領域をつくりだしている。ヒヨケザルは葉食性であるが、その歯の形態はほかのグループにはみられない高度に特殊化したものとなっている。切歯は独特な櫛状を示し、臼歯はモグラやコウモリなどと同じ特徴がみられ、さらに特殊化が進んでいる。

199　岩狸目　イワダヌキ科　ケープハイラックス　頭蓋　前・側面
200　岩狸目　イワダヌキ科　ケープハイラックス　骨格　側面

ハイラックスの属名 *Procavia* は「テンジクネズミの祖先」という意味をもつ。かつてハイラックスは原始的な齧歯目の仲間、とりわけモルモットの祖先と考えられていたことがあった。それはモルモットのような外部形態と、齧歯目によく似た切歯をもっているためである。しかしハイラックスはアフリカ大陸において独自の進化を歩んできた動物であり、その外貌からは想像しがたいが、長鼻目との類縁も指摘されている。相対的に大きな頭蓋、胸部に並ぶ多数の肋骨、爪の特徴などをみると、齧歯目とは異なるユニークな形態の持ち主であることがわかる。彼らは草や木の葉などを食べる草食性である。上顎の一側には一生伸び続ける鋭い1本の切歯があり、武器として使うことができる。下顎の一側には2本の櫛状の切歯がある。しかし、これらの切歯は草を食べる摂食装置としてはほとんど使われることはない。草を食べる際には頭部を傾け、舌で口の中に引き込み、臼歯でちぎり取るという、原始的で効率の悪い方法をとる。臼歯は草食に適応した形態をもち、サイ科の臼歯に似ている。四肢にも特徴的な形態がみられる。前肢には4本、後肢には3本の指・趾をもつ。後肢の第2趾を除いたそれぞれの指先には蹄に似た平爪が備わっている。

201　長鼻目　ゾウ科　アジアゾウ　頭蓋　側面
202　長鼻目　ゾウ科　アジアゾウ　下顎骨　前・側面
203　長鼻目　ゾウ科　アジアゾウ　臼歯　咬合面

ゾウは哺乳類のなかでも、際立って特殊な形態の頭蓋をもっている。この頭蓋からゾウの生前の姿を連想することは難しいかもしれない。古代人はゾウの頭蓋の化石を見て、中心にあく穴を眼窩と勘違いし、単眼の巨人伝説を生みだした。ゾウの頭

蓋から生前の姿がイメージしにくいのは、トレードマークともいえる長い上唇（一般にいう鼻のこと）がないからだろう。ゾウの上唇は力が強く、先端で物をつかむこともできるため、まるで巨大な手のように使うことができる。上唇には骨格はなく、ほとんど筋肉でできており、頭蓋の中心にあいた穴の上に固定されている。古代人が勘違いした穴は、可動性の上唇を発達させたために、眼窩のあいだにまで移動した鼻孔だったのである。ゾウの体は巨大化しているが、そのなかでも頭蓋はとくに大きくなっている。それは大きな上唇と歯を固定するためである。そのため頭部は上唇と牙もあわせるとかなりの重量になる。このような重量の増加への適応として、ゾウの頭蓋の内部にはたくさんの空洞をもつ構造（副鼻腔）が発達しており、強度を保ちつつ軽量化されている。

ゾウの歯はかなり特殊化している。大きな牙はイノシシやセイウチのように犬歯が発達したものではなく、上顎切歯が巨大化したものである。アフリカゾウの雄ではとくに発達し、老齢個体では1本の重さが100kgを超えることもある。アジアゾウでは牙は比較的小さく、雌では生えていない例も珍しくない。臼歯は片側の顎に1～2本しかみられない。しかしそのサイズは大きな頭蓋と比べても不釣り合いなくらいに大きい。咬合面はエナメル質のひだが発達し、まるで洗濯板のようにみえる。この歯は、あごのソケットというよりも溝に埋まっている。ゾウの臼歯の生えかわり方は独特である。顎の溝は奥の方が深く、前になるにつれて浅くなっている。臼歯は咀嚼により摩耗するが、顎の奥から新しい歯が前方へとスライドすることにより、摩耗した歯が押され、溝に沿ってせりあがってくることで短くなった分が補完される。そして、徐々に小さくなった歯は、最終的に顎のいちばん前まで押し出されて脱落する。このような特殊な交換様式で、一生のあいだに一側で6本の臼歯が生えかわる。ゾウは体を巨大化し、ほかの草食獣が食べることができないような硬い木の木質部までも餌とすることで、自らの生態的地位を築いてきた。この歯の形態と交換システムは、巨体に見合ったゾウの食性を支えるうえで重要なものとなっている。

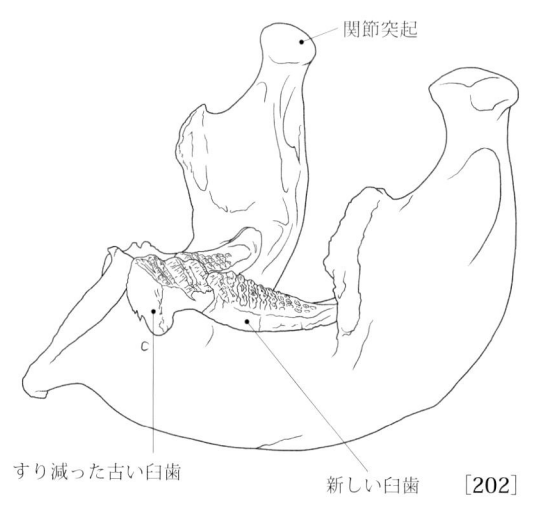

204　長鼻目　ゾウ科　アジアゾウ　左前肢肢端骨格　背側
205　長鼻目　ゾウ科　アジアゾウ　骨格　前・側面

ゾウは現生の哺乳類では最大級の陸生動物である。巨大な体をもつことにより捕食者を圧倒することができ、広範囲の移動が可能となった。また基礎代謝率が低くなるため、体重に対して質・量的に少ない餌の量でも体を維持することができるメリットをもつ。体の巨大化は厳しい生存競争を勝ち抜く上で有利な適応なのである。しかし巨体への進化は、体をただ大きくすればいいだけの単純なものではない。小さい動物の体を幾何学的にそのまま拡大したのでは、骨格と筋肉はその負荷に耐えることができないのだ。そのため巨体をもつ動物では、四肢の骨格が相対的に太くなっている。また骨格の運動性を下げて体の余分な動きを制限し、さらに筋肉と骨格にかかる負荷を軽減するために、体型と姿勢を特殊化させている。ゾウの体型はその典型的な例である。四肢の骨格は太く円柱状で関節も含めて直線的な形態をもち、垂直に体から地面におりている。肢端部にはブロックのように積み上げられた手根骨・足根骨、その先には短い中手骨・中足骨、指骨・趾骨が並ぶ。ゾウの四肢の底部には弾力性のある組織が発達しており、指骨・趾骨はこの組織を包み込むように放射状に伸びている。肢端部の骨格がクッション機能をもつ組織の上に乗ることにより、広い面積をもつ足の裏に、均一に体重を乗せることができる構造になっているのである。このようなゾウの四肢は巨体を支えるうえで合理的であり、体の巨大化とともに得た必要不可欠な形態なのである。

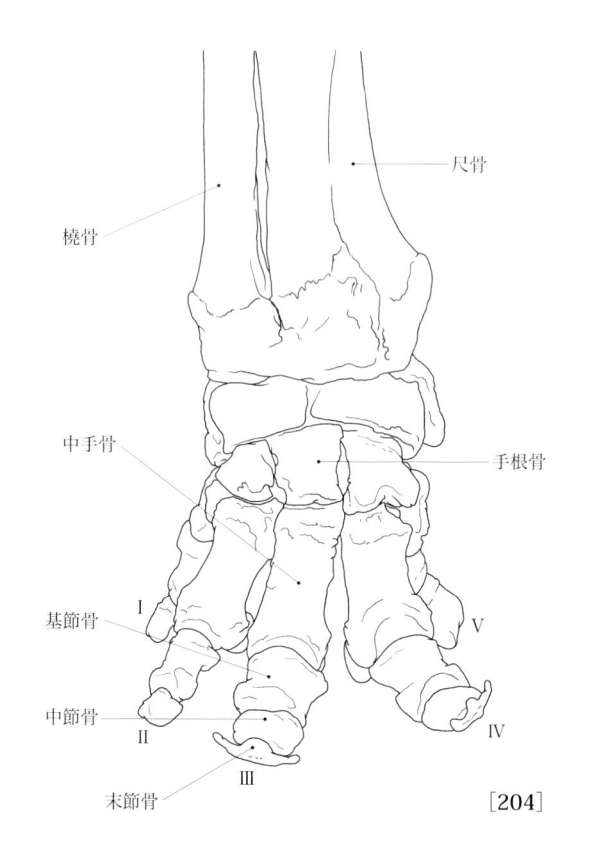

206　海牛目　マナティー科　アメリカマナティー　骨格　前・側面
209　海牛目　マナティー科　アメリカマナティー　左前肢骨　外側

海牛目は完全に水中生活に適応した草食獣で、紡錘形の大きな体をもつ。前肢が鰭状に変形し、後肢は退化している点はクジラ類と同様であり、もっとも近い類縁関係にあるゾウとは類似性を見出すほうが難しい。海牛目の骨は比重が大きく、水中で中性浮力を得ることができるようにバラストの役割を果たしている。骨格の特徴として胸椎の数が多く、腰椎の数が少ない。また、マナティー科の頚椎はほかの哺乳類とは異なり、6個の脊椎骨からなっている。水中での推進力はクジラ類と同様に尾鰭で生み出すが、前肢の使い方はクジラ類とはいくらか異なる。遊泳中は体の横でほとんど動かすことはなく、主に方向転換するときや、採食中に体を安定させ微妙な動きを調整するときに使う。海牛目では、肘の関節と手首の関節を動かすことができる。これらの関節が動くことにより、海底で体を支持して歩くように使ったり、餌を口元に誘導したりといった前肢らしい動きをすることもある程度可能である。肢端部を構成する中手骨と指骨は平らな形に変形している。

207　海牛目　マナティー科　アメリカマナティー　頭蓋　側面
208　海牛目　マナティー科　アメリカマナティー　下顎骨　前・側面

マナティーは川や海の浅瀬に生息していて、そこに生える水草を主食としている。頭部のもっとも大きな特徴は、器用に動かすことができる大きな上唇である。彼らは上唇を使い、水草を口にかき込む。顎の骨格の前部は突き出て大きくなっているが、これは摂食装置となっている唇を支持するために発達したものである。またアメリカマナティーやアフリカマナティーは、水底の水草を効率よく採食するために、顎の骨格が先端で下方に曲がっている。彼らは陸上の草食獣と同様に、硬い植物の繊維をすりつぶすために、発達した顎をもっている。下顎は大きく、頬骨弓はとくに太く発達している。歯は臼歯しかもたないが、水草を食べるための特殊化がみられる。彼らが食べる水草には多量のケイ酸が含まれているため、歯の摩耗が早く進んでしまう。そのため、ゾウに似た歯の交換システムをもつことで、歯の摩耗を補っているのである。新しい臼歯は顎の後方でつくられ、前にある歯をゆっくりと押し出し、古く磨り減った歯は顎の前端から脱落していく。このような臼歯の生えかわりが一生のあいだ続くことにより、硬い水草を食べ続けることができる。

210　有毛目　オオアリクイ科　オオアリクイ　腰椎　前面

有毛目、被甲目は腰椎および後方の胸椎の関節に彼らにしかない特徴をもつ。腰椎間にほかの哺乳類にはみられない付加的な関節があるのである。通常は1対の関節突起が前後の椎骨の結合を補強しているが、有毛目、被甲目では、さらにもう1対の関節突起があり椎骨同士を強固に結合している。機能的な意味は不明だが、南アメリカ大陸で独特の進化を遂げたこれらの動物たちは、同じ起源をもつという証を腰椎の関節に残しているのである。このような特徴をもつことから有毛目と被甲目を合わせて異節上目と呼ばれている。

211　有毛目　フタユビナマケモノ科　フタユビナマケモノ　骨格　側面

ナマケモノはコケの生えた毛にカムフラージュされ、隠者のように熱帯雨林の森のなかで生きている。一生のうちのほとんどを樹上で生活するため、その形態は樹上生活に適応したものとなっている。とはいえ、木の枝にさかさまにぶら下がりながら生活するための、ほかに類をみないユニークな形態である。彼らは基礎代謝率が低く、低活動性であるため、素早い動きはできない。そのため重力にまかせた、さかさまにぶら下がりながらの移動は無駄なエネルギーを消費しない、都合のよい移動方法なのかもしれない。進行方向に足場を確保するために後肢に比べて長い前肢をもっている。前肢骨はぶら下がり姿勢に特化しているため、肘を曲げるための屈筋の付着部位は発達しているが、肘を伸ばすための伸筋の付着部位となる肘頭は発達が悪く、地上では通常の四足歩行姿勢をとることができない。肢端部には、大きく曲がった長い爪と指を備えているが、指の本数はそれぞれ2～3本に減少し、指同士は互いに密着してひとつにまとまっている。霊長目などの樹上生活者が5本の指を利用し、枝をつかむための肢端部を発達させたのとは対照的である。ナマケモノはこれらの爪を単純に木の枝に引っかけるだけで樹上での足場を確保しているのである。彼らの移動様式ならではの肢端部の形態といえるだろう。ナマケモノ亜目の頚椎の数は、ミユビナマケモノ科では8～10個、フタユビナマケモノ科では5～8個と、種によって変異が認められる。哺乳類の頚椎は7個の椎体からなるのが一般的であり、ナマケモノ亜目の奇妙な特徴のひとつである。またフタユビナマケモノの胸椎は23～24個あり、哺乳類中もっとも多い。

212　有毛目　オオアリクイ科　オオアリクイ　骨格　側面
215　有毛目　オオアリクイ科　オオアリクイ　頭蓋　側面

アリ類やシロアリ類を食べることへの適応は単孔目のハリモグラ、フクロネコ目のフクロアリクイ、管歯目のツチブタ、食肉目のアードウルフ、有鱗目など、さまざまな分類群でみることができる。アリはほとんど咀嚼されることなく飲み込まれるため、どの種も歯は退化的であるが、その中でもオオアリクイの頭蓋はもっともアリを食べることに適応した形態をもつ。歯は1本もなく、頭蓋は歯を固定するための土台となる必要がないため、全体的にシンプルで円筒状の滑らかな形となっている。とくに下顎は薄く貧弱で上下に動く構造になっていないため、口は人の指の太さほどしか開くことができない。餌となるアリは舌でからめとって吸い取るように口に運ぶ。長い顔面は、穴を開けたアリ塚のなかを探るために都合がよく、また長い舌を収納するためにも必要な形態である。

213　有毛目　オオアリクイ科　オオアリクイ　右前肢骨　外側

214　有毛目　オオアリクイ科　オオアリクイ　右前肢肢端骨格　掌・外側

オオアリクイの前肢は掘削能力が高められた形態をもつ。5本の指のうち、4本の指に爪がついているが、とくに第3指に鋭く巨大な爪を備えている。指骨の腹側には非常に太い腱が走行しており爪と結合している末節骨に付着している。筋肉の収縮により、この腱が引っ張られると、爪は掌側に屈曲し、万力のように強力な力を発揮する。指骨同士の関節はまるである種の工具のように深くはまり込んで蝶番状になっており、大きな負荷に耐えうる構造をもつ。このような特殊化した前肢をもつことにより、オオアリクイは硬いアリ塚を破壊することができるのである。また、前肢の爪は身を守るための唯一の武器にもなる。アリ塚を破壊する強力な力は外敵に対しても発揮され、相手を抱え込み、爪を刺し込むことにより致命傷を与えることができる力をもつ。通常の歩行時はこれらの爪は内側に曲げられており、肢端部の背・側面を地面につけて歩行する。

216　被甲目　アルマジロ科　ムツオビアルマジロ　頭蓋　側面

アルマジロ、アリクイ、ナマケモノの仲間を合わせて、かつては「貧歯目・Edentata（歯がないものたち）」と呼んでいた。実際に歯がまったくないのはオオアリクイ科だけだが、アルマジロ科、ナマケモノ亜目もほかの多くの哺乳類とは異なる歯の特徴をもつ。彼らの歯の表面はエナメル質で覆われていないのである。ほかの哺乳類と比較すると不完全な歯だともいえる。エナメル質で覆われていないため、歯は使うたびに容易に摩耗していくが、それを補うように一生伸び続ける。アルマジロ科では切歯や犬歯はみられず、顎のラインに沿って単純な杭状の臼歯が並んでいるだけである。

217　被甲目　アルマジロ科　ココノオビアルマジロ　骨格　前面

218　被甲目　アルマジロ科　ムツオビアルマジロ　鱗甲板　背面

被甲目は背側を硬いよろいで覆って外敵から身を守っている。このよろいの表面は、角質化した皮膚で覆われているが、その下は骨のプレート（皮骨）が発達しており、硬い外骨格となっている。カメの甲羅とは異なり、肋骨や背骨とは一体化せず、途中で皮膚のひだにより帯状に区切られているため、運動性が高い。このような骨性の外骨格は、被甲目だけがもつ独自の防御装置である。

参考文献

遠藤秀紀『ウシの動物学』東京大学出版会、2001年

遠藤秀紀『哺乳類の進化』東京大学出版会、2002年

大泰司紀之『哺乳類の生物学2　形態』東京大学出版会、1998年

加藤嘉太郎、山内昭二『新編　家畜比較解剖図説』養賢堂、2003年

後藤仁敏、大泰司紀之『歯の比較解剖学』医歯薬出版、1986年

谷内透『サメの自然史』東京大学出版会、1997年

疋田努『爬虫類の進化』東京大学出版会、2002年

松井正文『両生類の進化』東京大学出版会、1996年

松原喜代松、落合明、岩井保『魚類学（上）』恒星社厚生閣、1979年

村山司（編著）『東海大学自然科学叢書3　鯨類学』東海大学出版会、2008年

アルフレッド・S・ローマー、トーマス・S・パーソンズ『脊椎動物のからだ　その比較解剖学』平光れい司訳、法政大学出版局、1983年

ニール・A・キャンベル、ジェーン・B・リース『キャンベル生物学』小林興監訳、丸善、2007年

エドウィン・H・コルバート、イーライ・C・ミンコフ、マイケル・モラレス『脊椎動物の進化　原著第5版』田隅本生訳、築地書館、2004年

アラン・フェドゥーシア『鳥の起源と進化』黒沢令子訳、平凡社、2004年

D・W・マクドナルド編『動物大百科』今泉吉典監修、平凡社、1986年

『週刊朝日百科　動物たちの地球』朝日新聞社、1991-1994年

『企画展ガイド　鳥の形とくらし』我孫子市鳥の博物館

『THE BONE』メディカルレビュー社　Vol.20-26、2006-2012年

Fleagle. J. G. Primate Adaptation and Evolution. Academic Press. 1988.

Elizabeth Rogers. Looking at Vertebrates: A Practical Guide to Vertebrate Adaptations. Longman Sc & Tech. 1986.

Geist, V. Deer of the World: Their Evolution, Behavior, and Ecology. Stackpole Books. 1998.

Grzimek, B., eds. Grzimek's Encyclopedia Mammals. McGraw-Hill. 1989.

Halliday, T., and Adler, K. The New Encyclopedia of Reptiles and Amphibians. Oxford University Press. 2002.

Hildebrand, M., and Goslow, G. Analysis of Vertebrate Structure (5th ed.). WILEY. 1998.

Kelsey-Wood, D. The Atlas of Cats of the World: Domesticated and Wild. TFH Publications. 1989.

Proctor, N. S., and Lynch, P. J. Manual of Ornithology: Avian Structure & Function. Yale University Press. 1998.

Trutnau, L., and Sommerlad, R. Crocodilians: Their Natural History and Captive Husbandry. Edition Chimaira. 2006.

Berta, A., Sumich, J. L., and Kovacs, K. M. Marine Mammals: Evolutionary Biology (2nd ed.). Academic Press. 2005.

Sasaki, M., Endo, H., Yamagiwa, D., Takagi, H., Arishima, K., Makita, T., and Hayashi, Y. Adaptation of the Muscles of Mastication to the Flat Skull Feature in the Polar Bear. 2000. J Vet Ned Sci., 62(1): 7-14.

Nakaya, K. Hydrodynamic Function of the Head in the Hammerhead Sharks (Elasmobranchii: Sphyrnidae). Copeia,1995(2), pp. 330-336.

標本リスト

No.	種名	部位	所蔵
001	アカシュモクザメ	頭蓋	個人
002	アオザメ	口蓋方形軟骨と下顎軟骨	個人
003	ヨロイザメ	歯	個人
004	ネコザメ	歯	個人
005	アオザメ	骨格	群馬県立自然史博物館
006	アカエイ	骨格	大阪市立自然史博物館
007	チカメキントキ	骨格	横浜市立野毛山動物園
008	モンガラカワハギ	骨格	個人
009	キハダ	骨格	大阪市立自然史博物館
010	ヒラメ	骨格	大阪市立自然史博物館
011	キアンコウ	骨格	千葉県立中央博物館
012	イバラタツ	骨格	個人
013	ペーシュ・カショーロ	頭蓋	個人
014	ロウニンアジ	頭蓋	個人
015	プロトプテルス属の一種	骨格	大阪市立自然史博物館
016	オオサンショウウオ	骨格	日本サンショウウオセンター
017	ウシガエル	骨格	横浜市立野毛山動物園
018	ウシガエル	骨格	横浜市立野毛山動物園
019	トッケイヤモリ	骨格	横浜市立野毛山動物園
020	トビトカゲ属の一種	骨格	個人
021	マングローブオオトカゲ	骨格	横浜市立よこはま動物園
022	エボシカメレオン	骨格	横浜市立野毛山動物園
023	ジャクソンカメレオン	頭蓋	個人
024	グリーンイグアナ	頭蓋	横浜市立野毛山動物園
025	インドコブラ	骨格	個人
026	ハブ	骨格	横浜市立野毛山動物園
027	アミメニシキヘビ	頭蓋	個人
028	アミメニシキヘビ	頭蓋	個人
029	ワニガメ	骨格	大阪市立自然史博物館
030	アカウミガメ	骨格	日本大学生物資源科学部博物館
031	アカミミガメ	骨格	横浜市立野毛山動物園
032	オオアタマガメ	頭蓋	個人
033	ミシシッピーワニ	頭蓋	横浜市立野毛山動物園
034	ミシシッピーワニ	頭蓋	横浜市立野毛山動物園
035	ミシシッピーワニ	骨格	豊橋総合動植物公園
036	エミュー	骨格と卵殻	横浜市立よこはま動物園
037	ハシボソミズナギドリ	骨格	横浜市立よこはま動物園
038	ハシボソミズナギドリ	骨格	横浜市立よこはま動物園
039	ハシボソミズナギドリ	体幹骨格	横浜市立よこはま動物園
040	カグー	体幹骨格	横浜市立野毛山動物園
041	ダチョウ	胸骨（肩甲骨、烏口骨を含む）	横浜市立野毛山動物園
042	ハシボソミズナギドリ	左前腕と肢端骨格	横浜市立よこはま動物園
043	クロヅル	上腕骨	横浜市立よこはま動物園
044	ダチョウ	大腿骨	横浜市立野毛山動物園
045	ハシブトガラス	頭蓋	横浜市立野毛山動物園
046	シメ	頭蓋	個人
047	メジロ	頭蓋	横浜市立野毛山動物園
048	チリーフラミンゴ	頭蓋	横浜市立野毛山動物園
049	シロトキ	頭蓋	横浜市立野毛山動物園
050	カルガモ	頭蓋	横浜市立よこはま動物園
051	カワウ	頭蓋	横浜市立野毛山動物園
052	コンドル	頭蓋	横浜市立野毛山動物園
053	カササギサイチョウ	頭蓋	横浜市立野毛山動物園
054	アオサギ	左趾骨	横浜市立野毛山動物園
055	アオサギ	左後肢肢端骨格	横浜市立野毛山動物園
056	オジロワシ	左後肢肢端骨格	横浜市立野毛山動物園
057	アカエリカイツブリ	右後肢骨	個人
058	キジ	左後肢肢端骨格	横浜市立野毛山動物園
059	アオゲラ	左後肢肢端骨格	個人
060	ダチョウ	左後肢肢端骨格	横浜市立野毛山動物園
061	カシラダカ	骨格	横浜市立野毛山動物園
062	コンドル	骨格	横浜市立野毛山動物園
063	チリーフラミンゴ	骨格	横浜市立野毛山動物園
064	アオバズク	骨格	横浜市立野毛山動物園
065	フンボルトペンギン	骨格	横浜市立野毛山動物園
066	シロエリオオハム	骨格	日本大学生物資源科学部博物館
067	キーウィ	骨格	大阪市立自然史博物館
068	エミュー	骨格	豊橋総合動植物公園
069	カモノハシ	骨格	個人
070	カモノハシ	左後肢肢端骨格	個人
071	コアラ	頭蓋	神奈川県立生命の星・地球博物館
072	オグロワラビー	頭蓋	横浜市立野毛山動物園
073	オグロワラビー	下顎骨	横浜市立野毛山動物園
074	タスマニアデビル	頭蓋	個人
075	コアラ	骨格	個人
076	カンガルー属の一種	骨格	群馬県立自然史博物館
077	オグロワラビー	左後肢骨	横浜市立野毛山動物園
078	オグロワラビー	左後肢肢端骨格	横浜市立野毛山動物園
079	コアラ	左前肢肢端骨格	横浜市立金沢動物園
080	ヨツメオポッサム	左前腕と肢端骨格	個人
081	ヨツメオポッサム	骨格	個人
082	ジャコウネズミ	骨格	個人
083	ジャコウネズミ	骨格	個人
084	ジャコウネズミ	頭蓋	個人
085	ジャコウネズミ	頭蓋	個人
086	アズマモグラ	下顎骨	横浜市立野毛山動物園
087	アズマモグラ	骨格	横浜市立野毛山動物園
088	アズマモグラ	骨格	横浜市立野毛山動物園
089	アズマモグラ	右前肢骨	横浜市立野毛山動物園
090	アズマモグラ	左前肢肢端骨格	横浜市立野毛山動物園
091	オオカミ	頭蓋	横浜市立よこはま動物園
092	オオカミ	下顎骨	横浜市立よこはま動物園
093	アカギツネ	左前腕と肢端骨格	横浜市立よこはま動物園
094	アカギツネ	右下腿と肢端骨格	横浜市立よこはま動物園
095	ドール	骨格	横浜市立よこはま動物園
096	オセロット	骨格	横浜市立よこはま動物園
097	トラ	右前肢肢端骨格	横浜市立野毛山動物園
098	リビアヤマネコ	頭蓋	個人
099	リビアヤマネコ	頭蓋	個人
100	トラ	頭蓋	横浜市立野毛山動物園
101	トラ	頭蓋	横浜市立野毛山動物園
102	トラ	頭蓋	横浜市立野毛山動物園
103	トラ	下顎臼歯	横浜市立野毛山動物園
104	ブチハイエナ	頭蓋	個人
105	アライグマ	骨格	横浜市立野毛山動物園
106	ヒグマ	骨格	群馬県立自然史博物館
107	ホッキョクグマ	頭蓋	神奈川県立生命の星・地球博物館
108	ホッキョクグマ	頭蓋	神奈川県立生命の星・地球博物館
109	ホッキョクグマ	左前肢肢端骨格	横浜市立よこはま動物園
110	ホッキョクグマ	左後肢肢端骨格	横浜市立よこはま動物園
111	ジャイアントパンダ	骨格	国立科学博物館
112	レッサーパンダ	左前肢肢端骨格	横浜市立野毛山動物園

113	レッサーパンダ	頭蓋	個人	171	リスザル	骨格	個人
114	レッサーパンダ	下顎骨	個人	172	ゴリラ	骨格	国立科学博物館
115	ユーラシアカワウソ	骨格	横浜市立よこはま動物園	173	オランウータン	雄 頭蓋	横浜市立野毛山動物園
116	ミナミゾウアザラシ	骨格	日本大学生物資源科学部博物館	174	オランウータン	雌 頭蓋	横浜市立野毛山動物園
117	カリフォルニアアシカ	頭蓋	神奈川県立生命の星・地球博物館	175	オランウータン	頭蓋	横浜市立野毛山動物園
118	カリフォルニアアシカ	下顎骨	神奈川県立生命の星・地球博物館	176	オランウータン	下顎骨	横浜市立野毛山動物園
119	セイウチ	頭蓋	横浜・八景島シーパラダイス	177	オランウータン	右前腕と肢端骨格	横浜市立野毛山動物園
120	クラカケアザラシ	左下腿と肢端骨格	神奈川県立生命の星・地球博物館	178	オランウータン	左後肢端骨格	横浜市立野毛山動物園
121	ミナミアフリカオットセイ	右前肢骨	横浜市立よこはま動物園	179	オランウータン	脊柱と寛骨	横浜市立野毛山動物園
122	ミナミアフリカオットセイ	後肢骨	横浜市立よこはま動物園	180	ボウシテナガザル	骨格	横浜市立よこはま動物園
123	マッコウクジラ	骨格	千葉県立中央博物館	181	ワオキツネザル	頭蓋	個人
124	カマイルカ	骨格	豊橋市自然史博物館	182	ワオキツネザル	下顎骨	個人
125	バンドウイルカ	左前肢骨	横浜・八景島シーパラダイス	183	ニホンザル	右前肢肢端骨格	横浜市立よこはま動物園
126	ツチクジラ	腰椎	神奈川県立生命の星・地球博物館	184	ニホンザル	右後肢肢端骨格	横浜市立よこはま動物園
127	カマイルカ	頚椎	横浜・八景島シーパラダイス	185	アヌビスヒヒ	頭蓋	横浜市立よこはま動物園
128	バンドウイルカ	尾椎	横浜・八景島シーパラダイス	186	アメリカビーバー	頭蓋	神奈川県立生命の星・地球博物館
129	バンドウイルカ	頭蓋	横浜・八景島シーパラダイス	187	アフリカタテガミヤマアラシ	頭蓋	個人
130	シワハイルカ	頭蓋	国立科学博物館	188	アフリカタテガミヤマアラシ	下顎骨	個人
131	コブハクジラ	頭蓋	国立科学博物館	189	アフリカタテガミヤマアラシ	骨格	横浜市立よこはま動物園
132	ミンククジラ	頭蓋	国立科学博物館	190	クリハラリス	骨格	横浜市立野毛山動物園
133	コビトカバ	頭蓋	国立科学博物館	191	ムササビ	骨格	個人
134	カバ	骨格	アドベンチャーワールド	192	ムササビ	左前腕と肢端骨格	個人
135	カバ	下顎骨	群馬県立自然史博物館	193	クマネズミ	頭蓋	個人
136	カバ	左前肢肢端骨格	アドベンチャーワールド	194	ユキウサギ	頭蓋	横浜市立野毛山動物園
137	バビルサ	頭蓋	神奈川県立生命の星・地球博物館	195	ユキウサギ	骨格	横浜市立よこはま動物園
138	イボイノシシ	頭蓋	群馬県立自然史博物館	196	ケープノウサギ	後肢骨	個人
139	イノシシ	下顎骨	横浜市立野毛山動物園	197	マレーヒヨケザル	下顎骨	個人
140	イノシシ	左前腕と肢端骨格	横浜市立野毛山動物園	198	マレーヒヨケザル	骨格	個人
141	イノシシ	骨格	日本大学生物資源科学部博物館	199	ケープハイラックス	頭蓋	横浜市立野毛山動物園
142	アメリカバイソン	骨格	日本大学生物資源科学部博物館	200	ケープハイラックス	骨格	個人
143	キリン	骨格	国立科学博物館	201	アジアゾウ	頭蓋	神戸市立王子動物園
144	トナカイ	骨格	国立科学博物館	202	アジアゾウ	下顎骨	国立科学博物館
145	キョン	骨格	個人	203	アジアゾウ	臼歯	横浜市立野毛山動物園
146	キョン	頭蓋と頚椎	個人	204	アジアゾウ	左前肢肢端骨格	神戸市立王子動物園
147	ニホンジカ	頭蓋	横浜市立野毛山動物園	205	アジアゾウ	骨格	神戸市立王子動物園
148	プロングホーン	頭蓋	個人	206	アメリカマナティー	骨格	神奈川県立生命の星・地球博物館
149	オオツノヒツジ	頭蓋	横浜市立金沢動物園	207	アメリカマナティー	頭蓋	神奈川県立生命の星・地球博物館
150	キリン	頭蓋	国立科学博物館	208	アメリカマナティー	下顎骨	神奈川県立生命の星・地球博物館
151	ニホンジカ	頭蓋	横浜市立野毛山動物園	209	アメリカマナティー	左前肢骨	神奈川県立生命の星・地球博物館
152	ニホンジカ	下顎骨	横浜市立野毛山動物園	210	オオアリクイ	腰椎	横浜市立よこはま動物園
153	ニホンジカ	左前肢肢端骨格	横浜市立野毛山動物園	211	フタユビナマケモノ	骨格	個人
154	キリン	左後肢肢端骨格	神奈川県立生命の星・地球博物館	212	オオアリクイ	骨格	横浜市立よこはま動物園
155	ヒトコブラクダ	頭蓋	横浜市立野毛山動物園	213	オオアリクイ	右前肢骨	横浜市立よこはま動物園
156	ヒトコブラクダ	頭蓋	横浜市立野毛山動物園	214	オオアリクイ	右前肢肢端骨格	横浜市立よこはま動物園
157	グレビーシマウマ	頭蓋	神奈川県立生命の星・地球博物館	215	オオアリクイ	頭蓋	横浜市立よこはま動物園
158	グレビーシマウマ	前臼歯と後臼歯	神奈川県立生命の星・地球博物館	216	ムツオビアルマジロ	頭蓋	個人
159	グレビーシマウマ	右前肢肢端骨格	個人	217	ココノオビアルマジロ	骨格	群馬県立自然史博物館
160	グレビーシマウマ	右前肢肢端骨格	個人	218	ムツオビアルマジロ	鱗甲板	個人
161	サバンナシマウマ	骨格	豊橋総合動植物公園				
162	クロサイ	骨格	アドベンチャーワールド				
163	シロサイ	頭蓋	国立科学博物館				
164	クロサイ	左前肢肢端骨格	アドベンチャーワールド				
165	マレーバク	頭蓋	国立科学博物館				
166	マレーバク	右前腕と肢端骨格	横浜市立野毛山動物園				
167	インドオオコウモリ	骨格	神奈川県立生命の星・地球博物館				
168	インドオオコウモリ	右前肢肢端骨格	個人				
169	ヒナコウモリ	骨格	横浜市立野毛山動物園				
170	リスザル	骨格	個人				

あとがき

2006年8月の、暑い夏の日。私は、ある動物園の一角でひっそりと展示されていた、奇妙な白い塊に気がついた。それは動物の頭骨だった。吸いこまれるように近づき、幾度となくシャッターを押していた。その塊は、それ自体がなんともいえぬ魅力を放ち、ファインダーのなかから私に呼びかけているようだった。そのまま家に帰り、モノクロームの写真を10枚ほどプリントしてみると、いままでにはない世界が浮かび上がってきた。まるで、宇宙の闇で息を潜めていた惑星が、かすかな光によってその姿をあらわした瞬間を目にしたような、永遠を感じさせる世界だった。

2008年、『BONES 動物の骨格と機能美』(早川書房)を刊行すると、『骨』というものへの見解はがらりと変わった。アートと生物学双方の観点から話題となって多くの新聞・雑誌で高い評価を得、また様々なグラフィック、ファッション、建築、プロダクトなどのデザイナーやクリエイターたちの興味の対象となったことはとても嬉しかった。

だが、前作はサイエンスアート、図鑑レベルの写真集としての完成度を考えると、まだ十分ではないという結論に達し、刊行3年目にして、共著者の東野氏と共に完全版を目指し、博物館、動物園、水族館、個人などが所有する標本を1点、1点、丁寧に厳選し撮り揃えてきた。また、作品のクオリティーをさらに高めるために、前作で欠損がみられた骨格については、更に状態の良い骨格を撮り直した。

大型獣に関しては、支柱は必ず存在するため、撮影後に支柱部分に画像の処理を加えているが、最小限の加工を目指した撮影を重視した。撮影は、常に共著者の獣医師である東野氏と綿密に撮影の場でセットを組み、何度もあらゆる角度からの画像チェックを行い、お互いに美の観点を話し合い、ベストな撮影を試みた結果、このような迫力ある作品となった。2006年に始まりのシャッターを切った『REAL BONES』の撮影回数は、最終的に55回となった。とても長い旅だった気がする。

未界の地に足を踏み入れた自分は、とても深く大きな体験を得た。国境を越えてこの美しい世界観を自分以外の人たちに一緒に体験してもらえることを願い活動していく決意である。自分自身の作品作りのコンセプトにはひとつの重要なテーマがある。それは、時間と国境を越えることだ。

今回のタイトルである、『REAL BONES』の『REAL』は「現実、本物などを言う意味。」としてのタイトルとした。最後に「骨」の美しさはどこにあるのか。それは写真の中にある。写真は現実を超えることが現実であるからだ。

湯沢英治

本書は写真家と動物園獣医師という全く異なる分野の人間の共同作業により、生まれました。脊椎動物のもつ形態についてアートとサイエンスの両方の視点からアプローチすることにより、写真集であり図鑑でもあるユニークな内容になったと思います。

個々の動物の洗練された機能的かつ固有のデザインを写真の中に再現するために、標本の選定、制作には多くの時間を費やしました。生体に近い状態で組み立てられた骨格標本と写真による表現の相乗効果により、脊椎動物の形態について今までにない新しい角度から迫ることができたと思います。また掲載されている種は脊椎動物のほんの一部ではありますが、各動物群に見られる特徴に目を向けつつ、その形態の多様性について伝えることができるように努めました。

本書を通じて、脊椎動物のもつ形態の意味について、進化の歴史について思いを馳せるきっかけを作れたらと思います。そしてなによりも生命の不思議さ、美しさについて改めて感じていただけたら嬉しく思います。

本書を制作するにあたっては、多くの方々にお世話になりました。

博物館、動物園、水族館のスタッフの方々は、無理なお願いにもかかわらず、標本の撮影に快く協力してくださいました。各施設では特別に標本を収蔵庫から出していただき、撮影場所も提供していただきました。また稲葉智之氏をはじめとする個人の方々からも撮影のために貴重な標本をお貸しいただきました。多くの写真はこのような支えがあって形になったものです。東京大学総合研究博物館の遠藤秀紀教授には解説文についてアドバイスをいただきました。遠藤氏のお力添えなしに解説文を仕上げることはできなかったと思います。

みなさんのご厚意がなければ本書は完成することはありませんでした。
心から感謝申し上げます。

東野晃典

湯沢英治　写真

1966年神奈川県横浜市生まれ。独学で撮影技術を学ぶ。表現の一環として2006年より動物の骨格標本の撮影を始め、2008年には初の写真集となる『BONES 動物の骨格と機能美』(早川書房)を出版。これがアートと生物学双方の観点から話題となって多くの新聞・雑誌で高い評価を得、2009年3月には渋谷ロゴス・ギャラリー(東京)にて「湯沢英治写真展 BONES」を開催。
2009年5月には財団法人三宅一生デザイン文化財団 21_21 DESIGN SIGHT 第5回企画展 山中俊治ディレクション「骨」に参加。2011年には『BAROCCO 骨の造形美』(新潮社)を出版。
http://www.eiji-yuzawa.com

Eiji Yuzawa　Photographer

Born in 1966 in Kanagawa, Japan. His photographic techniques are self-taught. In 2006 he started to take photographs of animal bone specimens, and in 2008, he published his first photographic book BONES (Hayakawa Publishing Corporation) with a veterinarian Akinori Azumano. This book was praised from both artists and biologists and received high appreciations from many newspapers and magazines. In March 2009, he held an exhibition titled "BONES - Eiji Yuzawa Photographs" at the Logos Gallery in Shibuya, Tokyo. In May 2009, his works were introduced at an exhibition titled "bones" which was directed by Shunji Yamanaka, at 21_21 DESIGN SIGHT in Roppongi, Tokyo. In 2011 He published another photographic book BAROCCO (Shinchosha).

東野晃典　構成・文・イラスト

1976年兵庫県神戸市生まれ。東京農工大学農学部獣医学科卒業。獣医師。
横浜市立よこはま動物園に勤務。野生動物の診療を行うかたわら動物学に関する教育活動にも携わる。
著作に『BONES 動物の骨格と機能美』(早川書房)がある。

Akinori Azumano　Editor / Writer / Illustrator

Born in 1976 in Hyogo, Japan. Zoo veterinarian at Yokohama Municipal Yokohama Zoological Gardens. He obtained his degree in veterinary medicine at Tokyo University of Agriculture and Technology. He is also engaged in zoology education. In 2008 he published his first book BONES (Hayakawa Publishing Corporation) with a photographer Eiji Yuzawa.

解説監修　遠藤秀紀
Text supervisor　Hideki Endo

1965年東京都生まれ。東京大学農学部卒業。国立科学博物館動物研究部研究官、京都大学霊長類研究所教授を経て、東京大学総合研究博物館教授。博士(獣医学)、獣医師。動物の遺体から進化の謎を解き明かす「遺体科学」を提唱している。著作に『東大夢教授』(リトルモア)、『パンダの死体はよみがえる』(ちくま文庫)、『人体 失敗の進化史』(光文社新書)など。

デザイン　株式会社トモモデザイン　阿部朋子
Designer　Tomoko Abe　tomomodesign, inc.

使用機材　RICOH GR DIGITAL/GXR

REAL BONES
骨格と機能美

2013年11月20日　初版印刷
2013年11月25日　初版発行

写　　真：湯沢英治(ゆざわえいじ)
構成・文：東野晃典(あずまのあきのり)
発 行 者：早川　浩
印 刷 所：三松堂株式会社
製 本 所：大口製本印刷株式会社
発 行 所：株式会社　早川書房
〒101-0046 東京都千代田区神田多町2-2
電話 03-3252-3111(大代表)
振替 00160-3-47799
http://www.hayakawa-online.co.jp

ISBN978-4-15-209417-9 C0072
定価はカバーに表示してあります。
©2013 Eiji Yuzawa
©2013 Akinori Azumano
Printed and bound in Japan
乱丁・落丁本は小社制作部宛お送り下さい。
送料小社負担にてお取りかえいたします。

本書のコピー、スキャン、デジタル化等の無断複製は著作権法上の例外を除き禁じられています。